高等职业技术教育机电类专业系列教材

通用机械设备原理与结构

主　编　孙春霞

副主编　于华艳

参　编　田伟荣

主　审　高志坚

机 械 工 业 出 版 社

本书是高等职业技术教育机电类专业系列教材。全书共五章，分别介绍了典型起重机械、输送机械、泵、风机和空气压缩机的工作原理、结构组成、技术性能、选用调试和故障分析与排除方法，各章后均附复习思考题。本书可供高职、中职院校有关专业选用，也可供从事企业机械设备维修与管理工作的工程人员和其他人员参考。

本书配有电子课件，凡使用本书作为教材的教师均可登录机械工业出版社教育服务网 www.cmpedu.com 注册后免费下载。咨询邮箱：cmpgaozhi@sina.com。咨询电话：010-88379375。

图书在版编目（CIP）数据

通用机械设备原理与结构/孙春霞主编. —北京：机械工业出版社，2016.7（2024.6 重印）
高等职业技术教育机电类专业系列教材
ISBN 978-7-111-53823-3

Ⅰ.①通… Ⅱ.①孙… Ⅲ.①通用设备—机械设备—高等职业教育—教材 Ⅳ.①TH

中国版本图书馆 CIP 数据核字（2016）第 109029 号

机械工业出版社（北京市百万庄大街 22 号 邮政编码 100037）
策划编辑：刘良超 责任编辑：刘良超
版式设计：霍永明 责任校对：张 薇
封面设计：鞠 杨 责任印制：单爱军
北京虎彩文化传播有限公司印刷
2024 年 6 月第 1 版第 6 次印刷
184mm×260mm · 10.75 印张 · 259 千字
标准书号：ISBN 978-7-111-53823-3
定价：32.00 元

电话服务
客服电话：010-88361066
010-88379833
010-68326294

网络服务
机 工 官 网：www.cmpbook.com
机 工 官 博：weibo.com/cmp1952
金 书 网：www.golden-book.com
机工教育服务网：www.cmpedu.com

前　　言

本书是高等职业技术教育机电类专业系列教材。本书针对机电类专业课程的特点，确定编写指导思想：帮助学生更多地了解设备种类，熟悉各种设备的作用以及应用的场合；在掌握设备原理的基础上，对常见故障进行排查。为培养学生应用能力，本书内容力求理论联系实际。

本书介绍了起重机械、输送机械、泵、风机和空气压缩机五类使用普遍、具有一定代表性的设备。每一类设备的相关内容都较详细地介绍了该设备的种类、工作原理、结构组成、技术性能、选用调试和故障分析与排除等。

本书共分五章，由孙春霞担任主编并负责统稿。第一章、第二章由孙春霞编写，第三章由于华艳编写，第四章、第五章由田伟荣编写。高志坚担任本书主审并提出了宝贵意见。许羽、徐先良等老师在编写过程中给予了大力支持和帮助，在此表示感谢。

由于编者的水平有限，缺点和错误在所难免，恳切希望广大读者批评指正。

编　者

目　录

第一章

起重机械

第一节　起重机械概述

一、起重机械的作用及组成

起重机械是实现企业生产过程机械化和自动化、提高劳动生产率、减轻繁重体力劳动的重要工具和设备。它在工厂、矿山、车站、码头、仓库、水电站和建筑工地等场所都有着广泛的应用。随着生产过程机械化、自动化程度的不断提高，部分作为辅助设备的起重机械已成为连续生产流程中不可缺少的专用工艺设备。图 1-1 所示为几种不同类型的起重机。

a)

b)

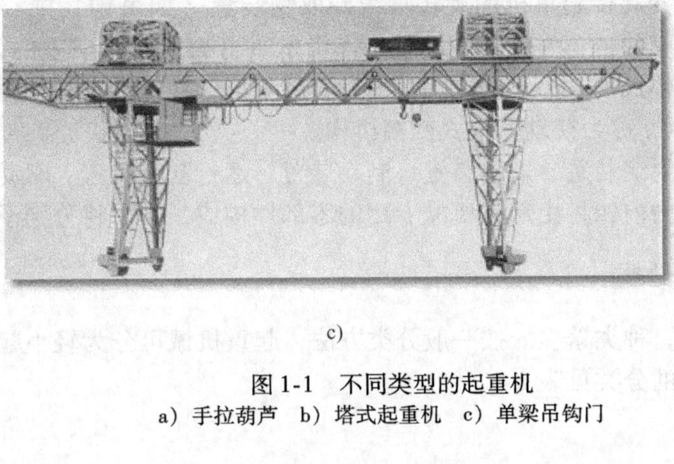

c)

图 1-1　不同类型的起重机

a）手拉葫芦　b）塔式起重机　c）单梁吊钩门

d)

e)

f)

图 1-1　不同类型的起重机（续）
d）桥式起重机　e）门座式起重机　f）汽车起重机

起重机械的作用是把它所工作的空间内的物品，从一个地点运送到另一个地点。起重设备一般由一个能完成上下运动的起升机构和一个或几个能完成水平运动的机构，如运行机构（即行走机构）、变幅机构和绕垂直轴旋转的旋转机构组成。

变幅机构是用于改变旋转起重机的旋转轴线到取物装置（如吊钩）中心线水平距离的机构。常见的变幅机构有两种：一种是使承载小车沿水平臂架运动来实现的，如图 1-1b 所示，称为运动小车式变幅机构；另一种是用改变动臂的俯仰倾角而使动臂末端取物装置改变位置的，如图 1-1e 所示，称为摆动臂架式变幅机构。

起重机械通常包含卷绕装置、取物装置、制动装置、运行支承装置、驱动装置和金属构架等装置。这些装置中的前四种由起重机械专用的零部件构成，本书将分别予以介绍。

二、起重机械的分类

起重机械形式多样，种类繁多。按一般分类方法，起重机械可分为轻小起重设备、起重机和升降机。起重机械的分类见表 1-1。

表1-1 起重机械的分类

- 起重机械
  - 轻小起重设备
    - 千斤顶
      - 螺旋千斤顶
      - 齿条千斤顶
      - 液压千斤顶
    - 滑车
    - 起重葫芦
      - 手扳葫芦
      - 手拉葫芦
      - 电动葫芦
      - 气动葫芦
    - 绞车
      - 卷绕式绞车
      - 摩擦式绞车
      - 绞盘
    - 悬挂单轨系统
  - 升降机
  - 起重机
    - 桥架起重机
      - 桥式起重机
      - 门式起重机
      - 半门式起重机
    - 缆索起重机
      - 缆索起重机
      - 门式缆索起重机
    - 臂架起重机
      - 门座起重机
      - 半门座起重机
      - 塔式起重机
      - 铁路起重机
      - 流动式起重机
      - 浮动式起重机
      - 甲板起重机
      - 桅杆起重机
      - 悬臂起重机

按起重机的取物装置和用途可分类为：吊钩起重机、抓斗起重机、冶金起重机、电磁起重机、堆垛起重机、集装箱起重机、救援起重机、安装起重机、两用和三用起重机等。

从起重机械的动作来看，它是一种间歇动作的机械，其工作特征是周期性的。根据起重机械作业时的特性，可以分为单动作和多动作两大类。单动作起重机械只能完成空间两点间的起重（或运输）任务，如千斤顶、葫芦和卷扬机等。多动作起重机械一般具有 3 个以上的运动机构，可在其工作范围内将作业对象从一个地点送到另一个地点。这一类型的起重机械根据其作业位置的变化情况，又可分为移动式和固定式两类。移动式起重机械，一般有桥式起重机、汽车起重机和履带起重机等。固定式起重机械，一般有简易码头起重机和各种桅杆起重机。

三、起重机的主要参数

起重机的主要参数是设计和选用起重机的主要依据，包括以下几项：

1. 起重量

（1）有效起重量 G_p　起重机能吊起的重物或物料的净质量称为有效起重量，如图 1-2 所示。对于幅度可变的起重机，根据幅度规定有效起重量。

（2）额定起重量 G_n　额定起重量是指起重机允许吊起的物品连同抓斗和电磁吸盘等取物装置的最大质量（单位为 kg、t），吊钩起重机的额定起重量不包括吊钩和动滑轮组的自重，如图 1-2 所示。对于幅度可变的起重机，根据幅度规定额定起重量。

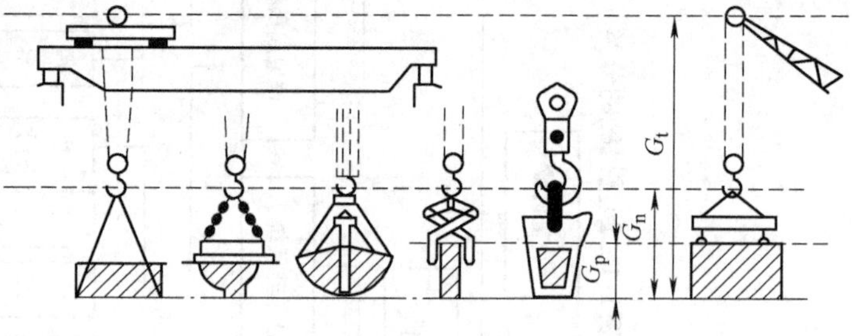

图 1-2　起重机起重量

（3）总起重量 G_t　起重机能吊起的重物或物料，连同可分吊具上的吊具或属具（包括吊钩、滑轮组和起重小车以下的其他吊物）的质量总和称为总起重量，如图 1-2 所示。对于幅度可变的起重机，根据幅度规定总起重量。

2. 起升高度 *H*、下降深度 *h*、起升范围 *D*

（1）起升高度 H　起重机水平停车面至吊具允许最高位置的垂直距离称为起升高度。对于吊钩和货叉，算至它们的支承面；对于其他吊具，算至它们的最低点（闭合状态）；对于桥式起重机，应是空载置于水平场地上方，从地面开始测定其起升高度，如图 1-3 所示。

（2）下降深度 h　吊具最低工作位置与起重机水平支承面之间的垂直距离称为下降深度。对于吊钩和货叉，从其支承面算起；对于其他吊具，从其最低点算起（闭合状态）；对于桥式起重机，从地面起算下降深度，应是空载置于水平场地上方，测定其下降深度，如图 1-3所示。

（3）起升范围 D　吊具最高和最低工作位置之间的垂直距离称为起升范围（$D=H+h$），如图 1-3 所示。

3. 跨度 *S*

桥式类型起重机运行轨道两条钢轨中心线之间的距离，称为起重机的跨度，如图 1-4 所示。

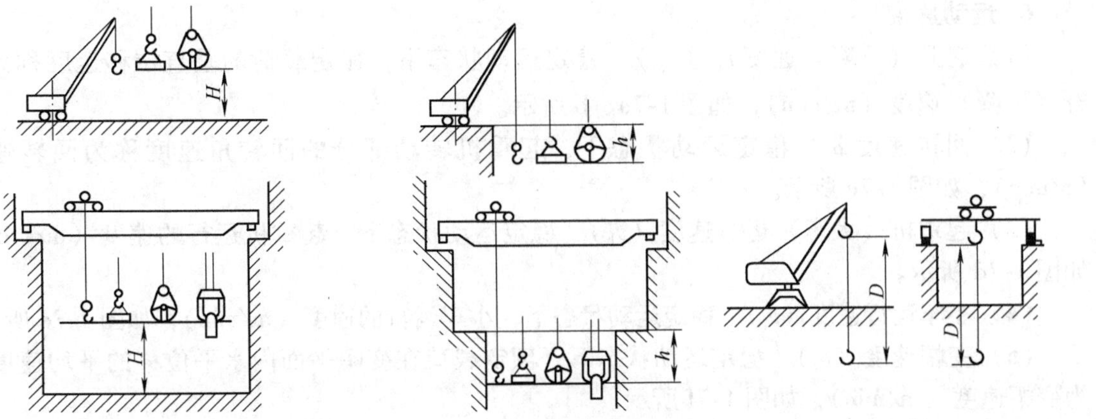

起升高度 H　　　　下降深度 h　　　　起升范围 D

图 1-3　运动速度示意图

起重机的跨度，由安装起重机的厂房跨度而定。其关系如下

$$S = L - 2d$$

式中　L——厂房跨度；

d——厂房两侧柱子纵向定位轴线与起重机轨道中心线之间的距离。

4. 幅度 *L*

臂架类型起重机置于水平场地时，空载吊具垂直中心线至回转轴线之间的水平距离称为幅度，如图 1-5 所示。

最大幅度是指起重机工作时，臂架仰角最小或小车在臂架最外极限位置时的幅度。

最小幅度是指起重机工作时，臂架仰角最大或小车在臂架最内极限位置时的幅度。

有效幅度是指臂架所在平面内的起重机内侧轮廓线与取物装置中心线之间的距离。

注意：当臂架在某一仰角时，其吊重状态与空钩状态的幅度值是不同的，因为吊重时的臂架会发生弹性变形。

5. 轮压 *P*

一个车轮传递到轨道或地面上的最大垂直载荷称为轮压（按工况不同可分为工作轮压、非工作轮压），如图 1-6 所示。

图 1-4　跨度示意图

图 1-5　幅度 L

图 1-6　轮压 P

6. 运动速度

(1) 起升（下降）速度 v_n（v_m） 稳定运动状态下，额定载荷的垂直位移速度称为起升（下降）速度（m/min），如图 1-7a、b 所示。

(2) 回转速度 ω 稳定运动状态下，起重机转动部分的回转角速度称为回转速度（r/min），如图 1-7c 所示。

(3) 起重机（大车）运行速度（v_k） 稳定运动状态下，起重机运行的速度（m/min），如图 1-7d 所示。

(4) 小车运行速度（v_t） 稳定运动状态下，小车运行的速度（m/min），如图 1-7e 所示。

(5) 变幅速度（v_r） 稳定运动状态下，额定载荷在变幅平面内水平位移的平均速度称为变幅速度（m/min），如图 1-7f 所示。

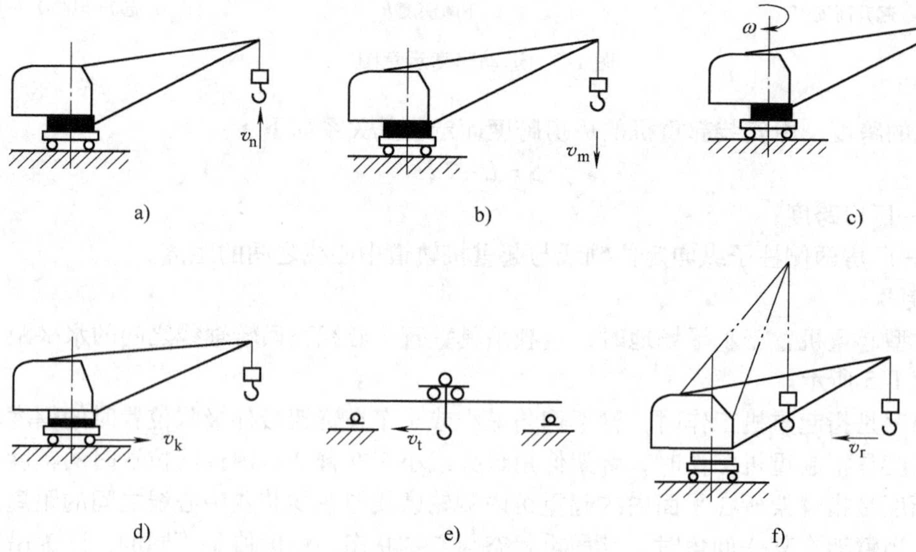

图 1-7 运行速度

a) 起升速度 b) 下降速度 c) 回转速度
d) 起重机运行速度 e) 小车运行速度 f) 变幅速度

7. 起重力矩 M

起重力矩是指总起重量与相应工作幅度的乘积，即 $M = GL$，单位为 kN · m。

起重力矩是综合起重量与幅度的一个很重要的参数。当臂架类型起重机工作时，不但对起重量有要求，还对幅度有要求，所以，起重力矩作为衡量起重机能力的指标，比起重量更为合适。

四、起重机工作级别

同样起重量的起重机，在不同场合下使用，它们的工况往往会有很大的差别。为区别起重机的工况，把起重机分为若干个工作级别。工作级别是考虑起重量和时间的利用程度以及工作循环次数的工作特性。起重机工作级别的划分与起重机的使用等级和荷重状态有关。

1. 起重机使用等级

起重机使用等级指起重机设计寿命期内所有工作循环的总和，用总工作循环数来表示。

起重机设计寿命期内总的工作循环次数 C_T 分为 10 级，见表 1-2。

表 1-2　起重机的使用等级

使用等级	总工作循环次数 C_T	附注
U0	$C_T \leqslant 1.6\times10^4$	无规律、不经常使用
U1	$1.6\times10^4 < C_T \leqslant 3.2\times10^4$	
U2	$3.2\times10^4 < C_T \leqslant 6.3\times10^4$	
U3	$6.3\times10^4 < C_T \leqslant 1.25\times10^5$	
U4	$1.25\times10^5 < C_T \leqslant 2.5\times10^5$	有规律、较轻闲使用
U5	$2.5\times10^5 < C_T \leqslant 5\times10^5$	有规律、中等使用
U6	$5\times10^5 < C_T \leqslant 1\times10^6$	无规律、较繁忙使用
U7	$1\times10^6 < C_T \leqslant 2\times10^6$	繁忙使用
U8	$2\times10^6 < C_T \leqslant 4\times10^6$	很繁忙使用
U9	$C_T > 4\times10^6$	很繁忙使用

2. 起重机的荷重状态

起重机的荷重状态指起重机工作荷重的情况，即在该起重机的设计预期寿命期限内，它的各个有代表性的工作荷重值的大小及各相对应的起吊次数，与起重机的安全荷重值的大小及总的起吊次数的比值情况。

起重机的工作荷重，是指工作中各次被吊起的有效荷重的质量加上滑轮组、吊钩、起重横梁和抓斗等取物装置的质量；起重机的安全工作荷重，是指起重机能安全起吊的荷重，即额定起升荷重（物品）的质量加上取物装置的质量，单位为 kg 或 t。

起重机的荷重状态分为 4 级，见表 1-3。

表 1-3　起重机的荷重状态

荷重状态	说明	荷重状态	说明
Q1	极少起吊安全工作荷重，一般起吊较轻荷重	Q3	有时起吊安全工作荷重，一般起吊较重荷重
Q2	较少起吊安全工作荷重，一般起吊中等荷重	Q4	有规律地经常起吊接近安全工作荷重的重荷重

3. 起重机工作级别的划分

按起重机的使用等级和荷重状态，工作级别分为 A1 ~ A8 共 8 级，见表 1-4。

表 1-4　起重机工作级别的划分

荷重状态	使用等级									
	U0	U1	U2	U3	U4	U5	U6	U7	U8	U9
Q1	A1	A1	A1	A2	A3	A4	A5	A6	A7	A8
Q2	A1	A1	A2	A3	A4	A5	A6	A7	A8	A8
Q3	A1	A2	A3	A4	A5	A6	A7	A8	A8	A8
Q4	A2	A3	A4	A5	A6	A7	A8	A8	A8	A8

五、起重机机构工作级别

同一起重机中不同机构在工作时的情况各不相同，因此，把各机构的工作也划分成若干个工作级别，称为机构工作级别，这与起重机工作级别类似。它是按机构的使用等级和载荷状态进行划分的。

1. 机构的使用等级

机构的使用等级是将该机构的总运转时间分成10个等级，以T0、T1、…、T9表示，见表1-5。

表1-5　机构的使用等级

机构使用等级	总使用时间 t_T/h	说　明	机构使用等级	总使用时间 t_T/h	说　明
T0	$t_T \leqslant 200$	无规律、不经常使用	T5	$3200 \leqslant t_T \leqslant 6300$	有规律、中等使用
T1	$200 \leqslant t_T \leqslant 400$		T6	$6300 \leqslant t_T \leqslant 12500$	无规律、较繁忙使用
T2	$400 \leqslant t_T \leqslant 800$		T7	$12500 \leqslant t_T \leqslant 25000$	繁忙使用
T3	$800 \leqslant t_T \leqslant 1600$		T8	$25000 \leqslant t_T \leqslant 50000$	
T4	$1600 \leqslant t_T \leqslant 3200$	有规律、较清闲地使用	T9	$50000 \leqslant t_T \leqslant 100000$	

2. 机构载荷状态

机构的载荷状态表明机构受载的轻重程度，分为4级，它们各代表了机构一个相对应的载荷状态，见表1-6。

表1-6　机构载荷状态

载荷状态	说　明	载荷状态	说　明
L1	一般承受轻的载荷，偶尔承受最大的载荷	L3	一般承受较大的载荷，也常承受最大的载荷
L2	一般承受中等的载荷，较少承受最大的载荷	L4	机构经常承受最大的载荷

3. 机构工作级别的划分

各机构单独作为一个整体进行分级的工作级别，按机构的使用等级和载荷状态分为M1～M8，共8级，见表1-7。电动葫芦往往是作为桥式起重机的起升机构和小车运行机构使用的，所以它的工作级别是按起重机机构工作级别划分的。

表1-7　机构工作级别

载荷状态	机构使用等级									
	T0	T1	T2	T3	T4	T5	T6	T7	T8	T9
L1	M1	M1	M1	M2	M3	M4	M5	M6	M7	M8
L2	M1	M1	M2	M3	M4	M5	M6	M7	M8	M8
L3	M1	M2	M3	M4	M5	M6	M7	M8	M8	M8
L4	M2	M3	M4	M5	M6	M7	M8	M8	M8	M8

除上面提到的起重机工作级别、起重机机构工作级别外，《起重机设计规范》（GB/T 3811—2008）中还规定了起重机结构件和机械零件的工作级别，按结构件中的应力状态和应力循环次数分为E1～E8共8级，以上这几种“工作级别”的划分方式都是相似的。

某一起重机的工作级别与其机构工作级别，特别是与主起升机构的工作级别有关。

起重机工作级别的划分，有利于制造厂进行系列生产，降低生产成本，保证起重机的寿命。对用户来说，除根据起重量、跨度、起升高度和工作速度等主要性能参数选用起重机外，还要从实际出发提出对起重机工作级别的要求。

六、起重机械的工作特点

1）起重机械通常结构庞大，机构复杂，能完成起升运动、水平运动。例如，桥式起重机能完成起升、大车运行和小车运行三个运动；门座起重机能完成起升、变幅、回转和大车运行四个运动。在作业过程中，常常是几个不同方向的运动同时操作，技术难度较大。

2）起重机械所吊运的重物多种多样，载荷是变化的。有的重物重达几百吨乃至上千吨，有的物体长达几十米，形状也很不规则，有散粒、热融状态和易燃易爆危险物品等，吊运过程复杂而危险。

3）大多数起重机械需要在较大的空间范围内运行，有的要装上轨道和车轮（如塔吊、桥吊等）；有的要装上轮胎或履带在地面上行走（如汽车吊、履带吊等）；有的需要在钢丝绳上行走（如客运、货运架空索道），活动空间较大，一旦造成事故，影响的范围也较大。

4）有的起重机械需要直接载运人员在导轨、平台或钢丝绳上做升降运动（如电梯、升降平台等），其可靠性直接影响人身安全。

5）起重机械暴露的、活动的零部件较多，且常与吊运作业人员直接接触（如吊钩、钢丝绳等），存在许多偶发的危险因素。

6）作业环境复杂。从大型钢铁联合企业，到现代化港口、建筑工地、铁路枢纽、旅游胜地，都有起重机械在运行；作业场所常常会遇有高温、高压、易燃易爆、输电线路和强磁等危险因素，对设备和作业人员形成威胁。

7）起重机械作业中常常需要多人配合，共同进行。一个操作，要求指挥、捆扎、驾驶等作业人员配合熟练、动作协调、互相照应。作业人员应有处理现场紧急情况的能力。多个作业人员之间的密切配合，通常存在较大的难度。

起重机械的上述工作特点，决定了它与安全生产的关系很大。如果对起重机械的设计、制造、安装使用和维修等环节上稍有疏忽，就可能造成伤亡或设备事故。一方面造成人员的伤亡，另一方面也会造成很大的经济损失。

第二节 起升装置

起升装置在起重机械中的应用很广泛。图1-8所示为桥式起重机起升机构简图，起升装置是其中的一个组成部分。当起升物品时，卷筒1旋转，通过钢丝绳2经动滑轮3和定滑轮5，使吊钩4竖直上升或下降。由此可知，起升装置由起重用挠性件（钢丝绳或焊接链）、起重滑轮组、卷筒等构成。

对于双联滑轮组，载荷 P 的承载分支数为 $2m$，钢丝绳每分支拉力为

$$F_0=\frac{P}{2m} \tag{1-2}$$

3. 滑轮组的效率

式（1-1）、式（1-2）中的拉力 F_0 是指滑轮组停止运动或虽在运动但忽略了各种阻力的理想状况下的拉力。实际上，滑轮组中的每一动滑轮和定滑轮的轴承处都存在着摩擦阻力，并且钢丝绳在绕入、绕出各个滑轮时，由直变弯或由弯变直都存在着附加阻力，这个阻力就是钢丝绳的僵性阻力。

由于有着上述的两种阻力，绕入卷筒的绳索分支上的实际拉力 F 必定比理想拉力 F_0 大，若以 η_z 表示滑轮组的效率，则

$$\eta_z=\frac{F_0}{F}<1$$

在滑轮组效率 η_z 已知的情况下，单一滑轮组中绕入卷筒的那个绳索分支的实际拉力 F 可用下式求出

$$F=\frac{F_0}{\eta_z}=\frac{P}{m\eta_z}$$

当采用双联滑轮组时，绕入卷筒的一根绳索分支的实际拉力为

$$F=\frac{F_0}{\eta_z}=\frac{P}{2m\eta_z}$$

滑轮组的效率 η_z 的高低取决于滑轮数目的多少，即滑轮组倍率。表 1-8、表 1-9 列出了不同滑轮组倍率的滑轮组的效率。

表 1-8　钢丝绳滑轮组的效率（绕入卷筒的牵引绳由动滑轮引出）

滑轮轴承形式	滑轮组总效率 η_z						
	滑轮组倍率 m						
	2	3	4	5	6	8	10
滑动	0.975	0.95	0.925	0.90	0.88	0.84	0.80
滚动	0.99	0.985	0.975	0.97	0.96	0.945	0.915

表 1-9　钢丝绳滑轮组的效率（绕入卷筒的牵引绳由定滑轮引出）

滑轮轴承形式	滑轮组总效率 η_z						
	滑轮组倍率 m						
	2	3	4	5	6	8	10
滑动	0.93	0.905	0.88	0.856	0.84	0.80	0.76
滚动	0.97	0.965	0.955	0.95	0.94	0.925	0.905

对于单一滑轮组，绕入卷筒绳索分支的实际拉力 F 就是作用在卷筒上的圆周力。对于双联滑轮组，卷筒上的圆周力则为 $2F$。根据实际拉力 F，就可以求出卷筒所需的驱动力矩和选择所需要的钢丝绳。

4. 滑轮组的安全技术要求

滑轮组在使用中要经常检查，检查注意事项如下：

1）滑轮组润滑良好，转动灵活；滑轮侧向摆动不得超过滑轮名义尺寸的千分之一。

2）滑轮罩及其他零部件不得妨碍钢丝绳运行，应有防止钢丝绳跳出轮槽的防护装置。

3）滑轮有以下情况之一时，应报废。

① 有裂纹或轮缘破损。

② 轮槽不均匀磨损达 3mm。

③ 轮槽壁厚磨损达原壁厚的 20%。

④ 轮槽底部直径磨损量达钢丝绳直径的 50%。

4）滑轮轮槽表面光洁平滑，不应有损伤钢丝绳的缺陷。

三、卷筒

在起升机构中，卷筒是用来驱动和卷绕钢丝绳的，用它的旋转运动使钢丝绳带动载荷升降，其结构如图 1-13 所示。

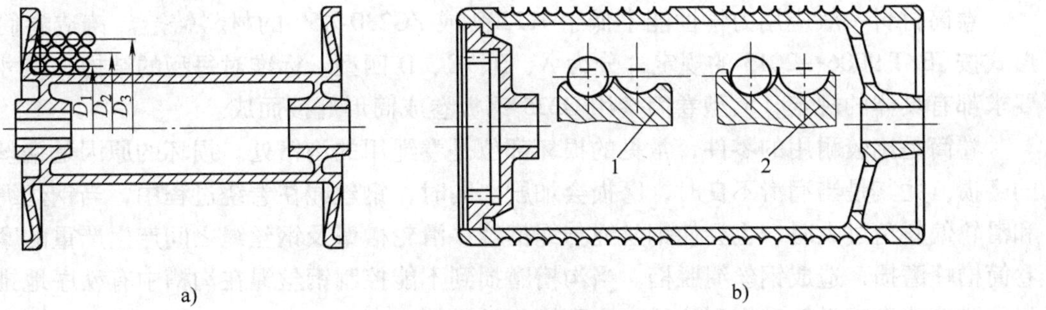

图 1-13　绳索卷筒

a）光面卷筒　b）螺旋槽卷筒

1—标准槽　2—深螺旋槽

钢丝绳在卷筒上的卷绕方式有单层卷绕和多层卷绕两种。桥式起重机上常用单层卷绕方式，但在起升高度很大时采用多层卷绕。多层卷绕使用的是光面卷筒。工作时，钢丝绳一层绕满后，再绕第二层。各层钢丝绳互相交叉，内层钢丝绳受到外层的挤压，而且各层钢丝绳互相摩擦，这就使多层卷绕的钢丝绳寿命降低。多层卷绕卷筒的两侧壁有的制成略向内倾斜，如图 1-13a 所示，这种结构使各层钢丝绳之间有一定错位，以免绳圈叠高。

单层卷绕的卷筒，表面都加工有卷绕钢丝绳用的螺旋槽，如图 1-13b 所示，这种槽形增大了钢丝绳与卷筒的接触面积，并能防止相邻钢丝绳的相互摩擦，从而延长了钢丝绳的使用寿命。

螺旋槽有标准槽和深螺旋槽两种形式。一般情况下都使用标准槽，它的槽距比深螺旋槽的短些，因而卷筒的工作长度比深螺旋槽的要短，结构紧凑。当绳索绕入卷筒的偏角较大时，为防止绳索脱槽乱绕，可采用引导作用好的深螺旋槽卷筒。

对于单一滑轮组使用的卷筒，只在上面加工一条右旋的螺旋槽；而对于和双联滑轮组一起使用的卷筒，则应有螺旋方向相反的两条螺旋槽，两条螺旋槽之间的一段卷筒应制成光面的。当起升机构工作，把载荷提升到最高位置，双联滑轮组的绳索绕满两条螺旋槽时，由动滑轮出来的两段绳索应靠向卷筒中部，这样使绳索在载荷位于高位和低位时的偏角都不致太大。

卷筒的最小卷绕直径按下式确定

$$D_{0\min} = hd \tag{1-3}$$

式中 $D_{0\min}$——按钢丝绳中心计算的卷筒最小卷绕直径（mm）；

h——与机构工作级别和钢丝绳结构有关的系数，按表1-10选取；

d——钢丝绳直径（mm）。

卷筒长度的确定与提升高度、所采用滑轮组形式及卷筒直径有关。

表1-10　系数 h

机构工作级别	卷筒 h	滑轮 h	机构工作级别	卷筒 h	滑轮 h
M1 ~ M3	14	16	M6	20	22.4
M4	16	18	M7	22.4	25
M5	18	20	M8	25	28

卷筒材料一般应用力学性能不低于HT200或ZG230-450的材料铸造。铸造卷筒的结构形式按JB/T 9006—2013的规定，分为A、B、C、D四型。标准对每型的结构、尺寸和加工要求都有具体的规定，大型卷筒多用Q235钢板卷成筒形焊接而成。

卷筒是比较耐用的零件，常见的损坏部位是卷绳用的沟槽处。损坏的原因是钢丝绳对它的磨损，尤其是当润滑不良时，磨损会加剧。同时，钢丝绳在卷绕过程中，当钢丝绳对卷筒和滑轮偏斜角过大时，也会使钢丝绳与绳槽峰、滑轮槽壁及钢丝绳之间产生严重的摩擦，使卷筒槽峰磨损，造成钢丝绳脱槽。当沟槽磨损到不能控制钢丝绳在沟槽中有秩序地排列，而经常跳槽或发现卷筒壁有裂纹时，应更换新的卷筒。

四、钢丝绳

起重机上所用的钢丝绳是一种挠性件。所谓挠性就是有易于弯曲的特性。起重机上可用的挠性件有焊接链、片式关节链等。与钢丝绳相比，这两种链条都可以在直径很小的链轮上工作，而钢丝绳工作的滑轮或卷筒的直径比链轮要大得多。但钢丝绳在起重机上仍广泛应用，它的主要优点是：

① 可以向任意方向弯曲，适用于多分支的滑轮组，提高了起重能力。

② 可以多层卷绕，在起升高度很大时尤为重要。

③ 钢丝绳承受骤加载荷和过载能力强，极少有骤然破断的现象。

④ 钢丝绳强度高、弹性好、自重小、工作平稳、噪声小。

1. 钢丝绳的材质

钢丝绳的钢丝因要求有很高的强度与韧性，通常采用碳的质量分数为0.5%～0.8%的优质碳素钢制作，而且硫、磷的质量分数不应大于0.035%。为此，应选用GB/T 699—1999《优质碳素结构钢》中的50、60和65钢。

钢丝绳所用的钢丝表面状态，一种为光面或无镀层钢丝，代号为U，用于一般场合。在有腐蚀性的场所应用镀锌钢丝，它分为四种级别：A级镀锌钢丝，代号为A；B级镀锌钢丝，代号为B；A级锌合金镀层钢丝，代号为A（Zn/Al）；B级锌合金镀层钢丝，代号为B（Zn/Al）。

2. 绳芯的作用

在钢丝绳的绳股中央必有绳芯，它是钢丝绳的重要组成部分之一。绳芯有这样几个作用：增加挠性与弹性、便于润滑、增加强度。

3. 钢丝绳的种类

1）按钢丝绳的捻绕次数，分为单捻绳、双捻绳和三捻绳三种。

① 单捻绳。由若干断面相同或不同的钢丝一次捻制而成。单捻绳僵性大，绕性差，易松散，不宜用作起重绳，可用作张紧绳或承载绳，其他场合也较少采用。

② 双捻绳。先由钢丝绕成股，再由股围绕绳芯制成绳，双捻绳绕性好，制造也不复杂，起重机上广泛采用。

③ 三捻绳。把双捻绳作为股，再用这种股围绕绳芯制成绳。三捻绳的挠性最好，但制造复杂，一般外层钢丝较细，易磨损断裂，不耐用，故起重机上不采用。

2）按钢丝捻成股和股捻成绳的相互方向，分为同向捻、交互捻两种。

把钢丝绳垂直于地面放置时，观察到绳股的捻制螺旋方向，是从中心线左侧开始向上、向右时，称这个捻向为右向捻，并用字母“Z”来表示。如果看到绳股的捻制螺旋方向是从中心线右侧开始向上、向左时，称这个捻向为左向捻，并用字母“S”来表示。

① 同向捻。钢丝在股中的捻向与股在绳中的捻向相同的称为同向捻（图 1-14c、d）。同向捻钢丝绳在起重机中一般不用。但在有固定导轨的升降机中用作起升绳或在其他场合用作牵引绳。

② 交互捻。绳股的捻制方向与钢丝绳的捻绕方向相反的称为交互捻。在这种交互捻钢丝绳中每根钢丝在绳中的方向基本是顺着钢丝绳的轴线方向（图 1-14a、b）。这种钢丝绳的缺点是钢丝间的接触差、钢丝绳的挠性差、使用寿命短。但由于其有不易松散和不易扭结的优点，因此在起重机中使用较广。

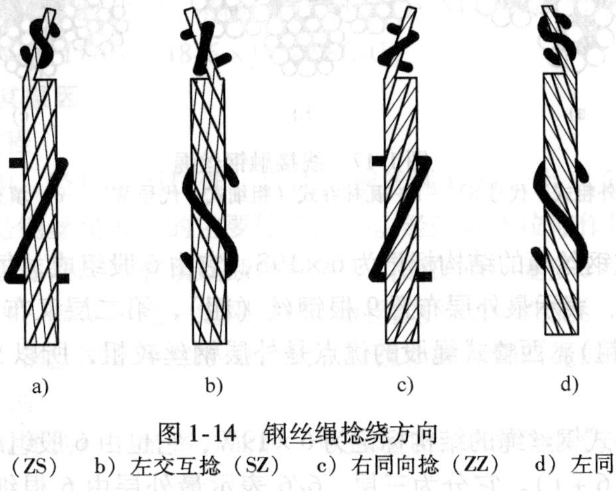

图 1-14 钢丝绳捻绕方向

a）右交互捻（ZS） b）左交互捻（SZ） c）右同向捻（ZZ） d）左同向捻（SS）

钢丝绳的捻制方向，国家标准规定用两个字母表示，第一个字母表示钢丝绳的捻向，第二个字母表示股的捻向。字母“Z”表示右向捻（与右旋螺纹或“Z”字形同向），字母“S”表示左向捻。“ZZ”和“SS”分别表示右同向捻和左同向捻。“ZS”和“SZ”，分别表示右交互捻和左交互捻。

（4）突然损坏　钢丝绳因受力过度、突然冲击、剧烈振动或严重超负荷等原因导致突然损坏。

除了上面的原因之外，钢丝绳的破坏还与起重机的工作、钢丝绳的使用环境、钢丝绳的选用、钢丝绳的使用及钢丝绳的维护保养等因素有关。

6. 钢丝绳的选择与计算

钢丝绳在起重机中属于易损件，时常要进行更换，了解选用钢丝绳的计算方法很有必要。选用时，首先按钢丝绳的使用情况，从表1-11中确定钢丝绳的类型，然后根据受力情况确定钢丝绳的直径，最后再进行验算。

表1-11　起重机常用的钢丝绳类型

钢丝绳的用途			钢丝绳类型
起重及曳引用	单层绕到卷筒上	$\frac{D}{d}\geqslant 25$	6×19W-NFC
			6×19-NFC
		$\frac{D}{d}<20$	6×37S-NFC
			6×37-NFC
	多层绕到卷筒上	$\frac{D}{d}>25\sim30$	6×19S-NFC
拉索	不绕过滑轮的		1×37-NFC
	绕过滑轮的		与起重用单层卷绕的相同

注：D为卷筒、滑轮绳槽槽底直径；d为钢丝绳直径。表中钢丝绳类型6×19、6×37、1×37为点接触钢丝绳。

钢丝绳在工作中受拉、压弯、扭复合应力作用，除了静载荷外还有冲击载荷的影响，受力情况复杂，难以精确计算。为简化起见，只根据拉伸载荷进行实用计算，计算方法有如下两种，可任选一种。

1）钢丝绳最小直径按下式计算确定

$$d=c\sqrt{F} \tag{1-4}$$

式中　d——钢丝绳最小直径（mm）；

c——选择系数（$\mathrm{mm}/\sqrt{\mathrm{N}}$），按表1-12选取；

F——钢丝绳最大工作静拉力（N）。

表1-12　c和n值

机构工作级别	选择系数c值 钢丝公称抗拉强度R_m/MPa			安全系数n
	1550	1700	1850	
M1～M3	0.093	0.089	0.085	4
M4	0.099	0.095	0.091	4.5
M5	0.104	0.100	0.096	5
M6	0.114	0.109	0.106	6
M7	0.123	0.118	0.113	7
M8	0.140	0.134	0.128	9

注：对于搬运危险物品的起重用钢丝绳，一般应按比设计工作级别高一级的工作级别选择其中的c和n值，对起升机构工作级别为M7、M8的某些冶金起重机，在保证一定寿命的前提下允许按低的工作级别选择，但最低安全系数不得小于6。

2）按与工作级别有关的安全系数选择钢丝绳直径，所选钢丝绳的破断拉力应满足

$$F_0 \geqslant Fn \tag{1-5}$$

式中 F_0——所选钢丝绳的破断拉力；

F——钢丝绳最大工作静拉力；

n——钢丝绳最小安全系数，按表1-12选取。

所选的钢丝绳直径只有满足与卷筒（滑轮）直径的比例要求，才能保证钢丝绳的使用寿命，为此，可参照式（1-3）进行验算。

第三节 取物装置

取物装置是起重机械的一个重要部件，只有利用它才能对物品进行正常的起重工作。不同物理性质和形状的物品，应使用不同的取物装置。通用取物装置中最常见的是吊钩，专用的取物装置有抓斗、夹钳、电磁吸盘、真空吸盘、吊环、料斗、盛桶、承重梁和集装箱吊具等。

一、吊钩和吊钩组

吊钩是一种应用广泛的取物装置，一般情况下，吊钩并不与钢丝绳直接连接，而是与动滑轮合成吊钩组进行工作。

1. 吊钩

吊钩的形状如图1-18所示。图1-18a所示为锻造单钩，上面部分称为钩颈，因其为直圆柱形，所以这种吊钩又称直柄单钩，圆柱尾部螺纹是装配时安装螺母用的；下面弯曲部分称为钩体，它的断面为梯形，梯形的宽边向内，窄边朝外，这样可以使内、外侧应力接近，充分利用材料，使吊钩的重量得以减轻。现在，这种吊钩的生产已经标准化，可根据吊钩材料的强度等级、机构工作级别和额定起重量选定钩号，不必自行设计与验算。这种吊钩按R10优先数系编钩号，钩号从006～250，包括额定起重量0.1～250t的30种规格。图1-18b所示为锻造双钩，用于大起重量的起重机上，它的优点是当双钩平均挂重时，中间的钩颈部分不存在弯曲应力，因而可以取较小断面，吊钩自重得以减轻。图1-18c、d所示分别为叠

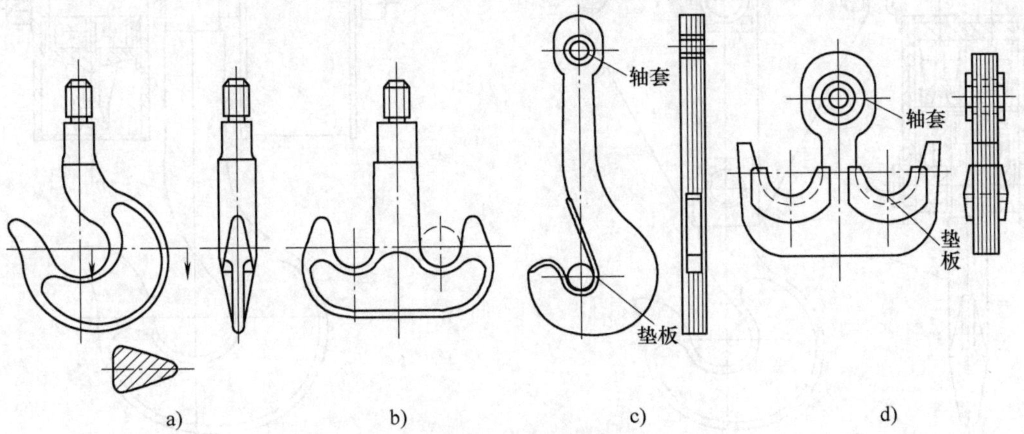

图1-18 吊钩
a）锻造单钩 b）锻造双钩 c）叠片单钩 d）叠片双钩

片单钩和叠片双钩，它们是用多块钢板冲剪成的钩片叠合铆接而成的。为了使载荷平均地分配在每一钩片上，在钩体处装有可拆换的垫板，同时在钩颈的圆孔中装有轴套，用销轴与其他部件连接。

吊钩对于起重机的安全可靠工作是至关重要的。为此，对吊钩的材料及加工都有严格的要求。由于高强度钢对裂纹和缺陷很敏感，因而制造吊钩的材料都采用专用的优质低碳镇静钢或低碳合金钢，钢材牌号为 DG20、DG20Mn、DG34CrMo、DG34CrNiMo、DG34Cr2Ni2Mo。

2. 吊钩组

吊钩组又称吊钩装置或吊钩夹套，有长型吊钩组和短型吊钩组两种形式。

（1）长型吊钩组　如图 1-19 所示，滑轮 1 的两边安装着拉板 3，拉板的上部有滑轮轴 2，下部有吊钩横梁 4，它们平行地装在拉板上。滑轮组滑轮数目单、双均可，横梁中部垂直孔内装着吊钩 5，吊钩尾部有固定螺母。为方便物品的装卸，吊钩应能绕垂直轴线和水平轴线旋转。因此，在吊钩螺母与吊钩横梁间装有推力轴承，这样吊钩就支承在吊钩横梁上，并能绕吊钩钩颈轴线旋转。同时，吊钩横梁支承在两边拉板的孔中（间隙配合），使横梁和吊钩能绕水平轴线旋转。横梁两端各加工一环形槽，并用定轴挡板固定在拉板上，以防止横梁的轴向移动。滑轮轴两端也支承在拉板上，但由于滑轮轴两端加工成扁缺口，定轴挡板卡在其中，所以滑轮轴既不能转动也不能移动。此外，滑轮轴承上有润滑装置；吊钩螺母处有可靠的防松装置；吊钩横梁上的推力轴承附有防尘装置。

（2）短型吊钩组　如图 1-20 所示，它与长型吊钩组不同，是将吊钩横梁加长，在横梁两端对称地安装滑轮，而不另设滑轮轴，这样就使吊钩组整体高度减小，故称其为“短型”。但为使吊钩转动而又不碰两边滑轮，它采用了长吊钩。很显然，短型吊钩组只能用于双倍率滑轮组。因为单倍率滑轮组的平衡滑轮在下方，只有使用长型吊钩组才能安装这个滑

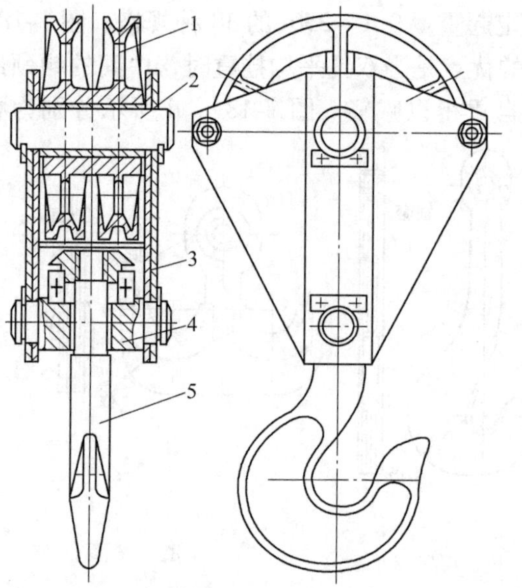

图 1-19　长型吊钩组

1—滑轮　2—滑轮轴　3—拉板　4—吊钩横梁　5—吊钩

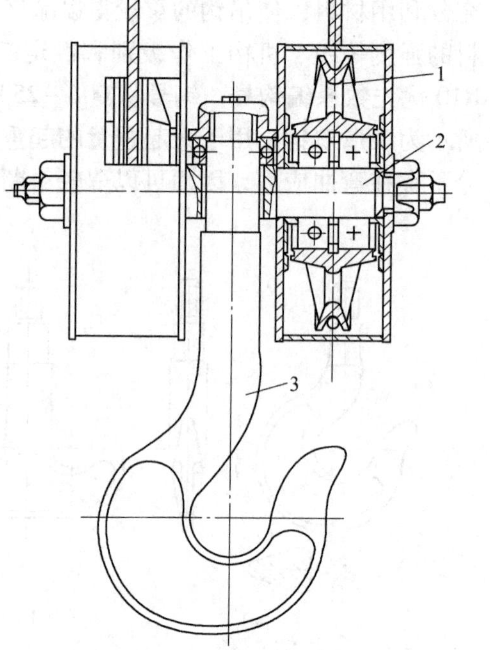

图 1-20　短型吊钩组

1—滑轮　2—滑轮轴　3—吊钩

轮。另外，短型吊钩组只能用于小倍率的滑轮组，即用于起重量较轻的起重机上。否则，因滑轮数目过多，吊钩横梁过长，将使吊钩组自重过重。

3. 吊钩的危险断面

吊钩的危险断面是日常检查和安全检验时的重要部位，经过对吊钩的受力分析得出吊钩有以下危险断面。如图1-21所示，吊挂在吊钩上的重物的重量为 Q。

（1）*B—B* 断面　由于重物的重量通过钢丝绳作用在这个断面上，此作用力有把吊钩切断的趋势，在该断面上产生切应力。又由于该处是钢丝绳索具或辅助吊具的吊挂点，索具等经常对此处摩擦，该断面会因磨损而使其横截面积减小，从而增大剪断吊钩的危险。

（2）*C—C* 断面　由于重物重量 Q 的作用，在该断面上这个作用力有把吊钩拉断的趋势。这个断面位于吊钩柄螺纹的退刀槽处，该断面为吊钩最小断面，有被拉断的危险。

（3）*A—A* 断面　吊钩在重物重量 Q 的作用下，产生拉、切应力之外，还有把吊钩拉直的趋势，如图1-21所示的吊钩中，中心线以右的各断面除受拉伸之外，还受到力矩 M 的作用。

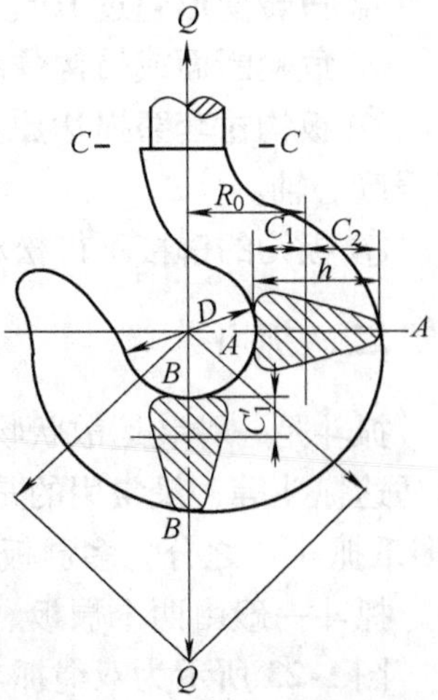

图1-21　吊钩的危险断面

在力矩 M 的作用下，*A—A* 断面的内侧产生弯曲拉应力，外侧产生弯曲压应力。*A—A* 断面的内侧受力为 Q 力的拉应力和 M 力矩的拉应力叠加，外侧受力则为 Q 力的拉应力与 M 力矩的压应力叠加，这样内侧应力将是两部分拉应力之和，外侧应力将是两部分拉应力之差，即内侧应力将大于外侧应力，这就是把吊钩断面做成内侧厚、外侧薄的梯形或T字形断面的原因。

4. 吊钩的安全技术要求

吊钩广泛地使用在各种形式的起重机械中。目前使用的吊钩有的按行业沿用标准制造，有的按GB/T 10051.1～5—2010《起重吊钩》制造。在检查和检验时，各类吊钩的检查项目和内容均相同，但在要求上略有不同。

（1）吊钩的安全检查　在用起重机的吊钩应根据使用状况定期进行检查，但至少每半年检查一次，并进行清洗润滑。吊钩一般的检查方法是：先用煤油清洗吊钩钩体。然后用20倍放大镜检查钩体是否有疲劳裂纹，尤其对危险断面要仔细检查，对板钩的衬套、销轴、轴孔、耳环等检查其磨损的情况，检查各紧固件是否松动。某些大型的工作级别较高或使用在重要工况环境的起重机的吊钩，还应采用无损探伤法检查吊钩内、外部是否存在缺陷。

新投入使用的吊钩要认明构件上的标记、制造单位的技术文件和出厂合格证。投入正式使用前应根据标记进行负荷试验，确认合格后才允许使用。检验方法是：以递增方式，逐步将载荷增至额定载荷的1.25倍，吊钩负载时间不少于10min。卸载后吊钩不得有裂纹及其他缺陷，其开口度变形不应超过0.25%。

使用后有磨损的吊钩也应做递增的负荷试验，重新确定使用载荷值。

（2）吊钩的报废标准　不准使用铸造吊钩，吊钩固定牢靠。转动部位应灵活，钩体表面光洁，无裂纹、剥裂及任何有损伤钢丝绳的缺陷。钩体上的缺陷不得焊补。为防止吊具自行脱钩，吊钩上应设置防止意外脱钩的安全装置。

吊钩出现下述情况之一时，应予以报废：

① 表面有裂纹。

② 危险断面磨损量：按行业沿用标准制造的吊钩，应不大于原尺寸的 10%；按 GB/T 10051. 2—2010 制造的吊钩，应不大于原高度的 5%。

③ 开口度比原尺寸增加 15%。

④ 扭转变形超过 10°。

⑤ 危险断面或吊钩颈部产生塑性变形。

⑥ 板钩衬套磨损达原尺寸的 50% 时，应报废衬套；板钩心轴磨损达原尺寸的 5% 时，应报废心轴。

⑦ 板钩的铆接不得松动，板间的间隙不得大于 0. 30mm。

二、抓斗

抓斗是一种装运散状物料的自动取物装置。抓斗按开闭方式不同有单绳抓斗、双绳抓斗和马达抓斗等，最常用的是双绳抓斗。根据颚板数目的不同，又有双颚板抓斗和多颚板抓斗（多爪抓斗）之分，多颚板抓斗常为六颚板。

抓斗一般由两个颚板、一个下横梁、四个支承杆和一个上横梁组成，如图 1-22 所示。

图 1-23 所示为双绳抓斗的工作过程。抓斗在工作中，有斗的升降和开闭两个动作。抓斗的起升机构和开闭机构设置于斗外时称为绳索式抓斗。起升机构和开闭机构合并设置时称为单绳抓斗；起升机构和开闭机构分开设置时称为双绳抓斗。抓斗的开闭机构设置在抓斗内时，通常采用一台电动葫芦或电动绞车来操纵开闭。

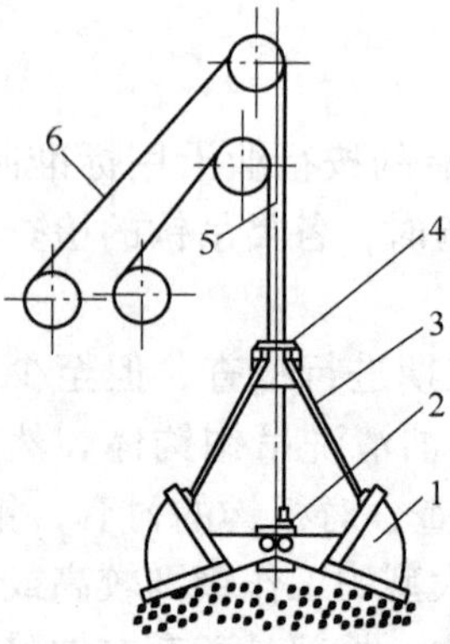

图 1-22 双绳抓斗结构图

1—颚板 2—下横梁 3—支承杆 4—上横梁 5—支持绳 6—开闭绳

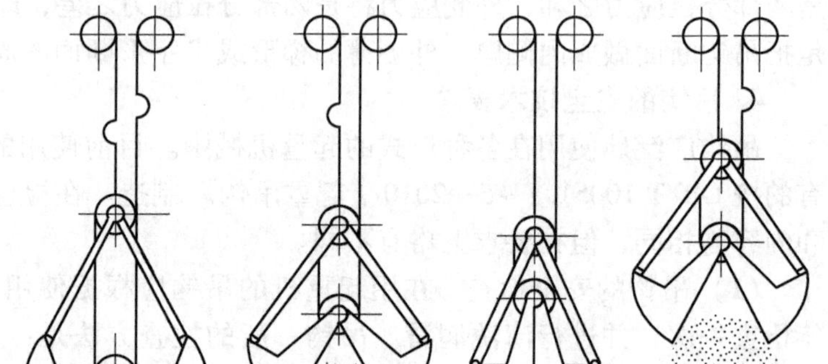

图 1-23 双绳抓斗工作过程

a）下降在物料上 b）抓取物料 c）起升 d）卸料

三、夹钳

夹钳是一种吊运成件物品的取物装置。利用它可以缩短装卸工作时间，减轻体力劳动。夹钳的具体形状和尺寸依物品而不同，但都是靠夹钳钳口与物品的摩擦力来夹持物品。按夹紧力产生的方式分杠杆夹钳和偏心夹钳两种。

1. 杠杆夹钳

图 1-24 所示为一简单杠杆夹钳。它能夹持住物品，有赖于夹钳法向压力所产生的摩擦

力。物品能被夹持的条件是起重载荷应小于钳口的摩擦力。这种夹钳夹持物品必要的几何尺寸关系为

$$c \leqslant \left(\frac{a}{\cos\alpha}+b\right)\mu$$

式中　μ——钳口对物品材料的摩擦因数。

这种杠杆夹钳结构简单，应用时只有把它悬挂在起重机吊钩上，并且需要辅助人员把夹钳张开，放到要吊运的物品上才能工作。

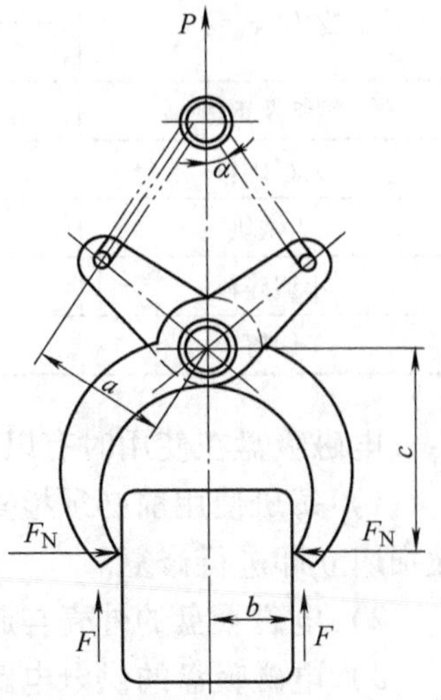

图 1-24　杠杆夹钳

2. 偏心夹钳

偏心夹钳主要用于吊运钢板类物品如图 1-25 所示。它的夹紧力是由物品的重力通过偏心块和物件之间的自锁作用而产生的，为能夹持不同厚度的物件，偏心块的曲线应采用对数螺旋线。

夹钳在使用前应检查铰接部位的杠杆有无变形、裂纹，对转动部位的轴、销进行定期检查和润滑，如有较大的松动、磨损和变形等，应及时予以修理和更换。新投入使用的吊具应进行负载试验，经检验合格后才能允许使用。

四、电磁吸盘

电磁吸盘又称起重电磁铁，用于搬运具有导磁性的金属材料物品。它不需要辅助人员帮助，通电时靠磁力自动吸住物品，断电时磁力消失，自动放下物品。

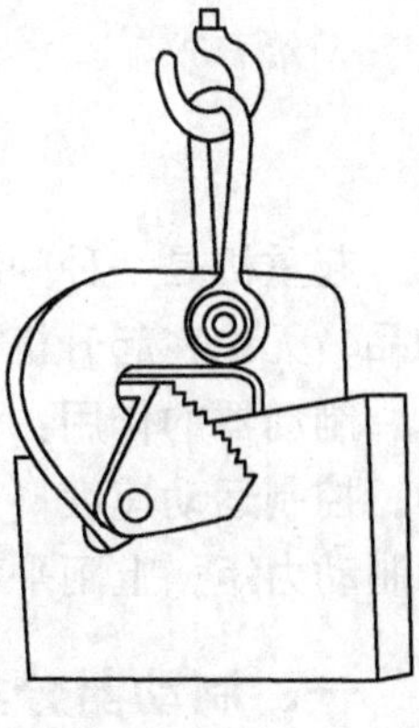
图 1-25　偏心夹钳

电磁吸盘的供电为 110～600V 直流电，我国常用 220V。由于供电电缆要随电磁吸盘一起升降，所以在起重机起升机构上，常设有专门的电缆卷筒。

根据用途的不同，电磁吸盘的底面通常制成圆形或长方形，如图 1-26所示。圆形的底面用于常温条件下搬运钢铁材料，长方形的底面用于冶金车间搬运热态长形钢材。不同直径的电磁吸盘的起重量不同，从表 1-13 中还可以看出物品形状对起重量有很大影响。

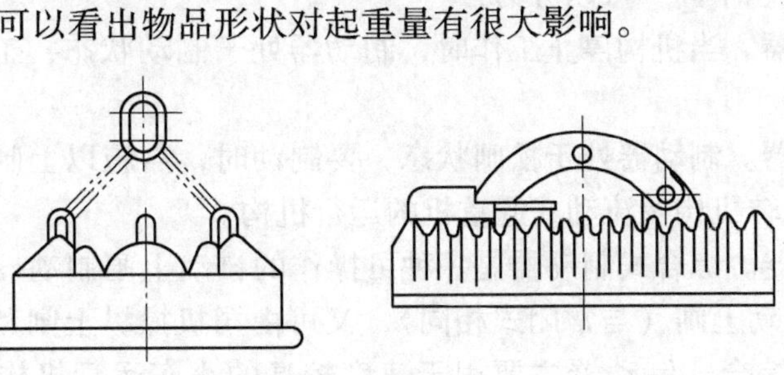

a)　　b)

图 1-26　电磁吸盘

a）圆形底面　b）长方形底面

表 1-13　电磁吸盘的起重量　（单位：kg）

物件名称	电磁吸盘直径/mm		
	785	1000	1170
钢锭及钢板	6000	9000	16000
大型碎料	250	350	650
生铁块	200	350	600
小型碎料	180	300	500
钢屑	80	110	200

电磁吸盘在使用时有以下安全技术要求：

1）每班使用前必须检查电磁吸盘电源的接线部位和电源线的绝缘状态是否良好，如有破损应立即进行修复。

2）电磁吸盘的外壳与起重机应有可靠的电气连接。

3）电磁吸盘的供电电路应与起重机主回路分立。

4）吊运温度高于200℃以上的钢铁物料，应使用专用的高温电磁吸盘。

5）电磁吸盘在吊运物料时，特别是吊运碎钢铁时，不允许在人和设备的上方通过。

6）电磁吸盘式起重机应设断电报警装置，以便操作人员在供电电源断电后及时采取防范措施。

第四节　制动装置

起重机是一种间歇性动作的机械，要经常地起动或制动。为保证起重机安全准确地吊运物品，无论在起升机构中或是在运行机构、旋转机构中都应设有制动装置（即制动器）。

制动器的作用：使机构减速，并停止运动；阻止已停止的机构在外力的作用下发生运动；控制运动速度（如控制重力下降货物的速度）。对制动器的要求：安全、可靠、有足够的制动力矩；上闸平稳，松闸迅速；构造简单，调整容易，制造方便；足够的强度和刚度。

一、制动器分类

制动器按工作状态不同，可以分为：

1）常闭式制动器。当机构停止工作时，制动器处于制动状态，工作时，由松闸装置将制动器松开。

2）常开式制动器。制动器处于松闸状态，要制动时，需施以上闸力产生制动力矩。这类制动器一般用于回转机构及流动式起重机的运行机构。

3）综合式制动器。综合式制动器是一种可操作的自动上闸制动器，它具有上述制动器的部分特点，即可自动上闸（与常闭式相同），又可由司机操纵上闸和松闸，以实现调速目的（类似常开式）。综合式制动器主要用于速度较高的小车运行机构，起升机构的速度控制、制动及其他需要调速的机构。

制动器按构造特点可分为块式制动器，带式制动器，盘式、多盘式制动器，圆锥式制动器（电动葫芦），蹄式制动器，载重自制式制动器（环链手拉葫芦）。

二、块式制动器

1. 制动轮、瓦块及摩擦材料

桥式起重机上常用的是块式制动器。如图 1-27 所示的单块制动器由制动轮、瓦块和杠杆系统及松闸装置等组成，它是利用制动轮和瓦块间的摩擦力来进行制动的。

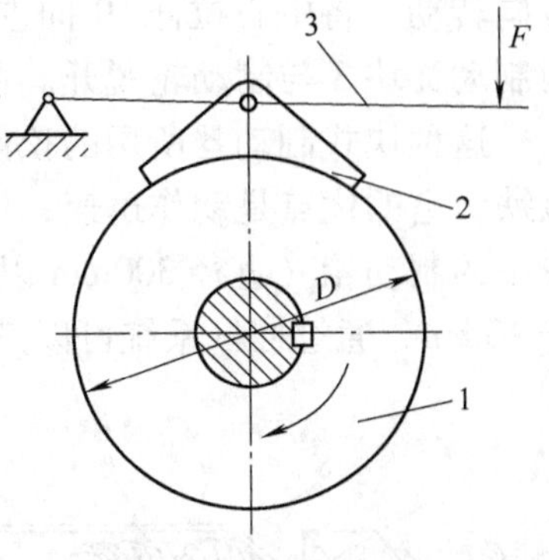

图 1-27　单块制动器
1—制动轮　2—瓦块　3—制动杠杆

起升机构用制动轮，其材质应不低于 45 钢或 ZG340-640。为使制动轮耐磨，可进行表面热处理，硬度应为 45～55HRC。表面深度 2mm 处的硬度不低于 40HRC。运行机构制动轮可采用球墨铸铁，材质应不低于 QT500-7。在起重机中并不单独加工和安装制动轮于轴上，往往是将联轴器的一个半体或称半联轴器同时作为制动轮使用的。

制动瓦块用钢或铸铁制造，为提高与制动轮之间的摩擦因数，在制动瓦块工作面上常覆盖摩擦衬料。摩擦衬料主要有棉织制品、石棉织制品、石棉压制带及粉末冶金摩擦材料这几种。棉织制品的工作温度在 100℃以下，允许单位压力低，故用得很少。石棉织制品由石棉纤维和棉花编织并浸以能增加强度的沥青或亚麻仁油，这是一种常用的衬料，它的摩擦因数 $\mu=0.35\sim0.4$，最高工作温度为 175～200℃，允许单位压力较大，为 0.05～0.6MPa。石棉压制带又称石棉橡胶辊压带，它是用短纤维石棉与橡胶及少量硫磺混合压制而成的，它的性能更好，摩擦因数 $\mu=0.42\sim0.53$，最高工作温度为 220℃，允许单位压力也达 0.05～0.6MPa，应用较多。还有一种石棉钢丝制动带应用也较为广泛。

块式制动器按结构可分为单块式和双块式两类。

2. 单块制动器

图 1-27 所示为单块制动器的简图，这种制动器主要由制动轮 1、瓦块 2 和制动杠杆 3 组成。制动轮通常都用键与机构上做旋转运动的轴固接在一起。制动轮轮缘外侧安装着瓦块，瓦块固定在杠杆上，在制动杠杆端部合闸力的作用下，瓦块压紧在制动轮上，靠摩擦力进行制动。

单块制动器在制动时对制动轮轴会产生很大的径向作用力，使轴弯曲，所以单块制动器只用于小起重量的手动起重机械上。

3. 双块制动器

在制动轮轮缘外侧对称地安装两个制动瓦块，并用杠杆系统把它们联系起来，使两个制动瓦块根据机构合闸或松闸的要求，同时压紧或脱开制动轮，这种制动器就是双块制动器。它适用于需要正、反转的机构，如起重机的起升机构或运行机构。

双块制动器所用的松闸装置（又称松闸器）有制动电磁铁和电动推杆两类。制动电磁铁又有交流、直流，长行程、短行程和液压电磁铁之分；而电动推杆则有电动液压推杆和电动离心推杆之分。

图 1-28a、b 所示分别为交流（短行程）电磁铁块式制动器的构造及原理图。它的制动件为分别装在两制动杆 2 上的瓦块 3，瓦块的工作面一般都衬上片状的石棉橡胶辊压带或石棉钢丝制动带。工作时，合闸靠主弹簧 9 的张力，松闸是靠直接装于右制动杆上的短行程电磁铁来实现的。

当电磁铁断电时，主弹簧 9 左端推动框形拉板 8，使右制动杆压向制动轮；右端推动中心拉杆10上的螺母11，使左制动杆也压向制动轮，机构处于制动状态。此时主弹簧9张开，辅助弹簧7压缩。当机构运转时，电磁铁通电，吸引衔铁12，使它绕上部铰链顺时针方向转动，将中心拉杆10向左推移，同时将框形拉板8向右拉，使两个制动杆往外摆动，两制动瓦块3与制动轮脱开。此时主弹簧被压缩，辅助弹簧张开。

这种块式制动器所用的松闸装置是电磁铁，它的行程通常在5mm以内，称为短行程电磁铁。它的优点是动作迅速，但制动时冲击大，不平稳，松闸力也小，只能用于制动力矩比较小的制动轮（直径300mm以下）机构中。此外还有一种长行程电磁铁，它的行程通常大于20mm，通过杠杆系统可以产生很大的松闸力，它适用于大型制动器。

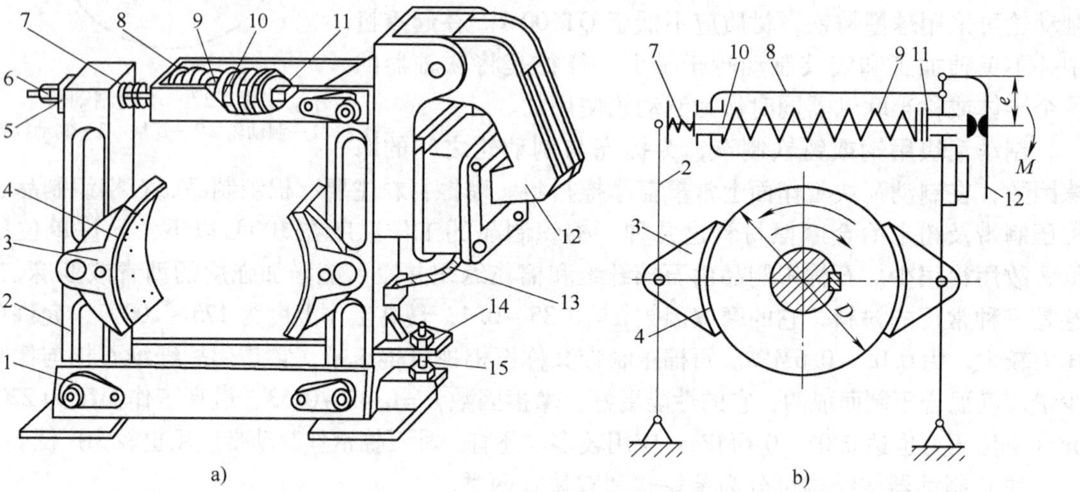

图1-28 交流（短行程）电磁铁块式制动器

1—底座 2—制动杆 3—瓦块 4—制动片 5—夹板 6—小螺母 7—辅助弹簧 8—拉板 9—主弹簧 10—中心拉杆 11—螺母（共3个，紧贴主弹簧的是调整主弹簧长度用的，称为调整螺母；中间的是防止调整弹簧螺母松动的，称为背螺母；第3个是卸闸瓦时使制动杆张开的，称为张开螺母） 12—衔铁 13—导电卡子 14—背螺母 15—调整螺栓

三、短行程电磁铁双块制动器的调整

起重机的制动器在使用过程中，应按规定经常进行调整，才能保证起重机各机构的动作准确和安全。调整主要有三个方面：调整电磁铁行程、制动力矩和间隙。

1. 调整电磁铁行程

制动器在使用中，瓦块的摩擦片和各处铰链都会逐渐磨损，因此衔铁行程会逐渐增大，导致工作不可靠，所以必须经常检查调整。

为获得制动瓦块合适的张开量，应调整电磁铁的行程，即衔铁与电磁铁的距离，如图1-29所示。调整的方法是用一把扳手固定住

图1-29 调整电磁铁行程

1—调整螺母 2—中心拉杆方头

调整螺母 1，用另一把扳手转动中心拉杆方头 2，这样中心拉杆方头就可以左右移动，使电磁铁行程得以调节，电磁铁行程应调整为 3～4.4mm。

2. 调整主弹簧工作长度

有时制动瓦块与制动轮虽然间隙合适，但溜钩（溜车）距离还是较大，说明主弹簧偏松，所产生制动力矩不足。这时为获得合适的制动力矩，应调整主弹簧，如图 1-30 所示。调整的方法是用一把扳手固定住中心拉杆方头 3，用另一把扳手转动主弹簧调整螺母 1，从而调整主弹簧长度，然后拧紧背螺母 2，防止调整螺母 1 松动。

3. 调整两制动瓦块与制动轮的间隙

起重机在工作中，有的制动器松闸时会出现一个瓦块脱离，而另一个瓦块还在制动的现象，这不仅影响机构的运动，还使瓦块加速磨损。此时应进行调整，先将衔铁推在铁心上，制动瓦块即松开，然后转动调整螺母，如图1-31所示。调整制动瓦块与制动轮之间的单侧间隙为 0.6～1mm，并要求两侧间隙均等。

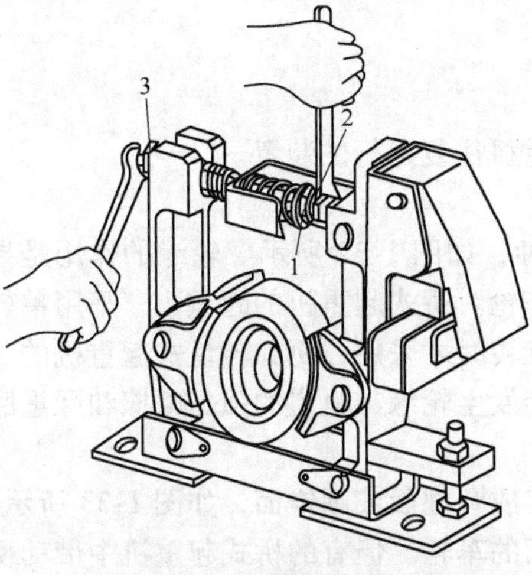

图 1-30　调整主弹簧

1—调整螺母　2—背螺母　3—中心拉杆方头

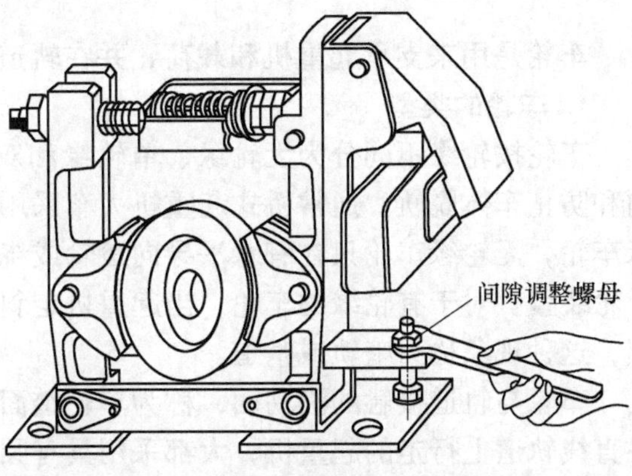

图 1-31　调整制动瓦块与制动轮

四、制动器的保养

1）制动器的各铰接点应每周润滑一次，如果在高温环境工作下，应每隔三天润滑一次，切勿使摩擦片或制动轮沾上润滑油。

2）清除制动带与制动轮之间的尘垢。

3）液压电磁铁制动器的油液，每半年需要更换一次，如发现油内有机械杂质，应把松闸器全部拆开，并用汽油把各零件洗净重新组装，密封圈要先用注入松闸器的新油液浸一下再装，以防卡坏密封圈。

五、制动器零件的修理和报废标准

1）当制动器闸架销轴间隙导致的无效行程超过电磁铁额定行程的10%时，应进行修理。

2）各铰链外的销轴，其直径磨损超过原直径的5%，或圆度误差超过 0.5mm 时，均应更换。更换前，先修整销轴孔，恢复其圆度，然后测量孔径，配制销轴。销轴用 45 钢制造并经过热处理，表面硬度为40HRC，自制时应符合工艺要求，轴孔直径磨损超过原直径的5%时也应更换。

3）摩擦片磨损的厚度不应超过原厚度的1/2，超过时应更换，更换时铆钉埋入制动带的深度应超过制动带厚度的1/2。

4）制动器的自动臂或杠杆弯曲时应加热后校直，校直后应检查有无裂纹，如发现裂纹应更换。

5）制动弹簧如发现塑性变形或有裂纹时应更换。

第五节　车轮与轨道

为使起重机或载重小车做水平运动，起重机上都有运行机构。运行机构分有轨和无轨（如汽车起重机）两种。运行机构由运行支承装置和运行驱动装置组成。起重机用的有轨运行支承装置常采用钢制车轮，运行在钢制轨道上。

一、车轮

车轮是用来支承起重机和载荷，并在轨道上使起重机往复运行的装置。

1. 车轮的类型

车轮按轮缘不同分为无轮缘、单轮缘和双轮缘三种，如图1-32所示。轮缘的作用是导向和防止车体脱轨。通常桥式起重机大车采用双轮缘车轮。桥式起重机的起重小车采用单轮缘车轮，无轮缘车轮只在有水平导向滚轮或绕中心轴旋转时才采用，例如转盘式起重机的支承轮装置。对于有轮缘的车轮，当起重机走斜时，常会发生轮缘与轨道的强烈摩擦和严重磨损，这种现象称为啃轨或啃道。

车轮与轨道接触的滚动面，称为车轮踏面，可加工成圆柱面或圆锥面，如图1-33所示。在直线轨道上行走的起重机，大都采用具有圆柱形踏面的车轮。但有的桥式起重机中带动桥架运行的主动车轮采用圆锥形踏面（锥度为1∶10），这是因为它能自动矫正桥架运行中产生的偏斜现象。圆锥形踏面的车轮还用于在工字钢下翼缘上运行的小车，例如电动葫芦的运行小车，这时车轮大端与小端的圆周速度不同，会产生附加摩擦阻力与磨损，如图1-34a所示。

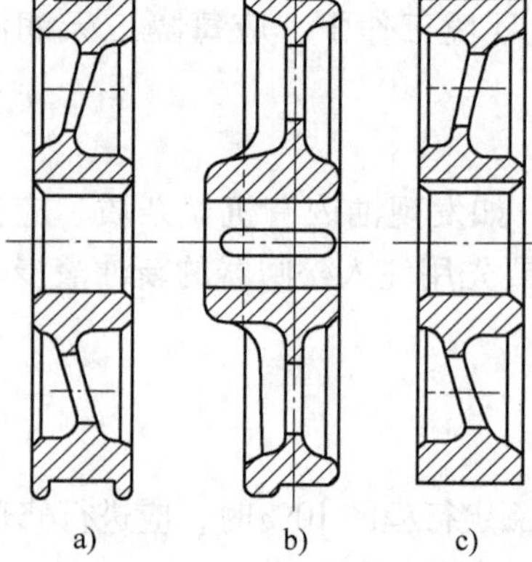

图1-32　车轮类型
a）双轮缘　b）单轮缘　c）无轮缘

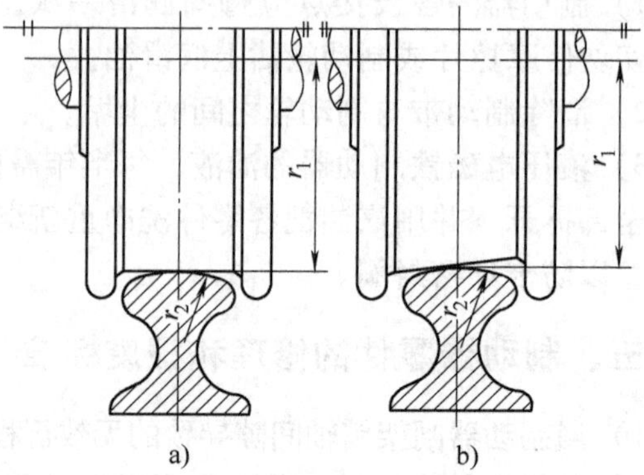

图1-33　车轮踏面
a）圆柱面　b）圆锥面

所以，常常制成带圆弧状踏面的车轮或制成倾斜放置的圆柱形踏面车轮，如图 1-34b、c 所示。轮缘一端应安置在轨道的外侧。

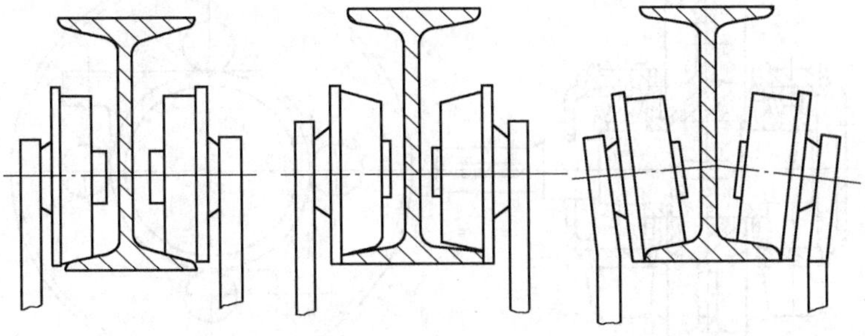

图 1-34　工字钢下翼缘上运行的车轮

2. 车轮的材料

起重机车轮所用材料：轧制车轮材料性能应不低于 60 钢；锻造车轮材料性能应不低于 45 钢；铸造车轮材料性能应不低于 ZG340-640。车轮轮坯应优先采用轧制或模锻轮坯。为了提高车轮表面的耐磨性能和使用寿命，钢制车轮一般应经热处理，踏面和轮缘内侧面硬度应达到 300 ~ 380HBW。对于人力驱动或机械驱动但速度较小的起重机，也可用铸铁车轮，其表面硬度为 180 ~ 240HBW。近年来，随着工程塑料的发展，有的起重机已开始采用耐磨塑料车轮。

3. 车轮的支承和安装

车轮有定轴式和转轴式两种支承和安装方式。

定轴式是把车轮安装在固定机架的心轴上，如图 1-35 所示。轮毂与心轴之间可以装滑动轴承，也可以装滚动轴承，车轮绕心轴能够自由转动。驱动转矩是靠与车轮固定在一起的齿圈传递给车轮的。由于是开式齿轮传动，齿轮磨损严重，并且检修更换车轮或齿圈时要抽出心轴，很不方便。

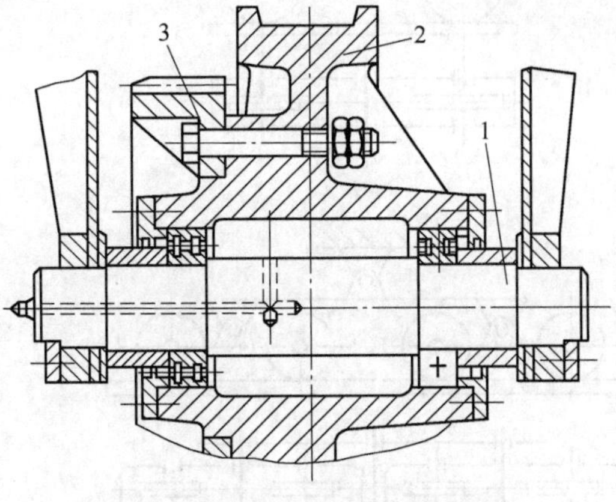

图 1-35　装在固定心轴上的车轮
1—固定心轴　2—车轮　3—齿圈

转轴式是把车轮安装在转动轴上。通过转轴来传递转矩的车轮是主动车轮，如图 1-36 所示。不传递转矩的是从动车轮，它没有图中所示的轴伸。轴承是装在特制的角型轴承箱内的。角型轴承箱和车轮形成一个组件，组件整体通过专用螺栓固定在起重机机架上，因而检修更换方便。角型轴承箱内一般采用自动调心的滚子轴承，它允许一定程度的安装误差和机架变形，降低了对安装、检修的要求。

4. 均衡车架装置

车轮直径的大小主要根据轮压来确定，轮压大的轮径应大。但由于受厂房和轨道承载能力的限制，轮压又不宜过大。这时可用增加车轮数并使各车轮轮压相等的办法来降低轮压，具体地说就是采用均衡车架装置，如图 1-37所示为这种装置的简图。实际上是一个杠杆系统，把安装车轮的车架铰接在起重机机体上，铰接保证了各车轮轮压相等。

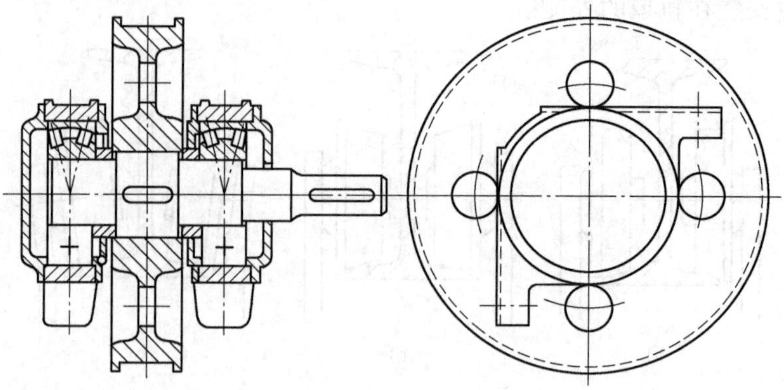

图 1-36　装在转轴上的车轮

二、轨道

起重机车轮运行的轨道，常采用铁路钢轨；当轮压较大时，采用起重机专用钢轨，如图 1-38所示。有时也使用方钢作为代用的钢轨。

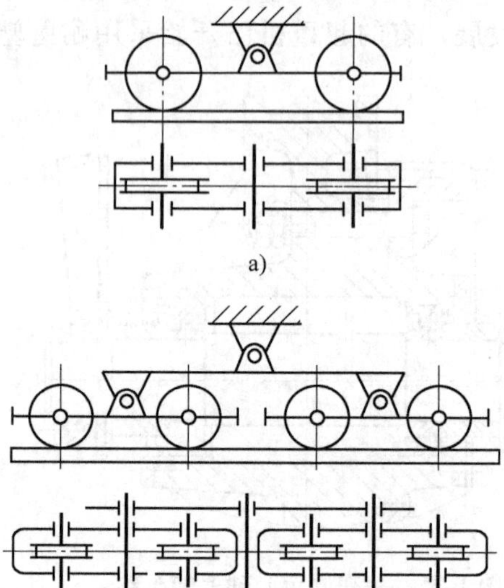

图 1-37　均衡车架装置

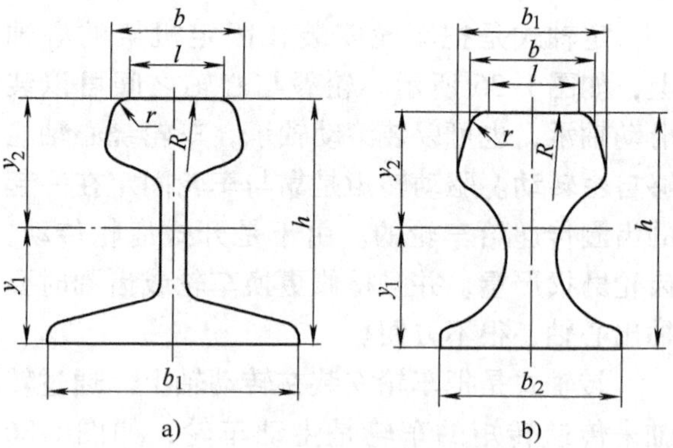

图 1-38　起重机用钢轨

a）铁路钢轨　b）起重机专用钢轨

钢轨的轨顶有凸顶和平顶两种。圆柱形车轮踏面与平顶钢轨的接触成直线，称为线接触；而圆柱形踏面或圆锥形踏面的车轮与凸顶钢轨接触在点上，称为点接触。从理论上看，线接触比点接触要好，承载能力大。但实际上，由于制造安装及起重机在不同载荷时的不同变形，造成车轮不同程度的偏斜，使圆柱形的车轮与平顶钢轨在接触线的压力分布不均，有时甚至只在轨道边缘的一个点上接触，产生很大的挤压应力；而点接触的凸顶钢轨对这不可避免的车轮倾斜的适应性却很好。实践证明，采用凸顶钢轨车轮的寿命比采用平顶钢轨的长。所以，起重机大多采用凸顶钢轨。

钢轨通常用碳、锰的质量分数较高的钢材制成（w_C：0.5%～0.8%，w_{Mn}：0.6%～1.0%），同时要进行热处理，使其有较高的强度和韧性，顶面又有足够的硬度。

钢轨的选用见表1-14。钢轨型号中的数字表示这种钢轨单位长度的质量（kg/m）。方钢的型号则是以边长来表示的。

轨道在金属梁和钢筋混凝土梁上的固定方法，如图1-39所示。

表1-14　钢轨的选用

车轮直径/mm	200	300	400	500	600	700	800	900
起重机专用钢轨	—	—	—	—	—	QU70	QU70	QU80
铁路钢轨	P15	P18	P24	P38	P38	P43	P43	P50
方钢/mm	40	50	60	80	80	90	90	100

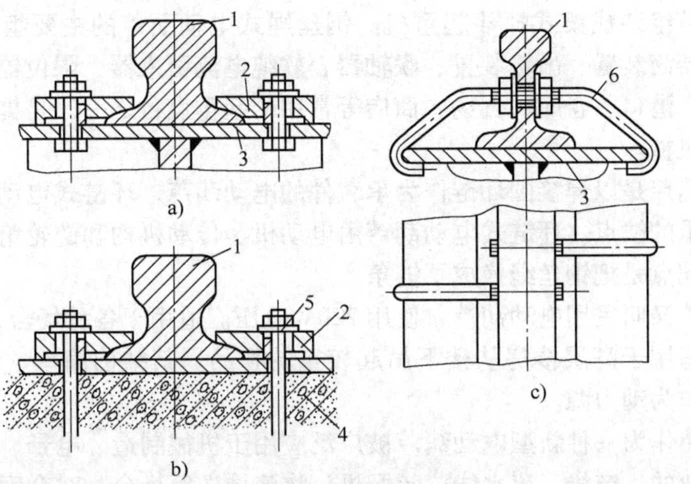

图1-39　轨道的固定
a）用螺栓压板固定在金属梁上的轨道　b）用压板固定在钢筋混凝土梁上的轨道
c）用钩条固定在金属梁上的轨道
1—轨道　2—压板　3—金属梁　4—钢筋混凝土梁　5—螺栓　6—钩条

第六节　电 动 葫 芦

电动葫芦是一种小型起重机械，如图1-40所示。通常它安装在直线或曲线的工字钢轨道上，用以起升和运移重物。电动葫芦结构紧凑，自重轻，效率高，操作简便，既可单独使用，也可与电动单梁、电动悬挂、简易双梁、简易门式、臂架式、桥式堆垛起重机等相匹配使用。目前国产电动葫芦的起重量为0.5～10t，其起升速度可在4～50m/min范围内，运行速度一般不大于20～25m/min，但特殊需要时也可高达120m/min。

电动葫芦按其所用挠性件的不同，可分为钢丝绳式、环链式和板链式三种；按提升速度不同，有常速和慢速之分；按工作处所不同，分为通用型、重型型、防爆型和防腐型等。

a)　　b)　　c)

图 1-40　电动葫芦

a）CD 型电动葫芦　b）DLH 电动环链葫芦　c）微型电动葫芦

钢丝绳式电动葫芦用得最普遍，取物装置以吊钩用得最多，也可在吊钩上装起重电磁铁或用两台电动葫芦组装成梁式抓斗起重机。钢丝绳式电动葫芦的主要组成部分包括：减速器、运行机构、卷筒装置、吊钩装置、联轴器、软缆电流引入器、限位器等。钢丝绳电动葫芦是工厂、矿山、港口、仓库、货场、商店等常用的起重设备之一，是提高劳动效率，改善劳动条件的必备机械。

环链式电动葫芦是以焊接圆环链作为承载件的电动葫芦，环链式电动葫芦弥补了钢丝绳式电动葫芦较笨重的缺点。环链式电动葫芦由电动机、传动机构和链轮组成，与钢丝绳式电动葫芦最大的不同点是把钢丝绳换成了链条。

微型电动葫芦又叫民用电动葫芦，使用 220V 电压。适用于各种场合，可提升 1000kg 以下的货物，特别适用于高层楼房从楼下吊起较重的物品。其结构简单、安装方便、小巧玲珑，且用单向电作为动力源。

微型电动葫芦作为一种新型电动葫芦被广泛应用于机械制造、电子、汽车、造船、工件组装等现代化工业的生产线、流水线、装配机、物流输送等场合。对仓库、码头、配料、吊篮和空间较窄小的工作场地，微型电动葫芦更能显示出它的优良品质，是定柱式、墙壁式旋臂起重机的最佳配套产品。微型电动葫芦外形美观、结构合理、安装方便、噪声小、使用安全可靠，因此微型电动葫芦被广泛应用在工厂车间、家庭仓库、饭店、商场等场合。

CD 型电动葫芦外形如图 1-41 所示。它由减速器 1、卷筒 2、排绳器 3、起重电动机 4（单速或双速电动机组）、吊钩 5、电动小车 6、电器架 7、控制箱 8、软缆电流引入器 9 等组成。图中所示的电动葫芦起升高度在 12m 以上。由于卷筒加长，所以采用两组运行机构，比起升高度在 12m 以下的电动葫芦，增加了一套双轮小车 10 及连接架 11。对于起重量 10t 的电动葫芦，由于重载而用两套电动小车。

图 1-42 所示为 CD 型电动葫芦工作原理示意图。图中电动机转子的上半部分、下半部分位置不同，分别表示不通电、通电时的情况。它的传动路线为电动机 1→联轴器 2→三级齿轮减速器输入轴 3→减速器的输出轴（空心轴）4→卷筒 5。制动轮 8 的位置在电动机的右侧。

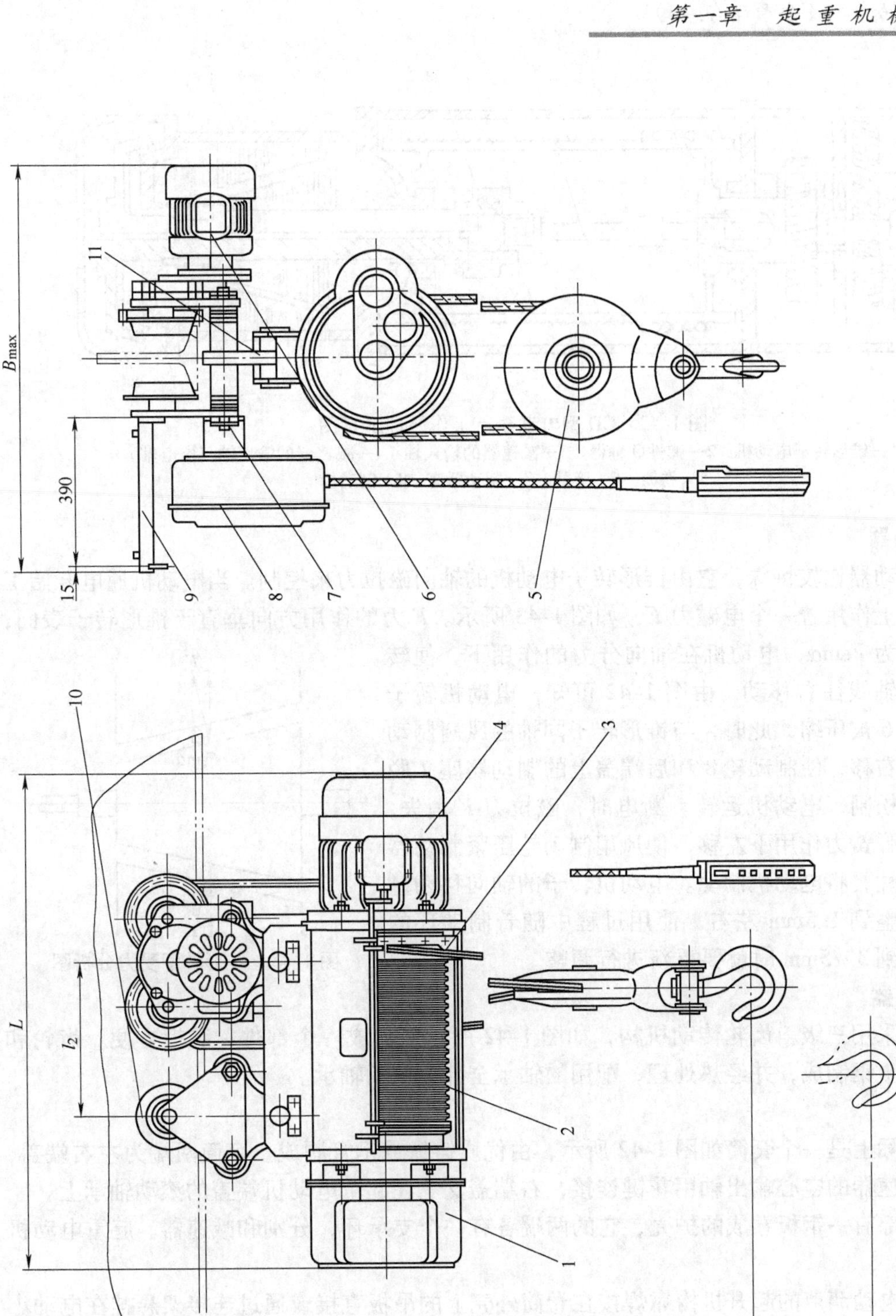

图1-41　CD型0.5~5t电动葫芦

1—减速器　2—卷筒　3—排绳器　4—起重电动机　5—吊钩　6—电动小车
7—电器架　8—控制箱　9—软缆电流引入器　10—双轮小车　11—连接架

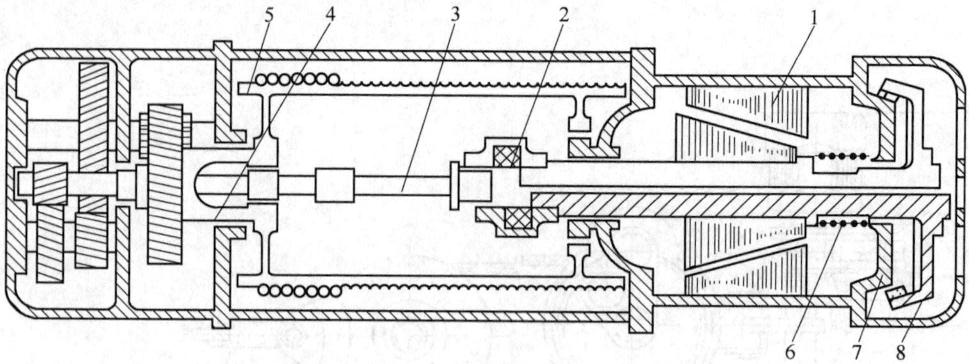

图 1-42　CD 型电动葫芦工作原理示意图

1—锥形转子电动机　2—弹性联轴器　3—减速器的输入轴　4—减速器的输出轴（空心轴）
5—卷筒　6—弹簧　7—制动器座　8—制动轮

1. 制动器

这种制动器比较特殊，它由锥形转子电动机的轴向磁拉力来控制。当电动机通电开始工作时，转子上作用着一个电磁力 F，如图 1-43 所示。F 力的作用方向垂直于锥形转子表面，其轴向分力为 $F\sin\alpha$，电动机在轴向分力的作用下，使转子沿电动机轴线往右移动，由图 1-42 可知，电动机转子右移，弹簧 6 被压缩，此时，与锥形转子同轴的风扇制动轮 8 也同时右移，使制动轮 8 和后端盖上的制动器座 7 脱开，制动器松闸，电动机运转。断电时，磁拉力 F 消失，锥形转子在弹簧力作用下左移，使风扇制动轮压紧制动器座上的制动片，将电动机制动。电动机转子的轴向移动量在出厂时调整到 1.5mm 左右，使用过程中随着制动环的磨损，一般到 3～5mm 时就要重新进行调整。

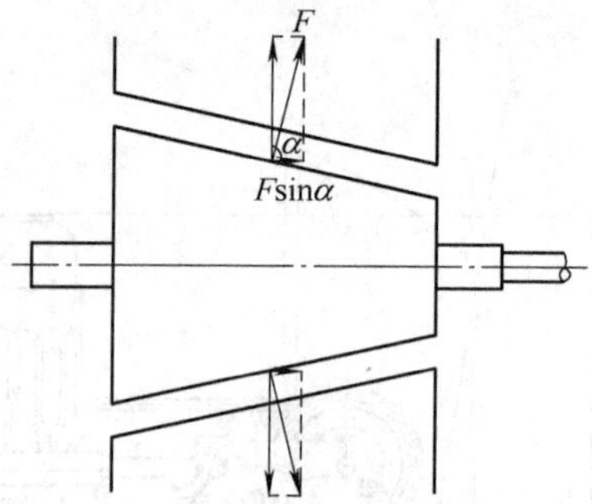

图 1-43　锥形转子受力分析图

2. 减速器

减速器采用三级斜齿轮传动机构，如图 1-42 所示，自成一个部件，装拆方便。齿轮和齿轮轴用合金钢制成，并经热处理，配用的轴承全部为滚动轴承。

3. 卷筒

卷筒实际上是一个套筒如图 1-42 所示，由优质铸铁或钢管制成。套筒两端为左右端盖，左端盖与减速器的空心输出轴用花键连接，右端盖支承在起重电动机端盖的滚动轴承上。

卷筒外部有一钢板卷成的护壳，它的两端各有一个支承环，分别和减速器、起重电动机壳体相连。

小车式电动葫芦的起升机构靠焊接在卷筒外壳上的吊板直接或通过连接架悬挂在电动小车下面。

4. 排绳器

排绳器安装在有绳槽的卷筒上，并随着卷筒转动而做轴向移动，可使钢丝绳在卷筒上整齐排列。同时，通过排绳器上的卡板与限位杆上的停止块碰撞，使吊钩在升降时自动限位。

5. 起重电动机

CD 型常速钢丝绳电动葫芦，只有一台起重电动机，所以它只有一种起升速度——

8m/min。而 MD 型常慢速钢丝绳电动葫芦比 CD 型电动葫芦多了一台起重电动机及慢速驱动装置，形成一个双速电动机组，使这种电动葫芦有两种起升速度，常速为 8m/min，慢速为 0.8m/min。

6. 电动小车

电动小车的驱动方式如图 1-44 所示。电动小车包括主动轮部件和从动轮部件。

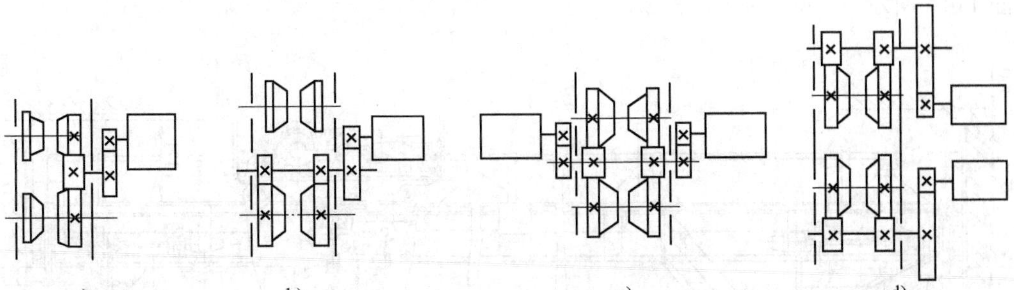

图 1-44　电动小车驱动方式

主动轮部件包括带制动器的运行电动机和二级直齿轮传动机构。第一级是由电动机齿轮和大齿轮组成的闭式齿轮传动，第二级是由齿轮轴同时传动两只车轮（带有齿轮）的开式齿轮传动。两只车轮通过滚动轴承支承在与主动轮墙板紧配的轴上。

从动轮部件中的两只车轮也是通过滚动轴承支承在与从动轮墙板紧配的轴上。

第七节　桥式起重机

桥式起重机是厂矿企业实现机械化生产：减轻繁重体力劳动的重要设备。在一些连续性生产流程中它又是不可缺少的工艺设备。它可以在厂房、仓库内使用，也可以在露天料场中使用，是应用广泛的一种起重机械。

一、普通桥式起重机的组成

如图 1-45 所示，普通桥式起重机主要由大车和起重小车两大部分组成：

（1）大车　大车由桥架与大车运行机构组成。桥架是由主梁（沿跨度方向）和端梁组成的“金属构架”。它支承着整个起重机的自重和起升载荷，同时又是起重机大车的车体，在其两侧的走台上，安装有大车运行机构和电气设备。大车运行机构用来驱动大车的行走。在起重机的大车上一般还有驾驶室，用来操纵起重机和安装各机构的控制设备。桥架两端通过运行装置支承在厂房或露天货场上空的高架轨道上，沿轨道纵向运行。

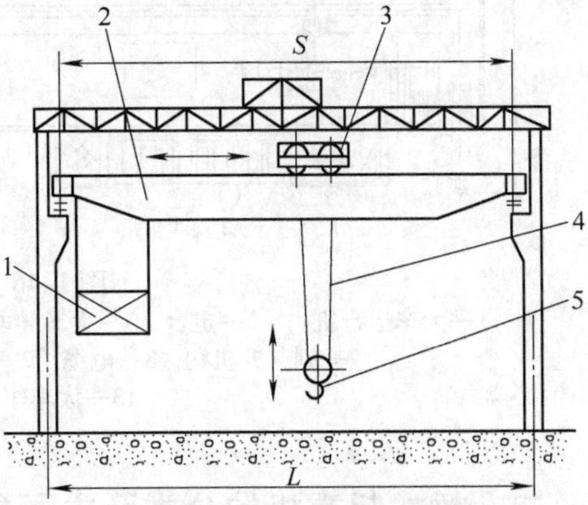

图 1-45　桥式起重机示意图
1—驾驶室　2—大车　3—起重小车
4—钢丝绳　5—吊钩组

（2）起重小车（行车）　起重小车由起升机构和小车运行机构、小车架及安全保护装置等组成。起重小车在桥架主梁上沿小车轨道横向运行。

桥式起重机有装在起重小车上的起升机构、小车运行机构和装在桥架上的大车运行机构这三种工作机构，通常为电驱动。桥式起重机起重量一般为5~250t，最大可达到1200t；起重机跨度一般为10.5~31.5m，最大可达到60m。最常见、最典型的是通用桥式起重机，它是指用吊钩、抓斗或电磁吸盘做取物装置的一般用途的桥式起重机。电动双梁桥式起重机结构如图1-46所示。

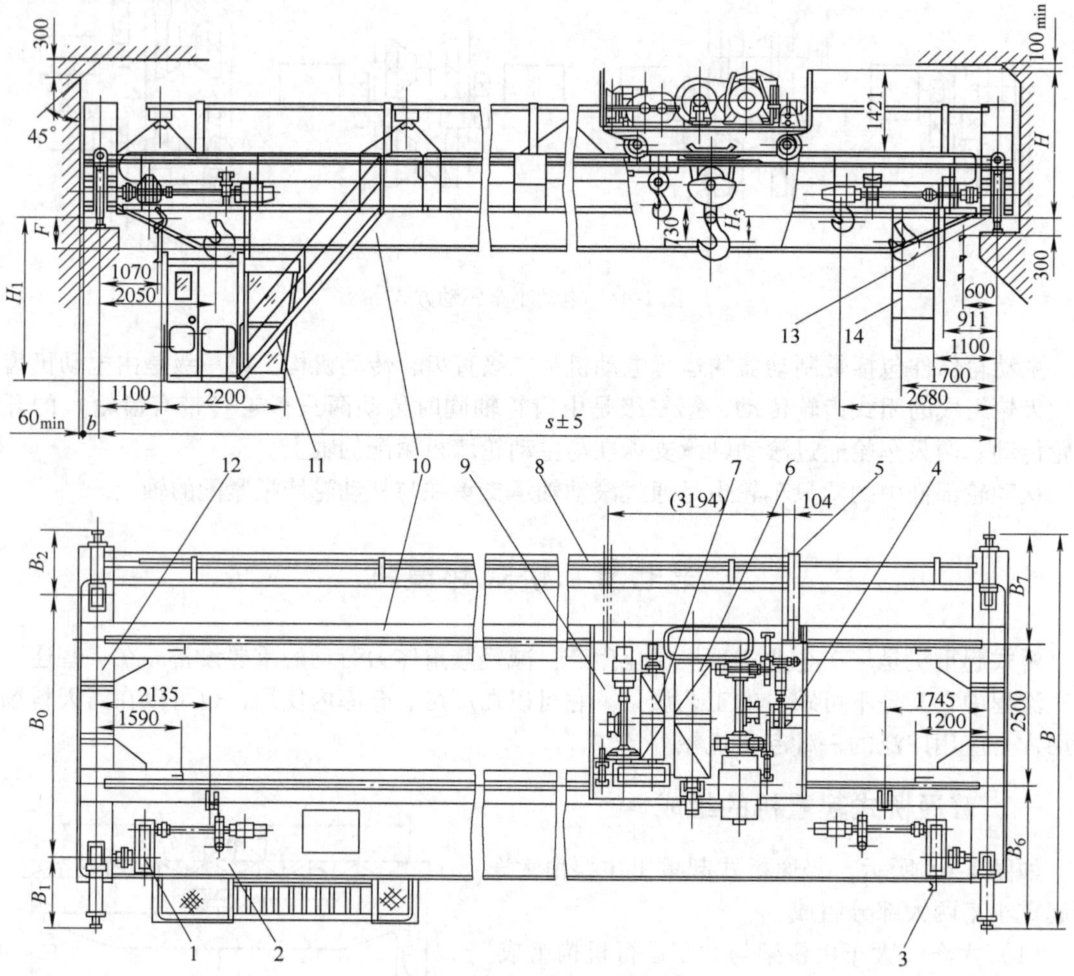

图1-46　电动双梁桥式起重机

1—大车运行机构　2—走台　3—大车导电架　4—小车运行机构　5—小车导电架　6—主起升机构　7—副起升机构　8—电缆　9—起重小车　10—主梁　11—驾驶室　12—端梁　13—大车车轮　14—大车导电维修平台

二、桥式起重机的分类及主要参数

1. 桥式起重机的分类

按驱动方式和桥架结构的不同，桥式起重机分为手动单梁和手动双梁、电动单梁和电动双梁等几种形式。按取物装置形式的不同，桥式起重机分为吊钩式、电磁式（取物装置是电磁吸盘）和抓斗式以及二用或三用桥式起重机等。按用途的不同，桥式起重机分为通用桥式起重机和专用桥式起重机（防爆桥式起重机、冶金桥式起重机等）。

2. 桥式起重机的主要参数

起重机的主要参数用于表明其主要的性能指标。它是订货时供需双方在合同中必须明确的参数，也作为设计、制造和验收的重要依据。桥式起重机的主要参数有起重量、工作级别、跨度、起升高度及工作速度等。另外，轨距、轮距、外形尺寸、吊钩极限尺寸、最大轮压等也是它的重要参数。

（1）额定起重量 G_n　起重机所允许的起升物品的最大质量与可以从起重机上取下的取物装置质量之和，称为额定起重量，用 G_n 表示，单位为 t（吨）。

我国桥式起重机的额定起重量采用 R10 优先数系，按 1.25 公比递增。通用桥式起重机额定起重量见表 1-15。

表 1-15　通用桥式起重机额定起重量及工作级别

取物重量		起重量系列/t	工作级别
吊钩	单小车	3.2，4，5，6.3，8，10，12.5，16，20，25，32，40，50，63，80，100，125，160，200，250	A1～A6
	双小车	2.5+2.5，3.2+3.2，4+4，5+5，6.3+6.3，8+8，10+10，12.5+12.5，16+16，20+20，25+25，32+32，40+40，50+50，63+63，80+80，100+100，125+125	A4～A6
抓斗		3.2，4，5，6.3，8，10，12.5，16，20，25，32，40，50	A5～A7
电磁吸盘		5，6.3，8，10，12.5，16，20，25，32，40，50	

（2）跨度 S　桥式起重机的运行轨道中心线之间的水平距离称为跨度，用 S 表示，其单位为 m。桥式起重机的标准跨度见表 1-16。

表 1-16　桥式起重机标准跨度

起重量/t		跨度/m
≤50	无通道	10.5，13.5，16.5，19.5，22.5，25.5，28.5，31.5
	有通道	10，13，16，19，22，25，28，31
63～125		16，19，22，25，28，31，34
160～250		15.5，18.5，21.5，24.5，27.5，30.5，33.5

注：有无通道指建筑物上沿着起重机运行线路是否留有人行安全通道。

（3）起升高度 H　桥式起重机取物装置的上、下极限位置之间的距离称为起升高度，用符号 H 表示，单位为 m。上极限位置以吊钩钩口中心为准，抓斗或其他器具以最低点为准，下极限位置通常取起重机的轨道面。桥式起重机起升高度见表 1-17。

表 1-17　桥式起重机起升高度　　（单位：m）

起重量/t	吊钩				抓斗		电磁吸盘
	一般		加大		一般	加大	
	主钩	副钩	主钩	副钩			
≤50	12～16	14～18	24	26	18～26	30	16
63～125	20	22	30	32	—	—	—
163～250	22	24	30	32	—	—	—

（4）工作速度 v　桥式起重机的工作速度是指桥式起重机各机构的电动机在其额定转速下的额定线速度，用 v 来表示，常用单位为 m/min。各机构的常用速度见表 1-18。

表 1-18　桥式起重机各机构的常用速度　（单位：m/min）

取物装置	起重量/t	类别	工作级别	主钩起升速度	副钩起升速度	小车运行速度	起重机运行速度
吊钩	≤50	高速	M6	6.3～16	10～20	40～63	80～125
		中速	M4～M3	5～12.5	8～16	32～50	63～100
		低速	M3～M1	1.6～5	6.3～12.5	10～25	20～50
	63～165	高速	M6	5～10	8～16	32～40	63～100
		中速	M4～M3	2.5～5	6.3～12.5	25～32	50～80
		低速	M3～M1	1～2	5～10	10～20	20～40
	160	高速	M6	3.2～4	6.3～8	32～40	50～80
	160～250	中速	M4～M5	1.6～2.5	5～8	20～25	40～63
		低速	M1～M3	0.63～1	4～6.3	10～16	20～32
抓斗	≤50	高速	M6、M7	25～50		40～50	80～125
电磁吸盘	≤50	高速	M6、M7	16～32			

（5）工作级别　工作级别是标志起重机工作繁重程度的参数。工作级别的高低影响到起重机的金属结构、机构的零部件、电动机、减速器及制动器和有关电气设备的强度、磨损以及发热等性能，所以在设计时必须先确定工作级别，再进行其他计算。工作级别分为起重机的工作级别、起重机结构工作级别和起重机机构工作级别三种形式。其分为 8 个等级，都与利用等级 U 和载荷状态 Q 有关。一般起重机的工作级别和起重机结构级别用 A1～A8 表示，而起重机机构工作级别用 M1～M8 表示。工作级别不好确定时，可以参考起重机的用户选用工作状态，再借鉴一般的经验予以确定。桥式起重机工作级别和起重机机构工作级别，分别见表 1-19、表 1-20。

表 1-19　桥式起重机工作级别实例

起重机形式	应用场合	工作级别
吊钩式	安装及检修电站	A1～A3
	车间及仓库	A3～A5
	繁重工作车间及仓库	A6～A7
抓斗式	间断装卸作业	A6～A7
	连续装卸作业	A8
冶金专用	用于吊料筒	A7～A8
	加料	A8
	铸造	A6～A8
	淬火	A8

表 1-20　桥式起重机机构工作级别的实例

起重机形式	应用场合	工作级别			
		主起升机构	副起升机构	小车运行机构	大车运行机构
吊钩式	安装及检修电站	M1M2	M2	M1M2	M1
	车间及仓库	M2 ~ M4	M3 ~ M5	M3 ~ M5	M3 ~ M5
	繁重工作车间及仓库	M5 ~ M7	M6	M5 ~ M6	M6 ~ M7
抓斗式	间断装卸作业	M6 ~ M7		M6 ~ M8	M6 ~ M7
	连续装卸作业	M7 ~ M8		M6 ~ M7	M7
冶金专用	用于吊料筒	M7 ~ M8		M6 ~ M7	M7
	加料	M8	M8	M8	M8
	铸造	M7 ~ M8	M7 ~ M8	M7 ~ M8	M7 ~ M8
	淬火	M6 ~ M7	M7 ~ M8	M6 ~ M7	M7 ~ M8

第八节　桥式起重机的桥架

桥架为金属结构件，是起重机最重要的部件之一。桥式起重机的桥架按主梁数量分为单梁桥架和双梁桥架两种。

一、单梁桥架

单梁桥架是由一个主梁与固定在主梁端部的两个端梁组成的。主梁是起重载荷的主要承载件，起重小车运行轨道就设在主梁上。两个端梁上各装有两个车轮，在运行电动机的驱动下，桥架可以纵向移动。起重量不大的桥式起重机多采用单梁桥架。这种桥式起重机又被称为梁式起重机，其主梁可由工字钢或桁架组成。

当桥架跨度不大时，常用整段工字钢做主梁。工字钢断面的大小按刚度条件来选择，工字钢梁的两端与用槽钢组成的端梁刚性地连接在一起。为保证主梁在水平方向上的刚度，当梁的跨度超过 6 ~ 7m 时，可以在梁的一侧或两侧焊上斜撑，如图 1-47a 所示。当梁的跨度大于 8 ~ 10m 时，则在整个梁的一侧加上一片水平桁架，如图 1-47b 所示。

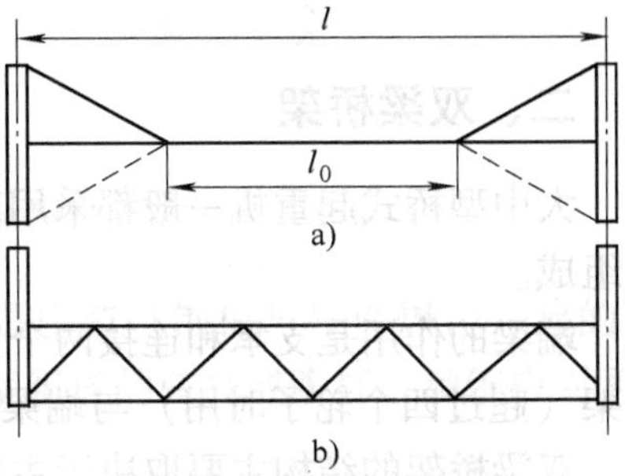

图 1-47　单梁桥架

a）主梁一侧或两侧加斜撑

b）主梁一侧加水平桁架

随着跨度、起重量的增加，工字钢主梁的截面相应地越选越大，自重也越来越重，这时可采用桁构式的单梁桥架，如图 1-48 所示。它是以工字钢梁 1 为主体，将型钢加强杆件焊接在钢梁腹板位置的上部，使工字钢梁的承载能力得到增强。为保证工字钢梁在水平方向的刚度，在工字钢梁的一侧加了一片水平桁架。它的上方可放置桥架运行装置的电动机、减速器、轴承架、轴、联轴器等驱动和传动零部件。如铺上木板或钢板，则成为“走台”，可方便维修人员在桥架上的作业。为增强水平桁架在竖直方向的刚度，在水平桁架的外侧另加一片竖直放置的桁架 3，称为垂直辅助

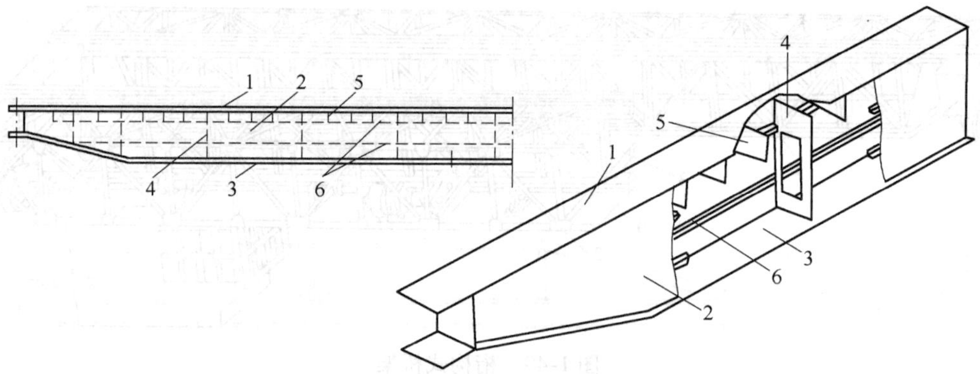

图 1-51　箱形主梁结构

1—上盖板　2—腹板　3—下盖板　4—隔板　5—加强肋板　6—纵向加肋角钢

箱形主梁腹板的下缘，从受力来考虑，应为抛物线形，但为加工方便，主梁腹板靠两端的下缘做成斜线段，中部与上缘平行。箱形桥架两主梁的外侧各焊有一个走台，一边的走台上安装大车运行机构，另一边的走台上安装电气设备。走台的高低位置取决于大车运行机构，一般要保证减速器的低速轴与端梁上的车轮轴线同心。端梁与主梁一样，断面也是箱形结构，由四片钢板组合焊接而成，如图 1-52 所示，端梁两头的下方用于安装角形轴承箱和大车车轮。端梁与主梁的连接，有图 1-53a、b 所示的两种形式。图 1-53a 所示是把箱形主梁的肩部放在端梁上，靠焊接水平连接板 2、3 和垂直连接板 4 把主梁和端梁连接在一起。图 1-53b 所示是用箱形主梁上、下盖板的延伸段夹住端梁来连接的，并辅以垂直连接板 4 和角撑板 5 焊接而成。为便于桥架的运输，端梁通常都被分割成两半段，如图 1-52 所示，每半段与一个主梁焊接在一起，运抵使用场所后，再用精制螺栓把它们拼装起来。

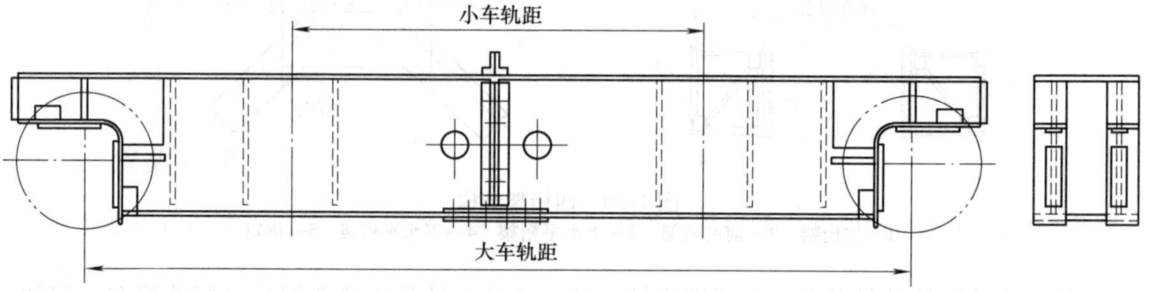

图 1-52　端梁结构

3. 单腹板式桥架

单腹板式桥架与空间四桁架式桥架类似。不同点在于它是用钢板焊接而成的工字钢主梁代替主桁架，而辅助桁架和上、下水平桁架与四桁架式桥架相同。

4. 空腹桁架桥架

空腹桁架桥架是一种无斜杆的金属结构（图 1-54），它的主梁断面如 *B—B* 所示，是钢板焊接组合而成的箱形。组成箱形主梁的四个面，每面都可看作是一片桁架。这种桁架是在钢板“腹板”上开了一排带圆角的矩形孔而形成的。与用型钢杆件焊制而成的普通桁架相比。一排矩形孔上下两边的材料形成了桁架的两个“弦杆”，两矩形孔之间的材料就是“竖杆”，矩形孔中间则空无“斜杆”，所以称它为无斜杆空腹桁架。不过，这每一片桁架的“弦杆”，是由本片和相邻片钢板上矩形孔边材料组成的“T形钢”构成的。

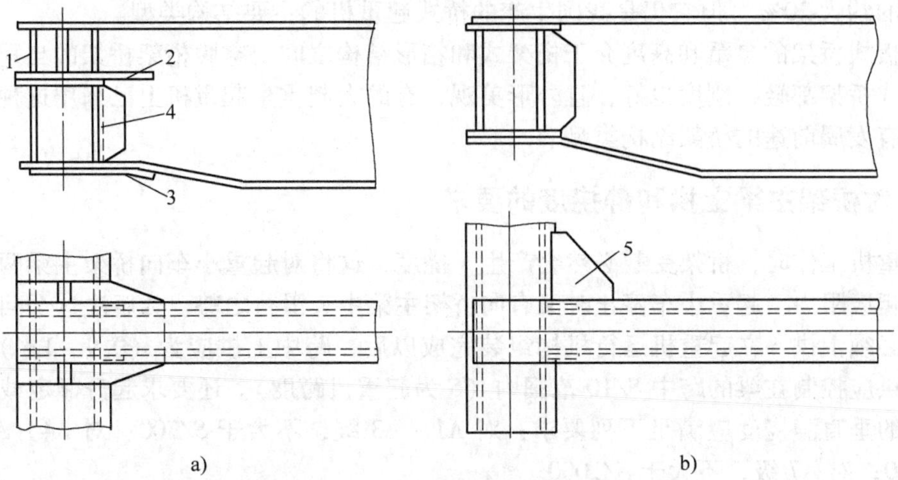

图1-53　主梁与端梁的连接
1—箱形主梁支承端　2、3—水平连接板　4—垂直连接板　5—角撑板

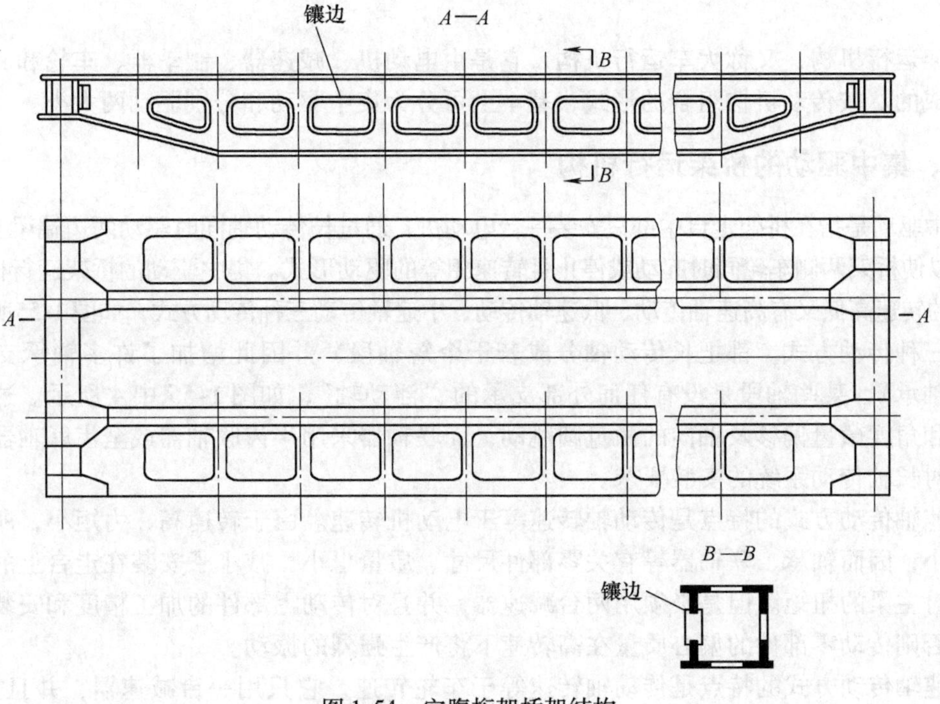

图1-54　空腹桁架桥架结构

为了增强刚度，在空腹桁架桥架的主桁架上，各矩形孔边都焊有板条制成的镶边，如图1-54所示的$B—B$剖面。在我国，还有一种由实腹工字形主梁、空腹桁架式辅助桁架以及上、下水平桁架所构成的桥架，应用也较为广泛。

以上介绍的双梁桥架中，桁架式桥架自重轻，省钢材，迎风面积小（对室外起重机减小风阻力有利），但外形尺寸大，要求厂房建筑高度大。另外，制作桁架相当费工。而箱形桥架外形小，高度尺寸小，由钢板组合而成的箱形梁特别适合自动焊接，加工方便。在桥架运行机构的布置和车轮的装配方面，箱形结构也有着明显的优越性。尽管它自重较重，轮压比桁架式的约大20%，但它仍是我国生产的桥式起重机的主要结构类型。

单腹板式桥架的自重和高度介于桁架式和箱形结构之间。空腹桁架桥架的自重比一般箱形和桁架式桥架都轻，刚度也好，且外形美观，有的大起重量起重机上已采用这种结构，这是一种很有发展前途的桥架结构类型。

三、对桥架主梁上拱和静挠度的要求

当起重机工作时，桥架受载必然会产生下挠度，这将对起重小车向桥架主梁两端的运动产生附加爬坡阻力。起重小车停止时又有向桥架主梁中央滑行之势。为解决这个问题，要求桥架主梁必须上拱。在起重机运行机构组装完成以后，跨中上拱应为（0.9～1.4）$S/1000$，且最大上拱应控制在梁的跨中$S/10$范围内（S为起重机跨度）。还要求起升额定载荷时，在跨中主梁的垂直静挠度应满足下列要求：对A1～A3级，不大于$S/700$；对A4～A6级，不大于$S/800$；对A7级，不大于$S/1000$。

第九节　桥式起重机桥架运行机构

桥架运行机构，又称大车运行机构，它是由电动机、减速器、制动器、车轮和其他传动零件组成的。按传动机构组合的形式，基本上可分为集中驱动和分别驱动两大类。

一、集中驱动的桥架运行机构

集中驱动是指在桥架走台中部只安装一台电动机，通过长传动轴同时驱动两边端梁上的主动车轮，以使桥架两侧车轮同时起动或停止且转速相等的驱动形式。集中驱动的桥架运行机构按长传动轴的转速高低又有高速轴传动、低速轴传动、中速轴传动三种传动方式，如图1-55所示。

这三种传动方式，都把长传动轴分成若干个短轴段，并因此增加了许多轴承支座（采用调位轴承），某些轴段是没有任何外部支承的“浮动轴”，如图1-55中4所示。这种轴允许径向和角度微量偏移及轴向的微量圆跳动，而联轴器采用半齿联轴器或全齿联轴器，这样可降低对长轴传动系统的安装要求。

高速轴传动方式的特点是传动轴转速等于电动机转速。由于转速高、力矩小，所以传动轴轴径小，因而轴承、联轴器等有关零部件尺寸、质量也小，减小了安装在走台上的大车运行机构对主梁的扭矩。但是必须用两台减速器，并且对传动零部件的加工精度和安装质量要求高，否则传动零部件的偏心质量在高转速下将产生强烈的振动。

低速轴传动方式的特点是传动轴转速等于车轮转速，它只用一台减速器，并且振动小。但由于转速低，传动轴轴径及有关的零部件尺寸、质量都比高速轴传动方式大得多，同时由于传动轴与车轮基本上是同心的，传动轴的位置远离主梁，使主梁承受较大的扭转载荷，所以它适用于跨度较小的起重机。

中速轴传动方式的特点是传动轴转速介于电动机和车轮转速之间，它只用于桁架式桥架上。这是由于桁架式桥架的运行机构中传动轴都装在上水平桁架上，比端梁上的车轮轴线要高，为驱动车轮采用一对开式齿轮传动。

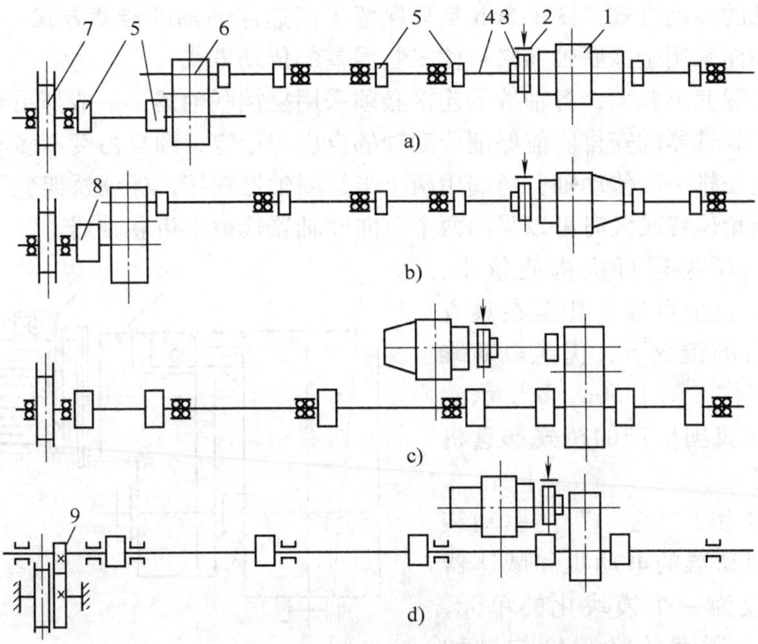

图 1-55 集中驱动的大车运行机构

a)、b）高速轴传动方式 c）低速轴传动方式 d）中速轴传动方式

1—电动机 2—制动器 3、5—半齿联轴器 4—浮动轴 6—减速器

7—车轮 8—全齿联轴器 9—开式齿轮

上述三种传动方式共同的缺点：一是桥架运行机构的传动零部件不同程度地对主梁的受载产生不良影响；二是对传动零部件的安装要求高，并且维修困难。实际上由于传动轴装在主梁侧面的走台上，主梁的变形必然影响各段传动轴的同轴度，况且这种变形是随着载荷大小、载荷位置的变化而变化的，所以传动轴的安装很难得到满意的结果。集中驱动的桥式起重机近来只用于小跨度的起重机，一般采用低速传动方式。

目前桥式起重机当跨度超过 16.5m 时，一律采用分别驱动。省去中间传动轴，自重、维护等方面都较优越。

二、分别驱动的桥架运行机构

分别驱动是指桥架两端的主动车轮分别由两台电动机通过减速器来驱动的形式。图 1-56a、b、c 所示的这三种传动方式基本相同。图 1-56a 所示为电动机与减速器、减速器与车轮

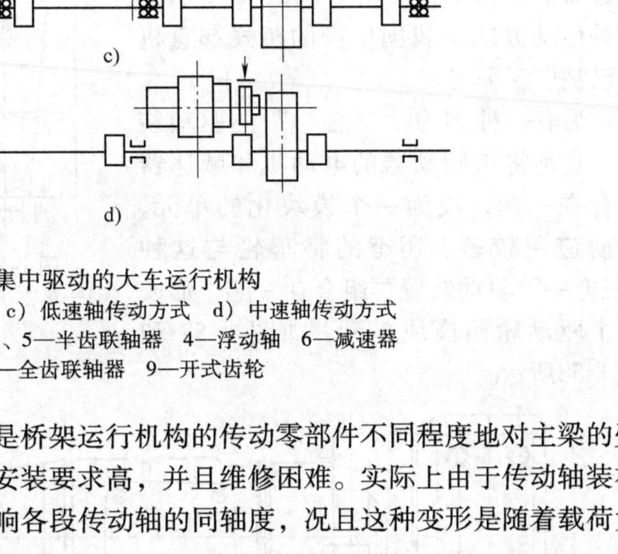

图 1-56 分别驱动的大车运行机构

1—电动机 2—制动器 3、5—半齿联轴器 4—浮动轴

6—减速器 7—车轮 8—全齿联轴器 9—全齿制动联轴器

间均采用浮动轴的传动方式；图 1-56b 是只保留了高速浮动轴的传动方式；而图 1-56c所示为取消了浮动轴而采用全齿联轴器来补偿安装误差的传动方式。

因为桥架受载变形较大，各轴端的连接必须采用挠性联轴器，一般都用半齿联轴器，布置于支承附近。联轴器的安排应能保证传动轴的自由与稳定，即自由度不多不少。分别驱动的运行机构，也安排一段传动轴，两端用两个半齿联轴器连接，保证桥架变形对于机构的工作影响较小。当角位移较大时可以采用两个万向联轴器代替半齿联轴器。

分别驱动的桥架运行机构质量小、安装维护方便、安全可靠，甚至在只有一侧电动机运行的情况下，仍能短期维持起重机正常工作。图 1-56a、b 所示的两种传动方式在我国生产的桥式起重机中已被广泛采用。

另有一种称为“三合一”的驱动装置，它是将带制动器的电动机和减速器组合在一起，成为一个模块化的单元，目前应用较多。还有的将车轮与这种“三合一”驱动装置再组合在一起，形成一个驱动轮箱模块单元，如图 1-57 和图 1-58所示。

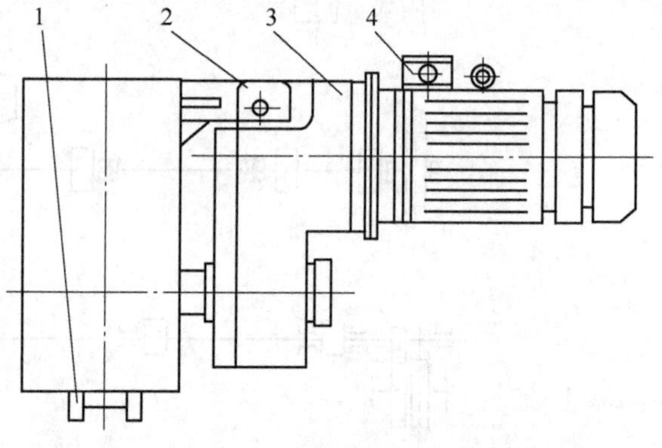

图 1-57　“三合一”驱动装置大车运行机构
1—车轮　2—连接架　3—减速器　4—带制动器的电动机

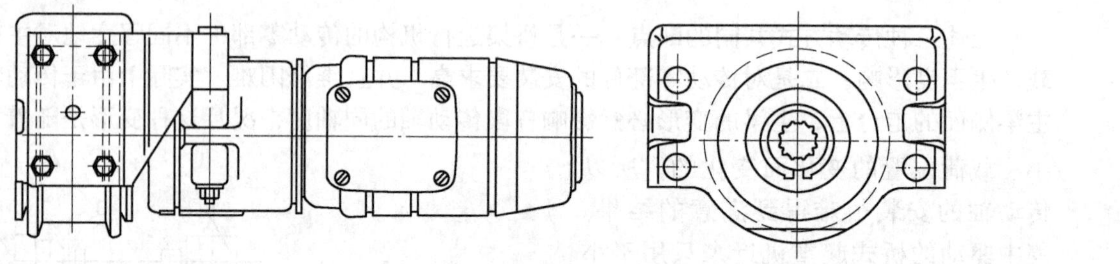

图 1-58　标准轮箱模块

第十节　桥式起重机的起重小车

桥式起重机的起重小车由起升机构、小车运行机构和小车架三部分以及安全防护装置组成，图 1-59 所示为起重小车的构造图。从图中可以看出，运行机构和起升机构都由独立的部件构成，机构的各部件间采用有补偿功能的联轴器（如齿式联轴器等）联系起来，这样就使得转轴轴线的安装误差得到补偿，便于机构的安装维修。

一、小车运行机构

起重小车有四个车轮，其中两个是主动车轮。车轮和角型轴承箱都装在小车架下面。图 1-60所示的小车运行机构，制动器安装在小车架上面，减速器则采用立式的，通过它把小车架上面的动力传递给小车架下面的主动车轮。

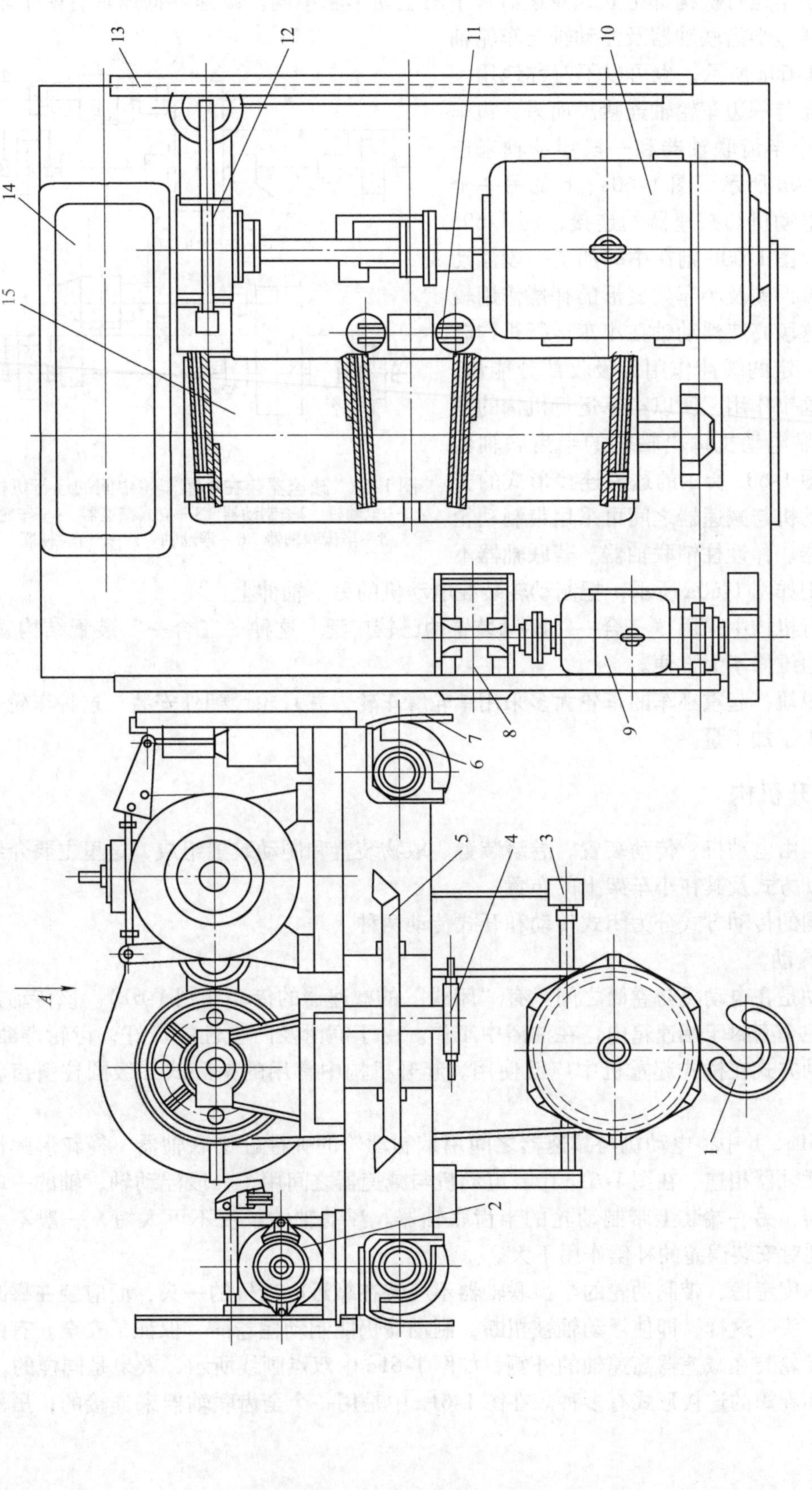

图 1-59　桥式起重机小车

1—吊钩　2、12—制动器　3—起升高度限位装置　4—缓冲器　5—撞尺　6—小车车轮　7—排障板　8—立式减速器
9—小车运行电动机　10—起升电动机　11—平衡滑轮　13—栏杆　14—减速器　15—卷筒

常见的小车运行机构都把立式减速器置于两主动车轮中间。减速器低速轴有两个轴伸，可以对称地通过半齿联轴器及浮动轴与车轮轴相连，如图1-60a所示，也可以不对称地用一个全齿联轴器与一边车轮轴连接。而另一边车轮轴则用一个半齿联轴器和一段浮动轴来连接，如图1-60b所示。图1-60a、b的另一个不同之处是电动机与减速器的连接，图1-60a为直接连接，图1-60b则在中间加了一段浮动轴，其对安装误差及小车架变形的补偿作用较大。另外，这段高速浮动轴在小车运行机构制动时还能起一定的缓冲作用，吸收部分能量。正因为它有这个作用，所以小车运行机构的制动器多装于靠电动机输出轴端的半齿联轴器上。为补偿图1-60a所示的这种连接形式的安装误差，电动机与减速器之间可采用带制动轮的全齿联轴器、弹性柱销联轴器。若联轴器不带制动轮，则如图1-60a所示，把制动轮装在电动机的另一轴伸上。

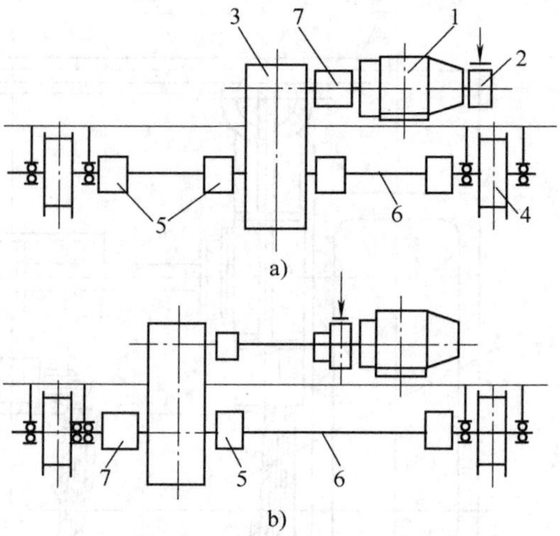

图1-60　减速器装在小车车轮中间的运行机构
1—电动机　2—制动器　3—立式减速器　4—车轮
5—半齿联轴器　6—浮动轴　7—全齿联轴器

小车运行机构中采用“三合一”驱动装置的已较广泛。这种“三合一”装置结构紧凑，成组性好，但维修不大方便。

为防止脱轨，起重小车的车轮大多采用单轮缘车轮，并且轮缘朝外安装，这种车轮安全可靠，还减少了加工量。

二、起升机构

起升机构由电动机、传动装置、卷绕装置、取物装置和制动装置组成，这里主要介绍起升机构的传动方式及其在小车架上的布置。

起升机构的传动方式分为闭式传动和开式传动两种。

1. 闭式传动

闭式传动是在电动机与卷筒之间只有“闭式”的减速器的传动（图1-61）。该传动方式的传动齿轮完全密封于减速箱内，在油浴中工作。由于润滑及防尘性能良好，齿轮寿命长，所以这种传动方式在桥式起重机中广泛使用。起升机构中常用的是卧式二级圆柱斜齿轮减速器。

在图1-61a、b中，电动机与减速器之间用带制动轮的弹性柱销联轴器、梅花形弹性联轴器或全齿联轴器相连。在图1-61c中，电动机与减速器之间用了一段浮动轴，轴的一端装有半齿联轴器，另一端装上带制动轮的半齿联轴器。浮动轴的长度不可太短，一般不小于500mm，否则对安装误差的补偿作用不大。

从安全角度考虑，带制动轮的半齿联轴器不应装在靠近电动机的一头，而应装在靠减速器高速轴的一头。这样，即使浮动轴被扭断，制动器仍能制动住卷筒，保证了安全。有的起升机构把制动轮装在减速器高速轴的外侧，如图1-61c中双点画线所示，效果是同样的。

减速器和卷筒的连接形式有多种。在图1-61a中是用一个全齿联轴器来连接的，虽然结

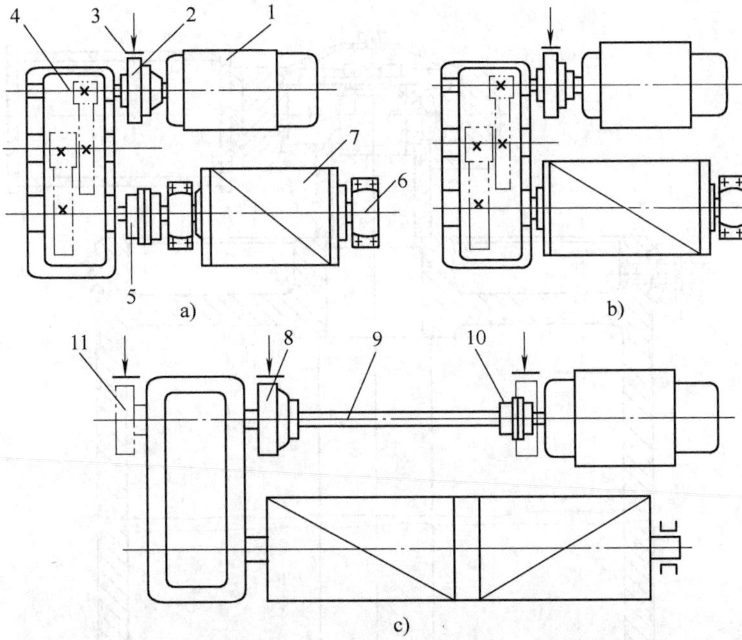

图 1-61　采用闭式传动的起升机构

1—电动机　2—带制动轮的弹性柱销联轴器或全齿联轴器　3—制动器　4—减速器　5—全齿联轴器　6—轴承座　7—卷筒　8—带制动轮的半齿联轴器　9—中间浮动轴　10—半齿联轴器　11—制动轮

构简单，但由于在减速器、卷筒之间安装了联轴器和轴承座，使机构所占位置较长，自重也有所增加。另一种是在中小起重量桥式起重机中用得较多的结构，如图 1-62 所示。减速器低速轴伸出端做成扩大的阶梯轴，内部加工成喇叭孔形状，外部铣有外齿轮。喇叭口作为卷筒轴的支承，装有调心球轴承；外齿轮作为齿式联轴器的一半，另一半联轴器是一个内齿圈，与卷筒的左轮毂做成一体。卷筒轴的右端由一个单独的装有调心球轴承的轴承座支承。这种连接形式结构紧凑，轴向尺寸小，并且减速器低速轴的转矩是通过齿式联轴器直接传递给卷筒的，因而卷筒轴只是一个受弯不受扭的转动心轴。所以它的轴径较小，但这种连接形式结构复杂，制造费工费时。

2. 开式传动

大起重量的起重机由于要求起升速度很小，减速器必须有较大的传动比，这就得用很笨重的多级减速器。为减轻起升机构自重，把靠近卷筒的最后一级减速齿轮从减速器中移出，形成了如图 1-63 所示的既有减速器又有开式齿轮传动的起升机构。

不论是闭式传动或开式传动，起升机构所用的制动器都应当是常闭式的，即断电时制动器合闸，通电时制动器松闸。制动器一般都装在减速器高速轴上，这是因为高速轴的转矩小，可选用尺寸和质量都较小的制动器。对于铸造、化工等行业中吊运高温金属液或易燃易爆物品的起重机，为安全起见，应在起升机构上装两套制动装置。

通用桥式起重机的卷筒，一般采用双螺旋槽的形式，并相应地使用双联滑轮组。滑轮组的倍率与钢丝绳中的拉力、卷筒的直径与长度、减速器的传动比及起升机构的总体尺寸等都有关系。一般是大起重量用大倍率，这样可避免使用过粗的钢丝绳。

在起重量 16t 以上的桥式起重机上，常设有主、副两套起升机构。副起升机构的起重量

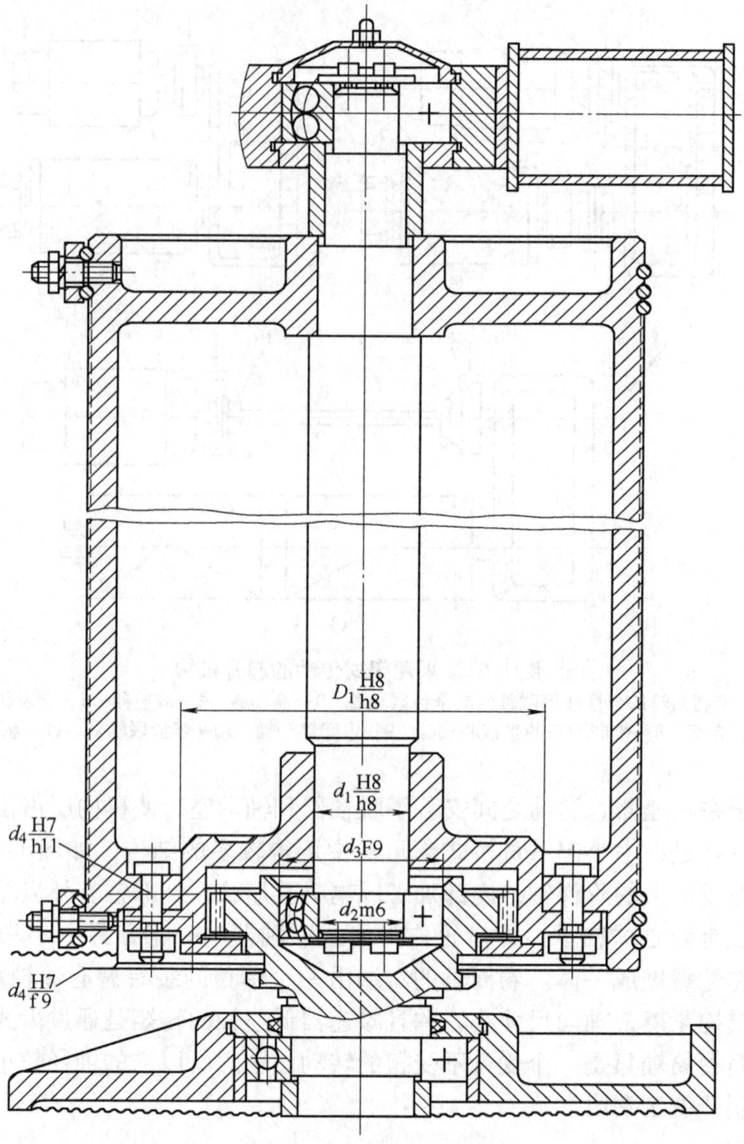

图 1-62　卷筒与减速器的连接

小，但速度快，用来吊运较轻的物品或完成辅助性工作，有利于提高工作效率。

三、小车架

小车架用于支承和安装起升机构、小车运行机构。此外，它还要承载全部的起重量。小车架必须有足够的强度和刚度，但又要求它自重轻，以降低小车轮压和桥架的受载。

小车架一般采用型钢和钢板的焊接结构。小车架由两根顺着小车轨道方向的纵梁和两根或多根与纵梁垂直的横梁及铺焊在它们之上的台面钢板组成，如图 1-64 所示。常见的纵梁、横梁多为箱形，通过焊接构成一个刚性的整体，纵梁两端的下部，留有安装角型轴承箱的直角形悬臂。

小车台面上安装着电动机、减速器、卷筒、轴承座和制动器等。为方便安装对中，在台面上焊有必要的垫板。台面上还留有让钢丝绳通过的矩形槽。

小车架上，受集中力大的地方，是安装定滑轮的部位，定滑轮支座可放在小车台面上，也可焊在小车架台面下边。

小车运行机构的立式减速器一般固定在横梁侧边的垫板上，为保证其强度和刚度，通常还要焊上肋板。

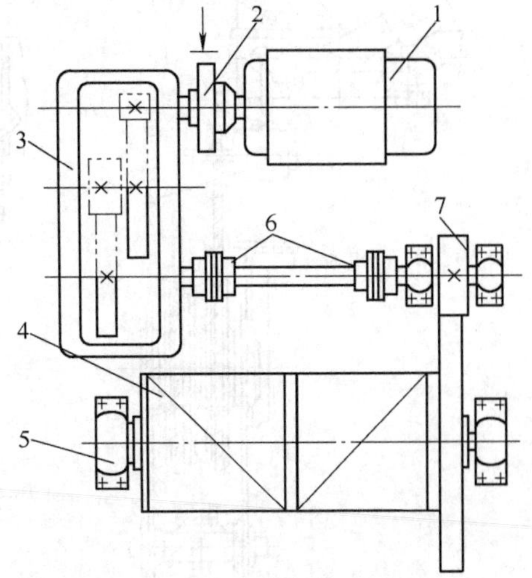

图 1-63　采用开式齿轮传动的起升机构
1—电动机　2—带制动轮的弹性柱销或全齿联轴器
3—减速器　4—卷筒　5—轴承
6—带中间浮动轴的半齿联轴器　7—开式齿轮

四、安全装置

起重小车的安全装置主要有栏杆、限位开关、撞尺、缓冲器和排障板等。

1. 栏杆

桥式起重机起重小车运行的轨道中间为钢丝绳和吊钩工作的空间，考虑到维修人员在小车上工作的安全，小车架朝着这个空间的两边都焊有保护栏杆，如图 1-60 中的 13 所示。小车架的另两边朝着走台，为方便维修人员上下小车，不设置栏杆。

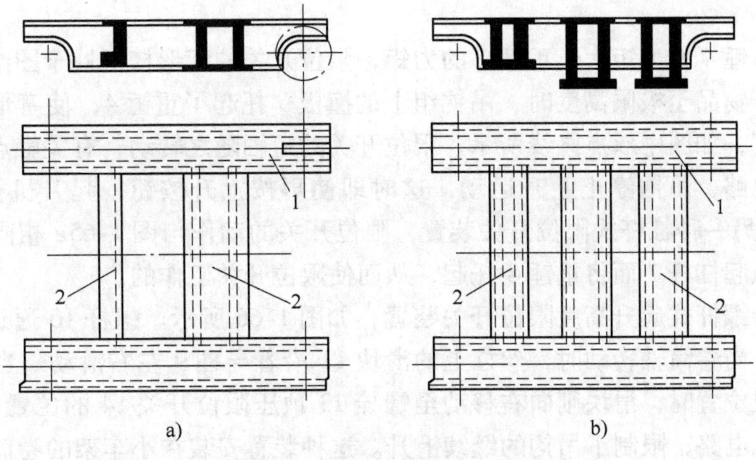

图 1-64　小车架的主要构件
1—纵梁　2—横梁

2. 限位开关

当起升机构或运行机构运动到极限位置时，用限位开关来切断电源开关，以防止因操作失误发生事故。

起升机构使用的起升高度限位开关，过去多为杠杆式限位开关，如图 1-65 所示。在图 1-65a中，限位开关的短轴伸出壳外，而与短轴固定在一起的弯形杠杆 2 上，一头装着重锤 1，另一头用绳索吊着另一个重锤 4，重锤 4 上有一套环 3，起升机构的钢丝绳穿过这个套

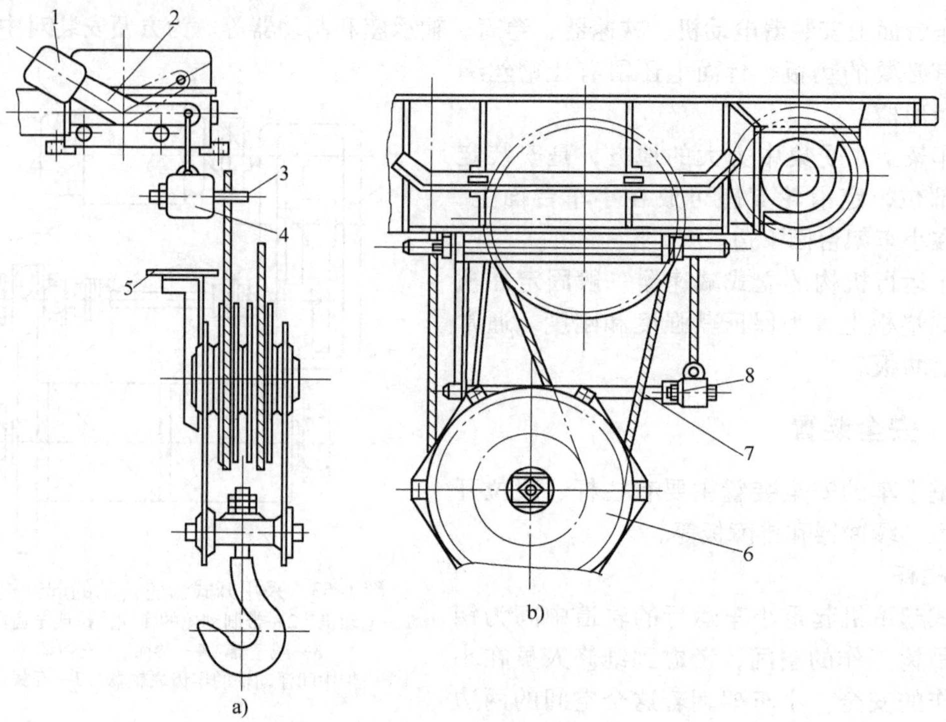

图 1-65 杠杆式限位开关

a）起升机构装有套环的重锤限位开关 b）起升机构装有带连杆的重锤限位开关

1、4、8—重锤 2—限位开关的弯形杠杆 3—套环 5—撞板 6—吊钩夹套 7—杠杆

环。平时由于重锤 4 的力矩大于重锤 1 的力矩，限位开关的弯形杠杆处于图中实线所示的位置，当吊钩提升物品至极限高度时，吊钩组上的撞板 5 托起了重锤 4，使弯形杠杆逆时针方向转了一个角度，如图中双点画线所示，限位开关的短轴随之转动，有关触点分开，切断了起升电动机的电路，吊钩停止上升运动，这时即使再按上升按钮，起升机构也不能动作。图 1-65b所示为另一种杠杆式限位开关装置，限位开关的动作与图 1-65a 相同，所不同的是由吊钩夹套 6 顶起杠杆 7 而将重锤 8 托起，从而使限位开关工作的。

另一种旋转螺杆式起升高度限位开关装置，如图 1-66 所示。螺杆 10 通过滑块联轴器 6 与卷筒轴相连，当卷筒轴转动时，丝杠上的滑块 11 沿着导柱 9 左右滑动。当卷筒转动至吊钩处于上升极限位置时，滑块则向右移动至螺栓 13 顶压限位开关 14 的位置，使开关动作，断开起升电动机电路，限制了吊钩的继续上升。这种装置安装在小车架的卷筒端上，行程高度可以通过螺栓 13 来调节。由于它结构轻巧，装配、调整都很方便，已被广泛使用。

小车运行机构的行程限位是由装在小车上的撞尺（图 1-60 中的 5）和装在小车轨道两端旁侧位置的悬臂杠杆式限位开关共同完成的。小车运动至极限位置时，撞尺迫使限位开关的摇臂转动，切断电源，使小车及时得以制动。

3. 缓冲器

为防止运行机构行程限位开关失灵，小车架上安装了弹簧缓冲器，其结构如图 1-67 所示。在桥架小车轨道的极限位置处装上挡铁，用它来阻挡小车的运动并使缓冲器吸收碰撞时的能量。国家标准规定，容许的最大减速度为 $4m/s^2$。当小车速度不高时，也可用橡胶块和

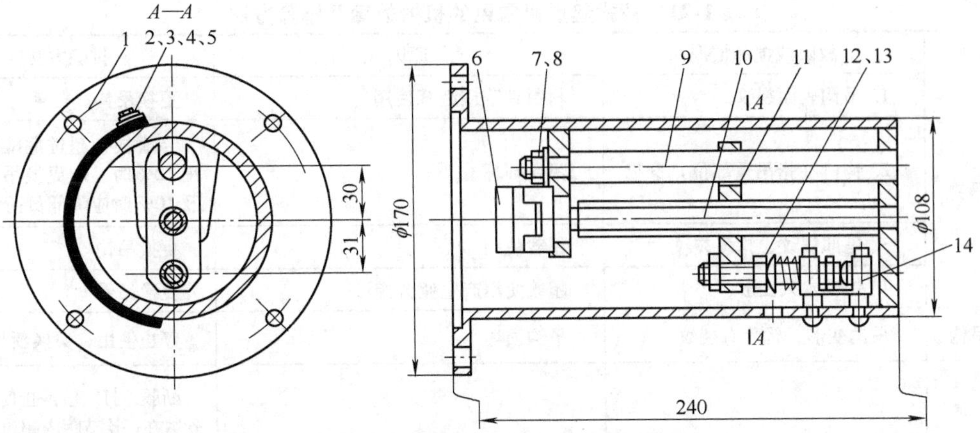

图 1-66　旋转螺杆式起升高度限位开关

1—壳体　2—弧形盖　3—螺钉　4—压板　5—纸垫　6—滑块联轴器
7、12—螺母　8—垫圈　9—导柱　10—螺杆　11—滑块　13—螺栓　14—限位开关

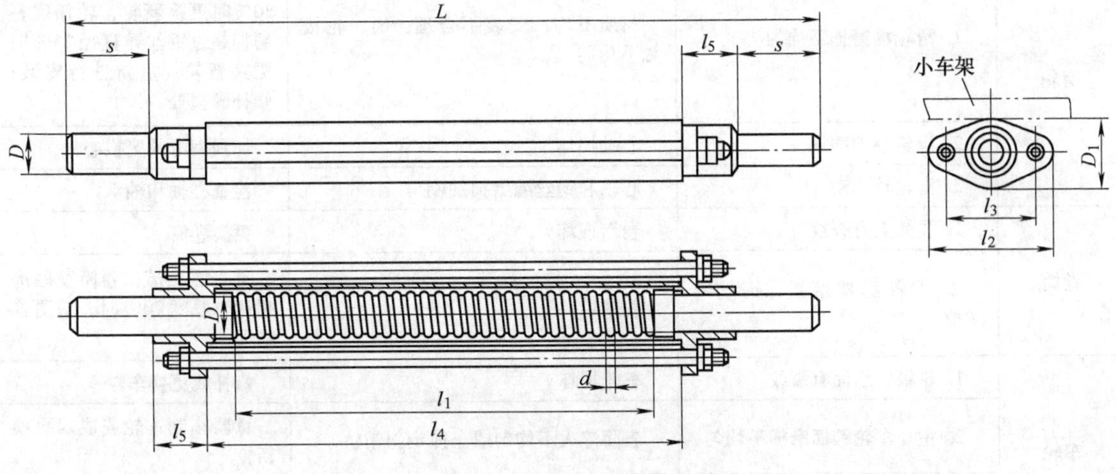

图 1-67　小车用弹簧缓冲器

木块来进行缓冲。

4. 排障板

排障板是焊在小车架上位于车轮外边的钢板，如图 1-60 中的 7 所示。它的作用是在小车运行时排除小车轨道上可能存在的障碍物，如维修时遗忘在轨道上的工具等。

第十一节　桥式起重机常见的机械故障及排除方法

为保证桥式起重机安全可靠地工作，除了按安全操作规程操作外，对起重机进行经常性的维护保养，及时检修排除故障，保证设备的完好状况也是非常重要的一环。桥式起重机常见的设备故障有机械故障、电气故障和控制线路故障，现就常见的机械故障及排除方法做一简介（不包含一般零部件如轴、轴承、齿轮、联轴器等的故障），见表 1-21。

表 1-21　桥式起重机常见的机械故障及排除方法

零部件	故障或损坏情况	原因	排除方法
锻制吊钩	1. 吊钩表面裂纹	材料缺陷或超载使用	更换吊钩
	2. 钩口（指吊重部位）磨损	吊钩损坏	当磨损量超过危险断面高度 10% 时，应更换吊钩；不及 10% 时应降低负荷使用
	3. 尾部螺纹、钩颈裂纹	超载使用	更换吊钩
	4. 钩口永久变形	超载使用产生疲劳变形	更换吊钩
片式吊钩	吊钩变形，钩片有裂纹	吊钩损坏	停止使用，更换新片
钢丝绳	断股、断丝、打结、磨损	断绳	断股、打结应停止使用；断丝数在一捻节距内超过总丝数的 10%，应更换新绳；当钢丝绳外层钢丝磨损超过钢丝直径 40% 时，应更换新绳
滑轮	1. 滑轮槽磨损不均匀	材质不均；安装不合理；绳、轮接触不均匀	轮槽磨损超过轮槽壁厚 30% 时更换新轮，轮槽底径磨损超过钢丝绳直径 25% 时更换新轮；重新进行安装；修补磨损处
	2. 滑轮心轴磨损	心轴损坏	加强润滑或更换心轴
	3. 滑轮转不动	心轴和钢丝绳磨损加剧	检查心轴和轴承
卷筒	1. 卷筒上有裂纹	卷筒损坏	更换卷筒
	2. 卷筒绳槽磨损、钢丝绳跳槽	卷筒损坏	重车螺旋槽；卷筒壁厚磨损达原厚度 20% 时，应更换卷筒
车轮	1. 轮辐、踏面有裂纹	车轮损坏	修补或更换车轮
	2. 主动车轮踏面磨损不均匀	表面淬火不均匀或车体走斜啃轨	重新车制车轮或成对更换新轮
	3. 轮缘磨损	啃轨	轮缘磨损超过厚度 50% 时更换新轮
制动器	1. 制动不灵或制动轮打滑	1. 杠杆系统的活动销卡住	加润滑油
		2. 销轴孔间隙过大	更换销轴
		3. 制动轮径向圆跳动超差	修磨制动轮外圆磨损面
		4. 两边制动片与制动轮的间隙不等	调整间隙使两边达到一致
		5. 制动片与制动轮接触面积小	调整制动器安装位置或修磨制动片
		6. 制动片与制动瓦铆合松动	将铆钉铆紧
		7. 制动片上的铆钉外露	铆钉头应低于制动片至少 2mm
		8. 主弹簧太松或永久变形	调紧主弹簧或更换主弹簧
		9. 制动轮或制动片上有油污	用煤油清洗掉油污
		10. 制动片过度磨损	更换制动片

（续）

零部件	故障或损坏情况	原因	排除方法
制动器	2. 制动器处于常紧状态	1. 电磁铁断线或线圈烧毁	连接中断的电线或更换线圈
		2. 制动片胶粘在带污垢的制动轮上	用煤油清洗制动片
		3. 活动销轴被卡住	加润滑油
		4. 两边制动片与制动轮的间隙不等，一侧偏紧，甚至发出焦味	调整间隙使两边达到一致
		5. 制动轮径向圆跳动超差	如电动机轴伸没问题，可修磨制动轮外圆摩擦面
		6. 制动器主弹簧过紧	调整主弹簧
		7. 辅助弹簧损坏或弯曲不起作用	更换辅助弹簧
	3. 制动器易脱离原调整的位置，制动力矩不稳定	1. 调整主弹簧的螺母松动	拧紧调整螺母，并用锁紧螺母锁紧
		2. 螺母或丝杠的螺纹损坏	更换新件或检修螺母、丝杠的螺纹
小车运行机构	1. 打滑	1. 轨道上有油或冰霜	去掉油污或冰霜
		2. 轮压不均	调整轮压
		3. 起动过猛（特别是笼型电动机的起动）	改善电动机的起动方法或选用绕线转子异步电动机
	2. 小车三条腿（有一个轮子悬空）	1. 车轮直径偏差过大	按图样要求进行加工
		2. 安装不合理	重新调整安装
		3. 小车架变形	矫正小车架
大车运行机构	啃轨	1. 两主动轮轮径不等，误差过大	重新车制车轮或成对更换新轮
		2. 桥架金属结构变形	检修矫正
		3. 轨道安装误差	调整轨道，使其跨度、直线性、标高等均符合技术标准
		4. 轨道顶面有油污或冰霜	去掉油污或冰霜

复习思考题

1. 起重机械由哪些装置组成？
2. 变幅机构的作用是什么？变幅有几种方式？
3. 起重机有哪些主要工作参数？
4. 起重机工作级别分为几级？级别的划分与什么有关？
5. 什么是滑轮组的倍率？滑轮组的效率高低与什么有关？
6. 对与双联滑轮组配用的卷筒的螺旋槽有什么要求？
7. 试述钢丝绳在起重机上得到广泛应用的原因。
8. 线接触钢丝绳有几种类型？各有什么特点？
9. 常用的取物装置有哪几种？
10. 试述短行程电磁铁双块制动器的工作原理。应怎样对它进行调整？

11. 电动葫芦是怎样工作的？CD 型和 MD 型电动葫芦有什么不同？
12. 桥式起重机由哪几部分组成？大车、小车各指什么？
13. 桥式起重机桥架有哪几种类型？各有什么优缺点？
14. 为什么桥架主梁必须上拱？对上拱的要求如何？
15. 桥架运行机构的集中驱动和分别驱动各有什么优缺点？
16. 起重小车由哪些部分组成？
17. 起升机构由哪些装置组成？为什么在起重机的传动系统中常采用浮动轴和齿式（半齿）联轴器？
18. 起升机构中采用闭式传动和开式传动各有什么优缺点？
19. 在起重机的传动系统中，制动器的制动轮应装在什么部位合理？
20. 请说明一种起升高度限位装置的工作原理。
21. 试述短行程电磁铁制动器制动不灵的原因，请举 5 个例子说明。

第二章

输送机械

第一节　输送机械概述

一、输送机械的分类

输送机械是生产中输送物料的设备。其中连续输送机械是以连续流动的方式在水平方向、垂直方向或倾斜方向输送物料的机械。在现代化工矿企业中，连续输送机是在生产过程中组成有节奏的流水作业输送所不可缺少的组成部分。使用这些设备，除可以进行纯粹的物料输送外，还可与生产流程中的工艺过程相配合，形成流水线作业。

输送机械的种类很多，按照其结构特点和用途可分为以下几种：

1）带有挠性牵引件的输送机，如带式输送机、链式输送机、板式输送机、刮板式输送机、提升机和架空索道等。

2）无挠性牵引件的输送机，如螺旋输送机、辊子输送机和振动输送机等。

3）其他输送机械，如气力输送机、叉车等。

二、货物的特性

输送机械搬运的货物可分为散状物料（简称散料）和成件物品两大类。

1. 散料特性

输送机械的主要技术参数、有关零部件的结构及材料选择都要考虑所运散料的特性。除有害性、腐蚀性、自燃性和危险性等外，影响最大的主要是散料的物理性质，如粒度、堆积密度、温度、湿度、流动性、内摩擦因数、外摩擦因数、可压实性、易碎性和黏结性等。

（1）粒度　物料单个颗粒（或料块）的大小称为物料颗粒（或料块）粒度，以颗粒的最大长度 d（mm）表示。散状物料按物料粒度特征分为 8 级，见表 2-1。

表 2-1　散状物料粒度分级

级	粒度 d/mm	粒度类别
1	100 ~ 300	特大块
2	50 ~ 100	大块
3	25 ~ 50	中块
4	13 ~ 25	小块
5	6 ~ 13	颗粒块
6	3 ~ 6	小颗粒状
7	0.5 ~ 3	粒状
8	0 ~ 0.5	粉尘状

（2）堆积密度　物料在自然松散堆积状态下单位体积的质量称为堆积密度 ρ_0（t/m^3）。不同物料的堆积密度见表 2-2。散料按其堆积密度分为 4 级

轻物料　　　$\rho_0 \leqslant 0.4\ t/m^3$

一般物料　　$\rho_0 > 0.4 \sim 1.2\ t/m^3$

重物料　　　$\rho_0 > 1.2 \sim 1.8\ t/m^3$

特重物料　　$\rho_0 > 1.8\ t/m^3$

输送机械的类型应与散料堆积密度的级别相适应。堆积密度大于 $1.6t/m^3$ 的重物料应选用重型输送机械。

（3）温度　散料在输送机械中输送时料流的最高温度或低温物料的最低温度称为散料的温度。散料按其温度分为 4 级

低温物料　　≤4℃

常温物料　　>4～50℃

中温物料　　>50～450℃

高温物料　　>450℃

温度对输送机械的影响很大，输送机械的强度计算、材料、结构及加工工艺等都要考虑满足所运散料温度的需要。

表 2-2　物料的堆积密度 ρ_0、自然堆积角 ϕ、静摩擦因数 μ

物料名称	堆积密度 ρ_0/（t/m^3）	自然堆积角 ϕ		静摩擦因数 μ		
		动态 $\phi_{动}$/（°）	静态 $\phi_{静}$/（°）	对钢板	对木板	对胶带
铸造型砂	1.25～1.30	30	45	0.71	—	0.61
焦炭	0.36～0.38	35	50	1.00	1.00	—
铁矿石	2.10～2.40	30	50	1.20	—	—
褐煤	0.65～0.78	35	50	1.00	1.00	0.70
小块石灰石	1.20～1.50	30	—	0.56	0.70	—
烧结料	1.60～2.00	30	—	—	—	—

（4）流动性　散料向四周自由流动的性质称为物料的流动性，用自然堆积角反映。自然堆积角是指散料自由均匀地落下时，所形成的能稳定保持的锥形料堆的最大角（即自然坡度表面与水平面之间的夹角），又称自然坡角。输送带运行时的散料堆积角称为运行堆积角或动自然堆积角，输送带静止时的散料堆积角称为静自然堆积角。不同物料的自然堆积角可查表 2-2。

（5）内摩擦因数　因散料颗粒间的相互嵌入作用及其表面接触而引起的阻碍物料间相对滑动的摩擦力，与散料层所受的法向压力之比，称为散料的内摩擦因数。

在相对静止状态下，两料层间的内摩擦因数称为散料的静态内摩擦因数；两料层以一定的速度相对滑移时，料层间的内摩擦因数称为散料的动态内摩擦因数。

（6）外摩擦因数　散料和与之接触的固体材料表面之间的摩擦力与接触面上的法向压力之比，称为散料对固体材料表面的外摩擦因数。

散料和与之接触的固体材料表面在相对静止状态下的摩擦因数，称为静态外摩擦因数；

散料和与之接触的固体材料表面以一定的速度相对滑移时，料层间的外摩擦因数称为动态外摩擦因数。

2. 成件物品特性

凡是在输送过程中作为一个单元来考虑的货物，如装有散料的或液体的瓶、罐、袋、盒、箱以及原本就是按件搬运的固体物料都称为成件物品。又轻又小的成件物品常集装成单元进行搬运，则单元可视作一个新的成件物品。

选用输送成件物品的输送机械时，须考虑下述几项主要特性：

1）几何形状，外形尺寸（长、宽、高）。

2）质量，倾覆角，相对于成件物品底面的重心高度，重心变动范围。

3）与输送机械相接触的材料性质。

4）底面形状。

5）底面的物理性质，如光滑或粗糙、软或硬等。

成件物品的物理特性、化学特性和对外界影响的敏感性，如腐蚀性、易破碎性、锋利性、易燃易爆性、放射性、防倾翻、防水等因素，也是选用输送机械时必须考虑的。

第二节 带式输送机

一、带式输送机的工作原理和特点

带式输送机是一种用挠性输送带不停地运转来输送物料的连续输送机，如图 2-1 所示。输送带绕过若干滚筒后首尾相接形成环形，并由张紧滚筒将其张紧。输送带及其上面的物料由沿输送机全长布置的托辊（或托板）支承。驱动装置使传动滚筒旋转，借助传动滚筒与输送带之间的摩擦力使输送带运动。带式输送机是用途最广泛的一种连续输送机械。它具有生产率高（最大可达 37 500t/h）、运输距离长（一般为 200 ~ 300m，目前在世界上单级最长可达 15km）、自重轻、工作可靠、操作简便、能源消耗小、结构简单便于维护、对地形的适应能力强的优点。它既能输送各种散料，又能输送单件质量不太大的成件物品，有的甚至还能运送人员。所以在工厂、矿山、电站、建筑工地、港口、农产品加工等许多场合都得到广

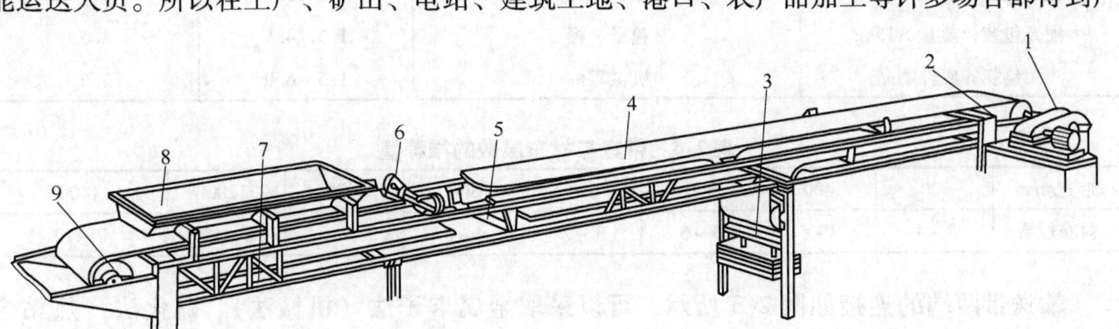

图 2-1 通用带式输送机

1—驱动装置 2—传动滚筒 3—张紧装置 4—输送带 5—平形托辊
6—槽形托辊 7—机架 8—导料槽 9—改向滚筒

泛的使用。如铸工车间运送型砂；冶金工厂运送焦炭、矿石；建筑工地运送建筑材料；港口装卸货物等。带式输送机的缺点是输送带容易磨损，8～12个月就要更换一次，且输送带的价格较贵，几乎占了整个设备价格的一半。

二、带式输送机的主要零部件

1. 输送带

带式输送机中的输送带，既是物料承载件，又是牵引件，所以对它的要求较高。要求输送带的强度高，自重轻，伸长率小、挠性好，耐磨性好和寿命长。

通常使用的输送带有橡胶带、塑料带、钢带和金属丝带等，以橡胶带为主。

（1）织物芯输送带　织物芯输送带由数层棉织品或麻织品的衬布层用橡胶加以粘合而成。为了保护衬布层不受潮湿的侵蚀、外界的机械损坏和物料的磨损，上、下面以及两个侧面再覆以橡胶保护层，如图2-2所示。橡胶覆层厚度及衬布层数的选用见表2-3和表2-4。

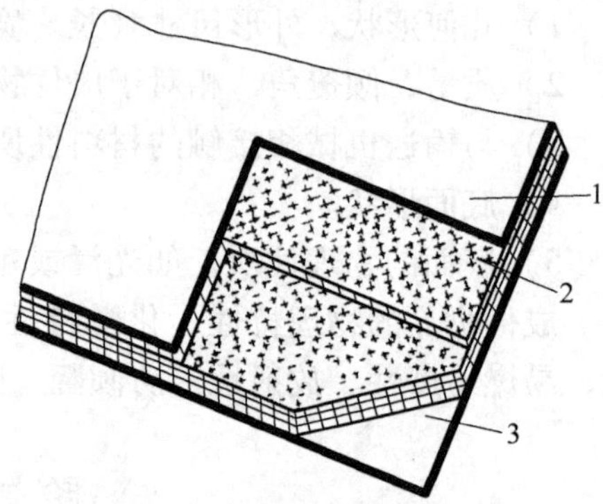

图2-2　织物芯输送带结构
1—上覆盖胶　2—胶布层　3—下覆盖胶

输送带中的衬布层承受着机械拉力，一般是机械拉力越大，使用输送带的宽度也越大，衬布层数也越多。

表2-3　橡胶覆层厚度推荐值

物料特征	材料名称	工作表面覆层/mm	非工作表面覆层/mm
粉末状或微粒的物料	水泥、高炉灰、生石灰、熟石灰	1.5	1.0
$\rho_0<2\ t/m^3$，中小粒度	焦炭、石灰石、白云石、烧结矿、砂	3.0	1.0
$\rho_0>2\ t/m^3$，粒度<100mm	矿石、石块	3～4.5	1.5
$\rho_0>2\ t/m^3$，粒度200～300mm	金属矿、岩石	4.5	1.5
$\rho_0>2\ t/m^3$，粒度>300mm	大块铁矿石、锰矿石	6	1.5
硬壳包装，质量<15kg	箱子、桶	1.5～3.0	1.5
硬壳包装，质量>15kg	箱子、桶	1.5～4.5	1.5
无包装的成件物品	机械零件	1.5～6.0	1.5

表2-4　带宽与衬布层数的推荐值

带宽/mm	300	400	500	650	800	1000	1200	1400
衬布层数	3～4	3～5	3～6	3～7	4～8	5～10	6～12	7～12

输送带两端的连接如图2-3所示，可以采取金属卡子法（机械法）、硫化法（热粘合法）和冷粘接头。金属卡子法连接工艺简单，但输送带强度会受到削弱，且容易将输送带撕裂，所以只在快速检修时使用，正常场合多不采用。金属卡子法能达到输送带强度的35%～40%。冷粘接头将接头部位的胶布层和覆盖胶层剖切成对称的阶梯状，将胶布层打毛并清洗干净后涂三遍氯丁胶粘接剂。将输送带两端合拢后加压，在常温下（25±5)℃保持

2h 使其固化即可。此法操作方便，成本低，接头强度可达到带体强度的 70% 左右，因此应用较多。

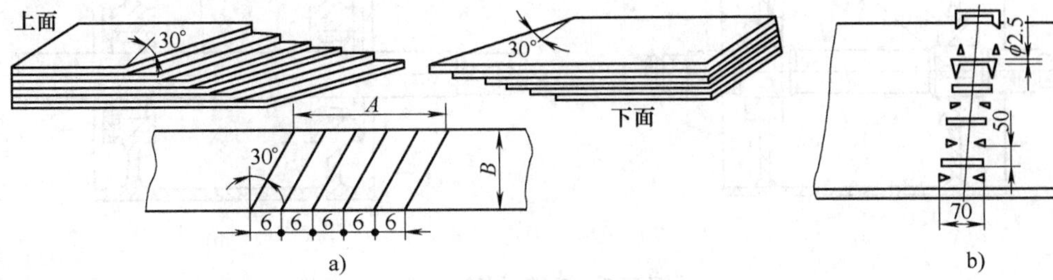

图 2-3　输送带的连接
a）硫化法　b）金属卡子法

硫化法是较理想的办法，这种接头的强度可以达到输送带强度的 85% ~90%。硫化法将输送带的两端按衬布的层数切成阶梯形接口，其尺寸依带宽及衬布层数而定，然后用汽油加以洗涤。涂上粘合胶，将接头粘好后放入金属的模压板中加热（用蒸气或电加热）到 140 ~150℃压紧，保持 25 ~60min 即可粘好。重要的带式输送机多用硫化法接头。

（2）钢绳芯输送带　钢绳芯输送带是用特殊的钢绳做带芯，用不同配方的橡胶做覆盖材料，从而制成具有各种特性的输送带，其结构如图 2-4 所示。带芯的钢绳由高碳钢制成，钢丝表面镀锌或镀铜，分为左捻、右捻两种在输送带中间隔分布。钢绳芯输送带强度高，弹性伸长小，承载性好，耐冲击，抗疲劳，能减小滚筒直径，使用寿命长，特别适合于长距离输送，接头形式均采用硫化法。

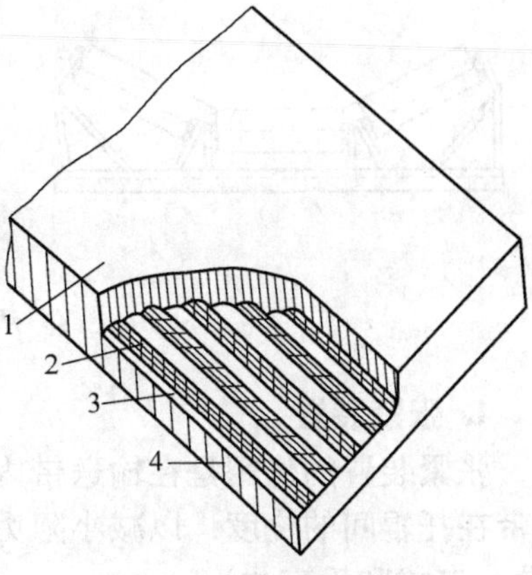

图 2-4　钢绳芯输送带结构
1—上覆盖胶　2—钢绳
3—带芯胶　4—下覆盖胶

2. 滚筒

滚筒分传动滚筒及改向滚筒两大类。

（1）传动滚筒　传动滚筒与驱动装置相连，其外表面可以是裸露的金属表面（又称“光面”，输送机长度较短时用），也可包上橡胶层来增加摩擦力。

（2）改向滚筒　改向滚筒用来改变输送带的运行方向和增加输送带在传动滚筒上的包围角，一般制成光面。

滚筒的结构主要有钢板焊接结构和铸焊结构两类，如图 2-5 所示。后者用于受力较大的大型带式输送机。

3. 托辊

托辊是承托输送带及物料的部件，如图 2-6 所示，它也是带式输送机中使用最多、维修工作量最大的部件。按其在输送机中的作用与安装位置分为承载托辊、空载托辊、挡辊、缓冲托辊和调心托辊等。托辊一般用无缝钢管制成，为使转动灵活，采用滚动轴承，并有良好的密封，其结构如图 2-7 所示。

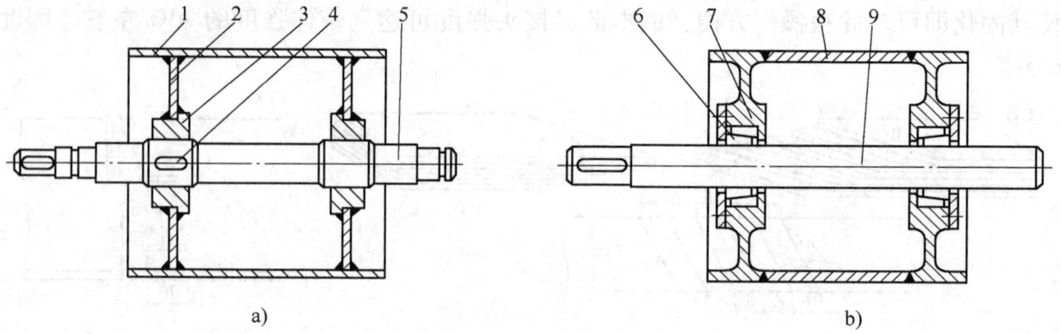

图 2-5　滚筒结构

a）钢板焊接结构　b）铸焊结构

1、8—筒体　2—腹板　3—轮毂　4—键　5、9—轴　6—胀圈　7—铸钢组合腹板

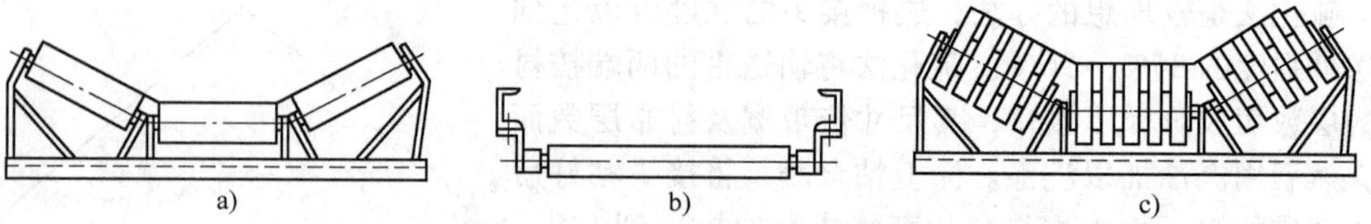

图 2-6　托辊

a）承载托辊　b）空载托辊　c）缓冲托辊

4. 张紧装置

张紧装置的作用是在输送带内产生一定预紧力，避免其在传动滚筒上打滑；同时控制输送带在托辊间的挠度，以减小阻力和避免撒料。张紧装置的结构形式主要有螺杆式和重锤式（分小车式和垂直式）。

（1）螺杆式张紧装置　图2-8中张紧滚筒装在可移动的滚筒轴承座上，此轴承座可在机架上移动。转动机架上的螺杆可使滚筒前后移动，以调节输送带的张力。它结构简单，但张紧力大小不易控制，运转时张紧力不能恒定，张紧行程小，因此只用于机长小于100m、功率较小的输送机。

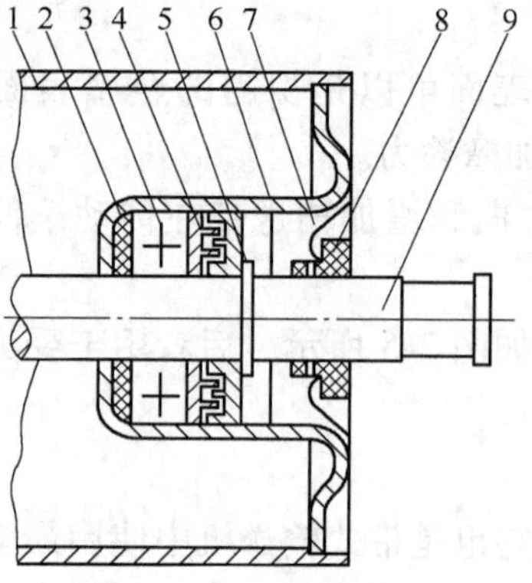

图 2-7　辊子结构

1—外筒　2—内密封　3—轴承

4—外密封　5—弹簧卡圈　6—轴承座

7—防尘盖　8—橡胶密封圈　9—轴

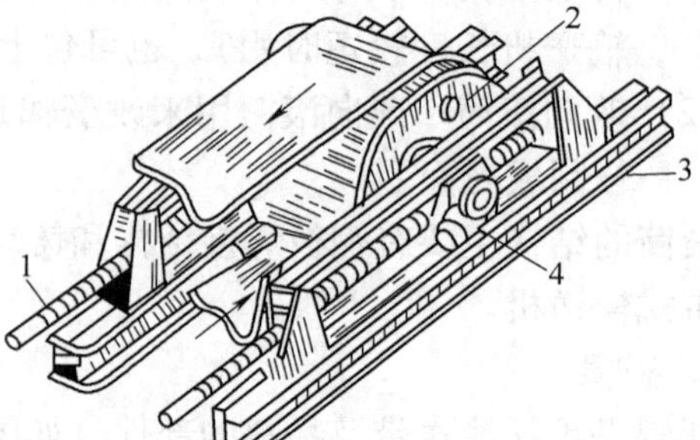

图 2-8　螺杆式张紧装置

1—螺杆　2—滚筒　3—机架

4—可移动的滚筒轴承座

（2）重锤式张紧装置　重锤式张紧装置是利用重锤力来张紧输送带的。这种装置有两种不同形式，图2-9和图2-10所示。图2-9a所示为小车重锤式，张紧滚筒装在一个能在机架上移动的小车上，由重锤通过钢绳拉紧小车。它结构较简单，能保持恒定的张紧力，张紧迅速、可靠，适用于机长较长、功率较大的输送机。图2-9b所示为垂直重锤式，它的优点是可利用输送走廊下的空间，缺点是改向滚筒多，增减重锤和维护滚筒困难。

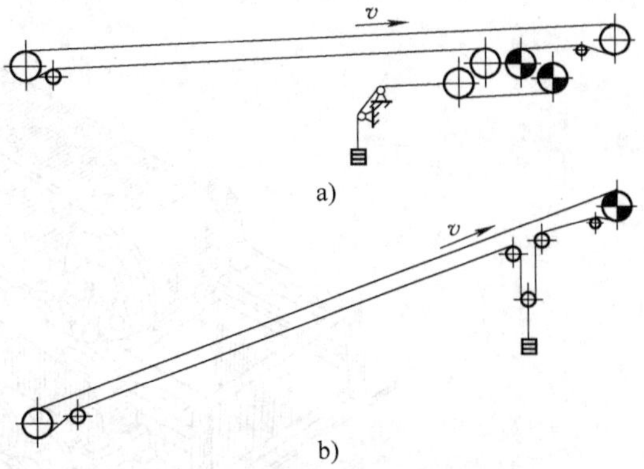

图2-9　重锤式张紧装置示意图
a）小车重锤式　b）垂直重锤式

5. 驱动装置

驱动装置是带式输送机中的动力部分，它是通过驱动滚筒，借摩擦力把动力传到输送带进行物料输送的。驱动装置包括电动机、联轴器、减速器、制动器（或逆止器）和传动滚筒部分。输送机可根据需要采用单滚筒驱动或双滚筒、多滚筒驱动。大多数带式输送机采用单滚筒驱动装置，如图2-11所示。

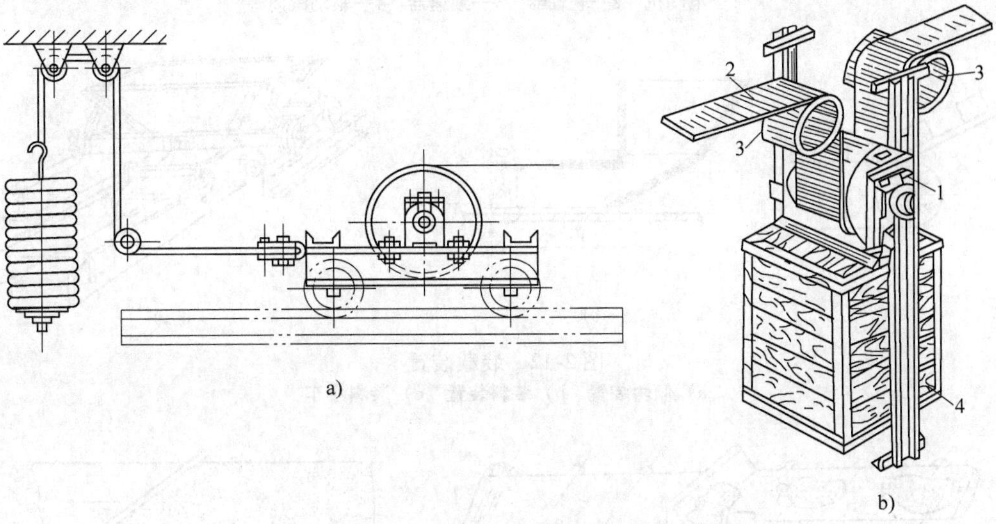

图2-10　重锤式张紧装置
a）小车重锤式张紧装置　b）垂直重锤式张紧装置
1—张紧卷筒　2—输送带　3—改向滚筒　4—重锤

6. 装、卸载装置

装、卸载装置的主要功能是用它把物料装到输送带上，再到需要的地方把物料卸下来。装载装置的形式按输送物品的特性而定。成件物品常用倾斜滑板（图2-12a）或人工直接放在输送带上，粒状物料则用装料漏斗（图2-12b），如装料位置需要沿带式输送机纵向移动时，则采用装料小车（图2-12c），使它沿输送机机架上安装的轨道移动。卸料时，如在尾部卸料，可直接将料甩出，无需专门装置；如在中途任意位置卸料，则可用卸料挡板和卸料小车。图2-13所示为卸料挡板装置，其使用比较简便。图2-14所示为卸料小车装置，应用较为广泛。

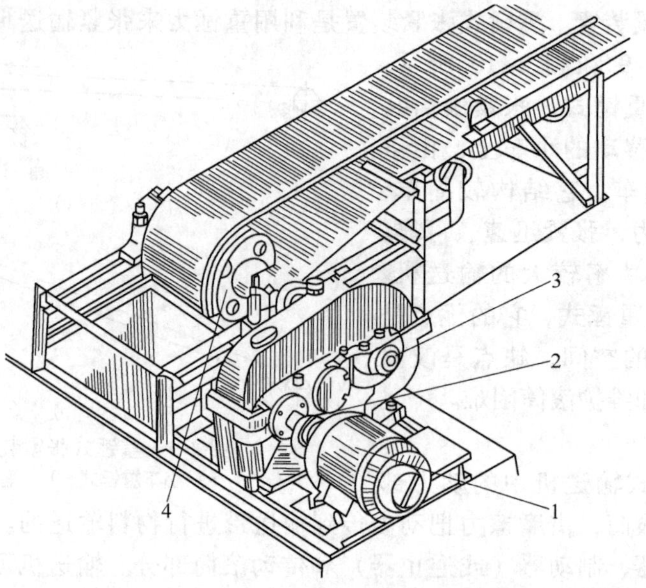

图 2-11　单滚筒驱动装置
1—电动机　2—联轴器　3—减速器　4—驱动滚筒

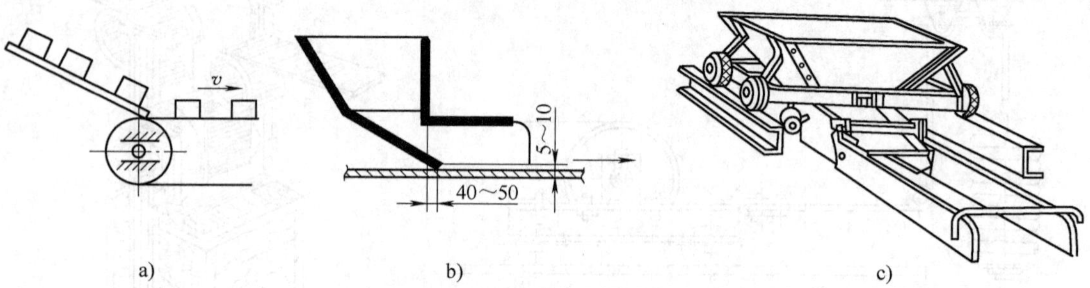

图 2-12　装载装置
a）倾斜装置　b）装料装置　c）装料小车

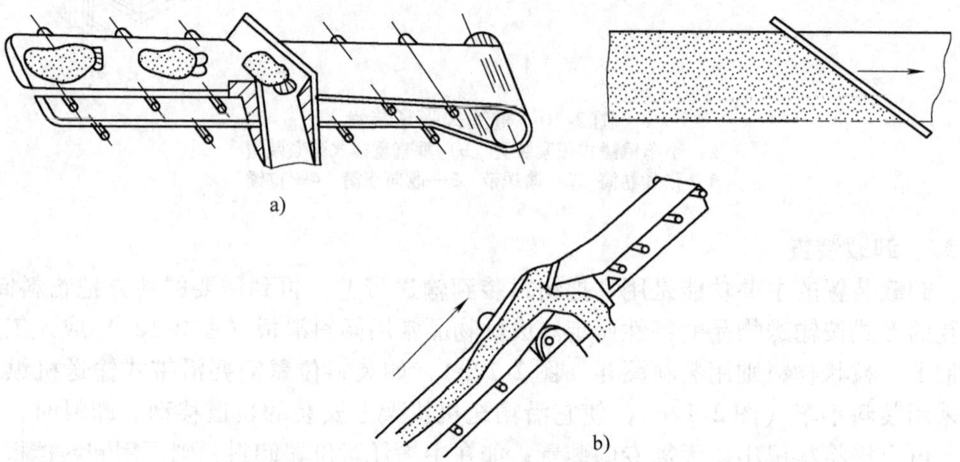

图 2-13　卸料挡板装置
a）卸料挡板　b）犁形挡板

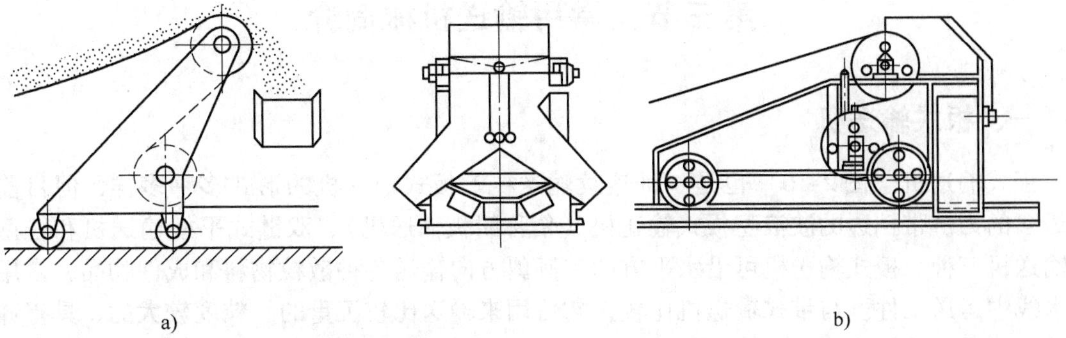

图 2-14 卸料小车装置
a）单侧卸料小车 b）双侧卸料小车

7. 清理装置

清理装置的作用是清扫输送带卸载后仍附在带面上的物料。这些物料残留在带上，在经过改向卷筒、支承托辊时会产生振动和磨损，同时也增加运动阻力、降低生产率。

常用的清理装置有两种：一种是清理刮板（图 2-15a），适于清理干燥物料。刮板用弹簧压紧在卸料后的带面上，以刮去残余物料。另一种是清扫刷（图 2-15b），适于清扫潮湿或黏性物料。清扫刷由驱动滚筒经传动装置驱动，刷的运动方向应与带的运动方向相反，以增强清理效果。

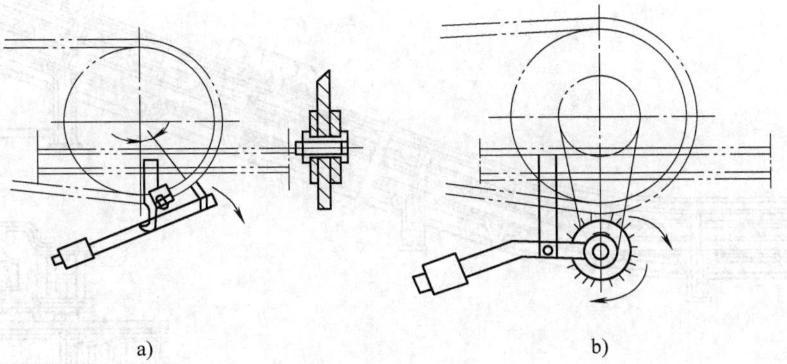

图 2-15 清理装置
a）清理刮板 b）清扫刷

8. 安全装置

在倾斜的带式输送机中，当向上运送物料时，特别要防止由于偶然事故停车而造成物料倒流的危险。因此，必须有停止器和制动器作为安全装置。这些安全装置通常靠近驱动滚筒或装在滚筒轴端上，常用的有棘轮、块式制动器等。

第三节　常用输送机械简介

一、板式输送机

板式输送机（图2-16）也是一种连续输送机。板式输送机的形式多种多样，但目前使用最多的为链带挡边的波浪型板式输送机（俗称鳞板输送机）、双链式平板输送机和轻型平板输送机三种。板式输送机可沿水平方向和倾斜方向输送各种散粒物料和成件物品，常用于流水线中运送工件。与带式输送机比较，它可用来输送比较沉重的、粒度较大的、具有锋利棱角和强磨琢性的货物，更适于输送炽热的物品。它的主要优点是：适用范围广，生产效率高，可长距离运输，运输平稳可靠，噪声较小，输送线路布置灵活性较大，而且在较短距离内能完成一定高度的提升。现有的板式输送机生产率有的达到1000t/h，输送距离在1000m以上，输送倾角为30°~35°，有的甚至可达60°，转弯半径一般为5~8m，仅为带式输送机的1/10左右。所以，板式输送机在国民经济的许多部门，如冶金、煤炭、化工、动力和机械制造业等均有广泛的应用。板式输送机的主要缺点是：牵引链条和承载底板的自重重，结构较复杂，制造和维修困难，因此成本也较高。

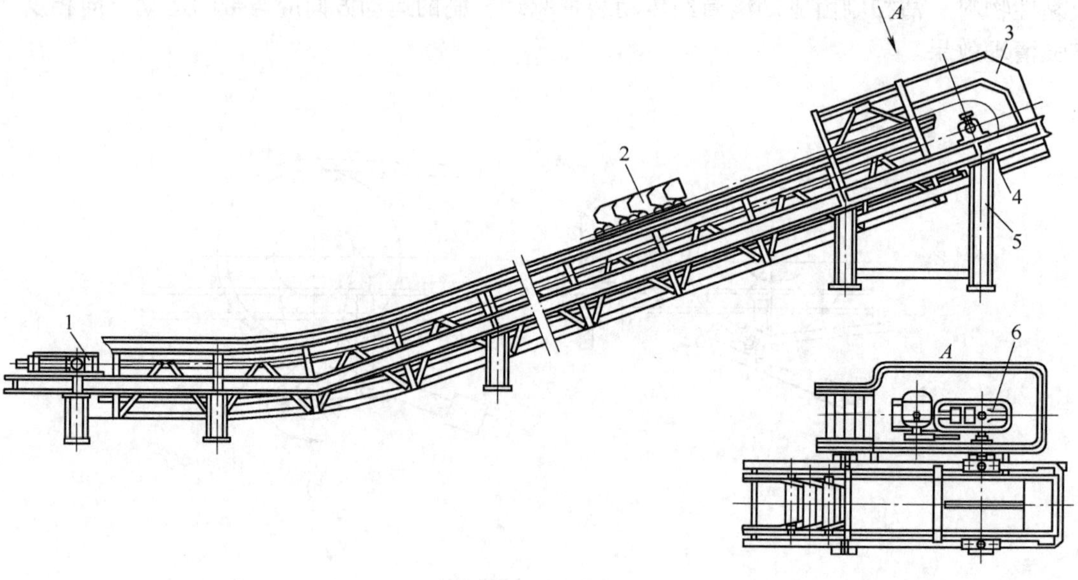

图2-16　板式输送机

1—尾部张紧装置　2—运载机构　3—导料防护装置　4—驱动链轮装置　5—机架　6—传动装置

板式输送机主要由传动装置、驱动链轮、尾部张紧装置、运载机构、机架、卸料和清扫装置等组成。根据需要，有的板式输送机还配有受料漏斗和上密封罩。板式输送机由传动装置带动驱动链轮旋转，通过与牵引链条的啮合来带动由输送槽、牵引链和支承滚轮（行走轮）组成的运载机构，使滚轮沿机架上的轨道行走，从而完成输送工作。

1）板式输送机的输送能力。

输送成件物品的能力（件/h）为

$$Q=3600v/a_t \tag{2-1}$$

式中 v——输送速度（m/s）；

a_t——成件物品在输送机上的间距（m）。

输送散料的能力（t/h）为

$$Q=3600[KB^2K_1\tan(0.4\phi)+Bh\psi]v\rho_0 \tag{2-2}$$

式中 K——侧板系数，有侧板时 $K=0.25$，无侧板时 $K=0.18$；

B——输送槽宽度（m）；

K_1——倾斜输送时的系数（可参考有关表）；

ϕ——散料的静堆积角（°），全部为大块时 $\phi=0$；

h——侧板高度（m）；

ψ——填充系数，一般粒度时取 0.65～0.75；

ρ_0——物料堆积密度（t/m^3）。

2）电动机的驱动功率（kW）。

$$P=\frac{1.3F_Zv}{1000\eta} \tag{2-3}$$

式中 η——传动系统的效率；

F_Z——负载阻力（N）。

二、刮板式输送机

刮板式输送机是具有挠性牵引件的连续输送机。它的特点是结构简单，可以在任意位置装料和卸料（可以在尾部卸料，也可以在中部任意位置卸料，在槽底设有活动卸料口即可）；缺点是物料在运输过程中，容易被挤碎或压实成块，刮板和槽壁磨损大，摩擦阻力大，功率消耗大，因此，它的长度不能太长。

刮板式输送机的构造如图 2-17 所示，它主要由牵引链、输料槽、刮板、星轮及驱动装置等部分构成。作为牵引用的链条为片式关节链。在链条上安装有许多刮板，它们相隔一定间距，并沿料槽移动。输送机的工作分支一般在下面，而无载分支在上面。刮板由钢板冲压或铸造而成，其形状应与料槽形状相适应，一般有长方形、梯形和圆形等。工作时，物料装入槽内（填充在刮板之间），利用装在链条或绳索上的刮板，沿固定的输料槽移动而推动物料前进。刮板输送机可以运送煤、矿石或其他散粒物品，但不适合运送黏性物料、易碎性物料以及磨蚀性较大的物料。

1）刮板式输送机的输送能力（t/h）。

$$Q=3600A\psi\rho_0v \tag{2-4}$$

式中 A——溜槽中的散料可能占有的最大截面面积（m^2）；

ψ——散料装满系数；

ρ_0——散料的堆积密度（t/m^3）；

v——刮板链速度（m/s）。

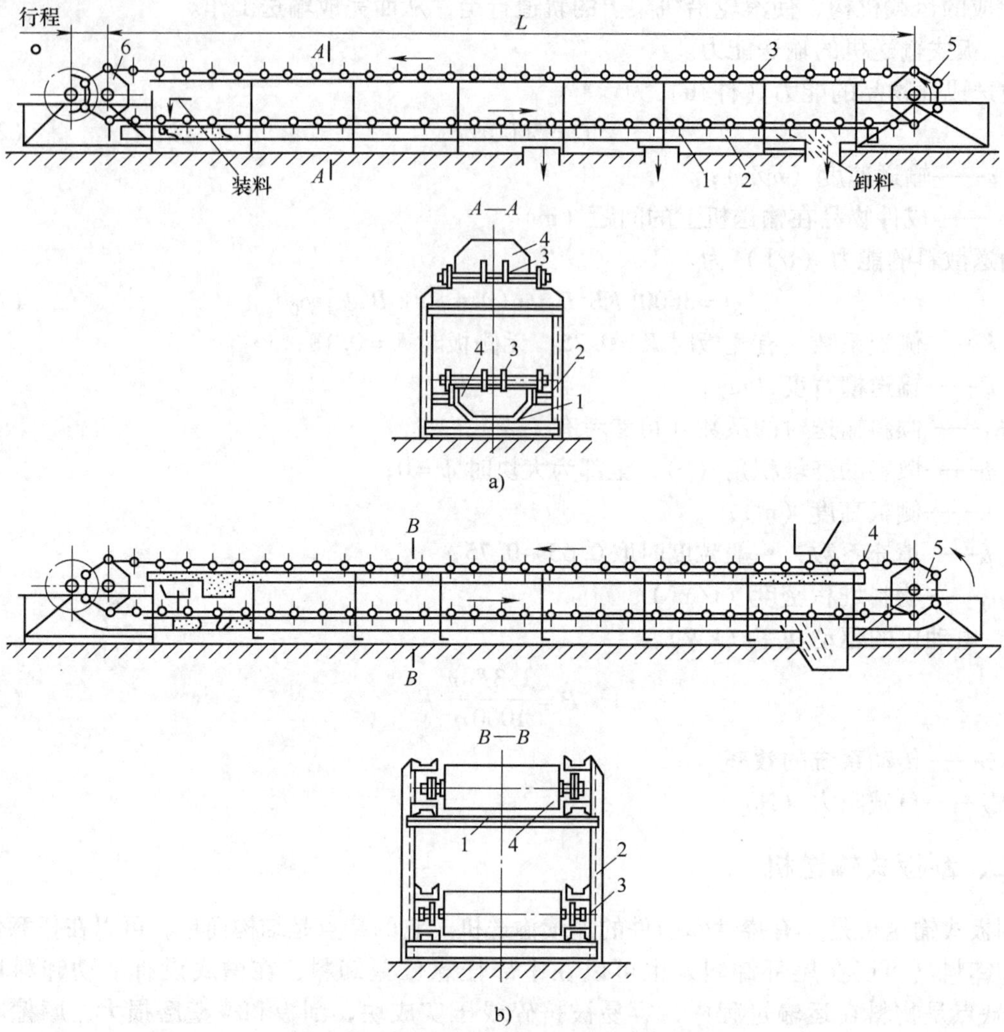

图 2-17　刮板式输送机的构造

a）输料槽在下面　b）输料槽在上面

1—输料槽　2—机架　3—支承滚轮　4—刮板　5—驱动链轮　6—导向链轮

2）驱动功率（kW）。

$$P = \frac{F_{\mathrm{d}} v}{1000\eta} \tag{2-5}$$

式中　η——传动装置的效率；

F_{d}——刮板链的动张力（N）。

三、斗式提升机

斗式提升机用于竖直方向内或在很大倾斜角时运送各种散料和碎块物料，是一种应用广泛的垂直输送设备。斗式提升机的优点是：能在垂直方向内输送物料而占地面积较小；在提升相同高度时，输送路线大为缩短，使其系统的布置紧凑；能在全封闭的罩壳内进行工作，有较好的密封性，可减少对环境的污染。它的主要缺点是：输送物料的种类受到限制；对过载敏感性强；要求均匀给料等。所以，在通常的情况下，斗式提升机的生产率限制在300t/h范围内，提升高度不大于80m。但是，近年来随着高强度牵引构件的开发应用，在很大程度上扩展了它的应用范围。

斗式提升机的分类方法很多。例如，按物料的运送方法，可分为竖直的和倾斜的；按牵引构件的形式可分为带式的和链式的；按料斗在牵引构件上的布置情况，可分为料斗稀疏布置的和料斗密集布置的。按物料从料斗中的卸载方式不同，斗式提升机可分为重力式、离心式及混合式三种，如图2-18所示。

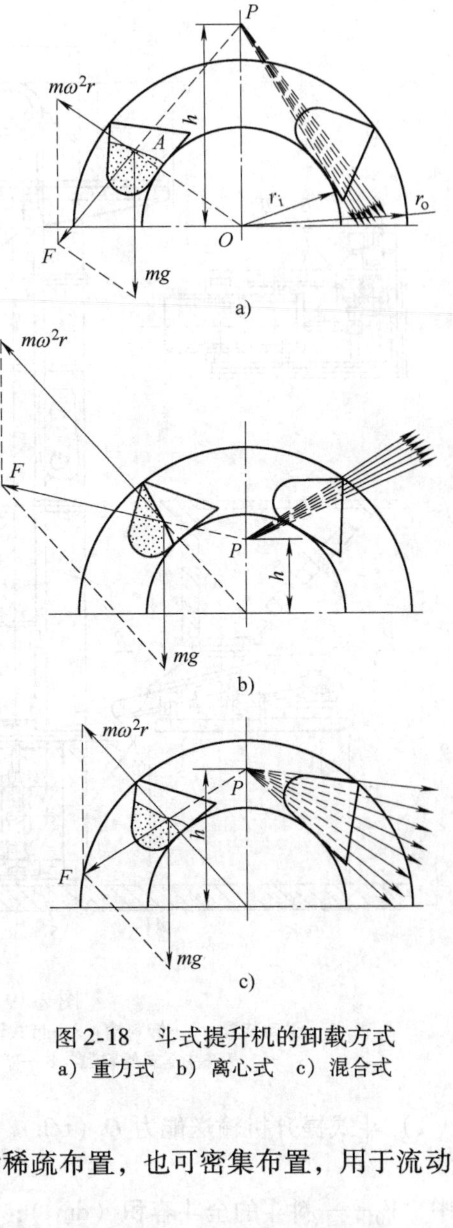

图2-18　斗式提升机的卸载方式
a）重力式　b）离心式　c）混合式

当装满物料的料斗分支运行至头部驱动轮后，料斗中物料某质点同时受重力 mg 和离心力 $m\omega^2r$ 的作用，其合力 F 的方向通过一点 P。随着料斗在驱动轮上的继续运动，合力 F 的作用线与中心线的交点 P 可视为固定不变。P 点称为极点，PO 线称为极距 h（m）。

$$h = 895/n^2$$

式中　n——驱动轮转速（r/min）。

（1）重力式卸载　当 $h > r_0$ 时，极点的位置在料斗外边缘轨迹之外，重力值比离心值大。料斗内物料颗粒向料斗的内边移动，物料颗粒受重力的作用卸出，故称重力式卸载。

重力式卸载一般用链条做牵引件，也可用橡胶带。在输送灼热物料时，应采用耐热橡胶带。在满足重力式卸载的条件下，料斗在牵引件上可密集布置或稀疏布置，用于堆积密度大、有磨琢性的物料。选用速度较低，一般取0.4～0.8m/s。

（2）离心式卸载　当 $h < r_1$ 时，极点在驱动轮的圆周内，颗粒的离心力远大于重力。料斗内物料向斗的外边移动，物料受离心力的影响而抛出，故称离心式卸载。

离心式卸载方式多用橡胶带做牵引件，料斗多为稀疏布置，也可密集布置，用于流动性良好的粉末状、小颗粒物料，速度可取1～3.5m/s。

（3）混合式卸载　当 $r_1 < h < r_0$ 时，极点位于驱动轮圆周与料斗外边缘轨迹之间，颗粒离心力值与重力值差异很小，料斗内物料一部分沿料斗外边卸出，一部分沿料斗内边卸出，故称混合式卸载。混合式卸载多用链条做牵引件，料斗稀疏布置，用于流动性不良的粉状或含水物料，速度介于上述两种之间，可取0.6～1.6m/s。

斗式提升机的主要部件有料斗、牵引构件、机首、底座和中间罩壳等。斗式提升机

（图 2-19）用固接着一系列料斗的牵引件（胶带或链条）环绕它的上驱动滚筒或链轮，与下张紧滚筒或链轮构成具有上升分支和下降分支的封闭环路。斗式提升机的驱动装置装在上部，使牵引件获得动力；张紧装置装在底部，使牵引件获得必要的初张力。物料从底部装载，上部卸载。除驱动装置外，其余部件均装在封闭的罩壳内。

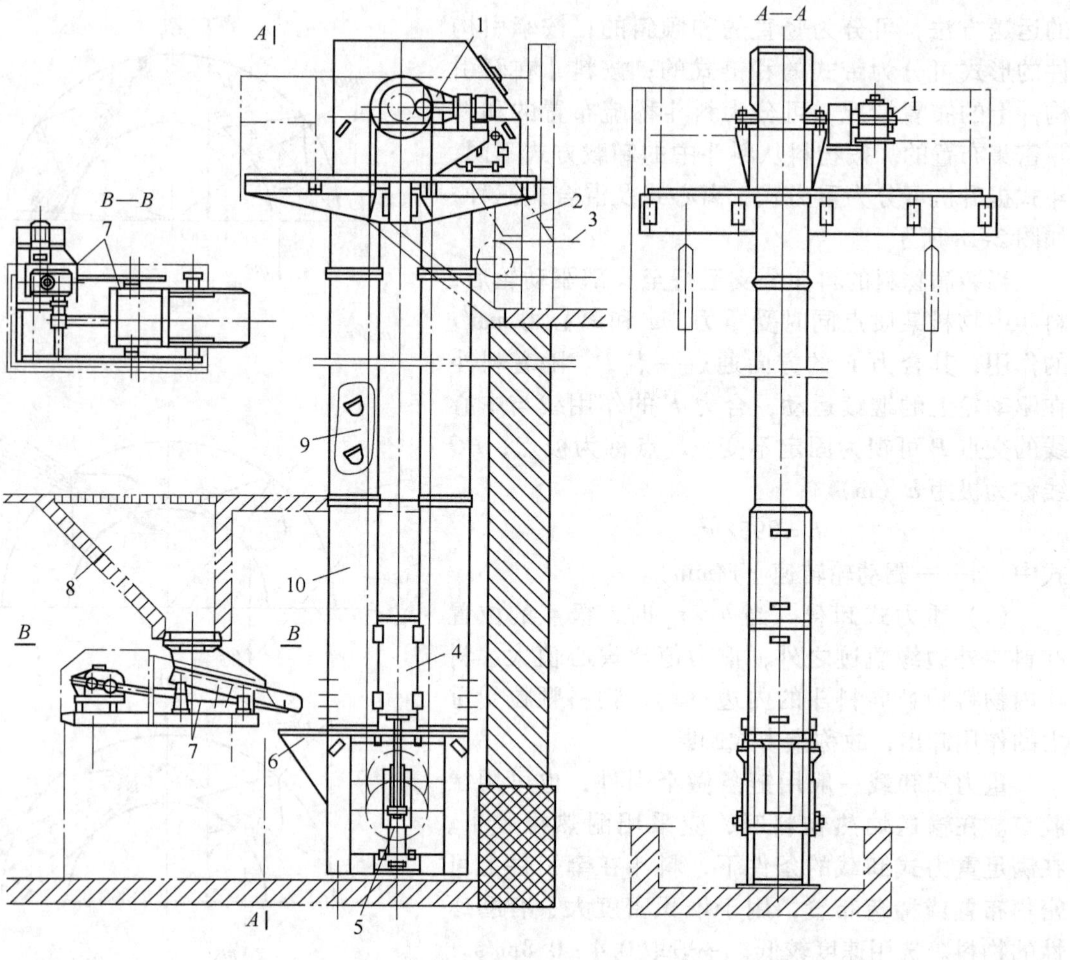

图 2-19　斗式提升机设备系统

1—驱动装置　2—卸料槽　3—带式输送机　4—张紧重锤　5—张紧装置　6—底部装载槽　7—往复式给料器　8—存斗　9—牵引构件与料斗　10—提升机罩壳

1）斗式提升机输送能力 Q（t/h）。

$$Q=3.6V_0\psi\rho_0 v/a \tag{2-6}$$

式中　V_0——料斗的全斗容积（dm^3）；

v——料斗运行速度（m/s）；

ψ——填充系数；

a——料斗间距（m）；

ρ_0——物料堆积密度（t/m^3）。

2）驱动功率 P（kW）。

$$P = K_1 \frac{QH}{367\eta}(1.15 + K_2K_3) \tag{2-7}$$

式中　H——提升高度（m）；

K_1——功率备用系数，$H<10\text{m}$ 时，K_1 取 1.45，$10\text{m} \leqslant H \leqslant 20\text{m}$ 时，K_1 取 1.25，$H>20\text{m}$ 时，K_1 取 1.15；

η——驱动装置的效率；

K_2——斗型的计算功率系数；

K_3——输送能力的计算功率系数。

四、螺旋输送机

螺旋输送机是一种没有挠性牵引构件的输送机。它可以在水平方向、倾斜方向及垂直方向输送物料。除了输送散粒物料外，在某些场合也可用来输送各种成件物品。目前常见的是用于水平及微斜方向输送散粒物料的螺旋输送机。它的优点是：结构比较简单、紧凑；容易维修，成本也较低；料槽封闭，便于输送易飞扬的、炽热的（达 200℃）及气味强烈的物料，减少对环境的污染；可以在线路的任意一点装载，也可以进行多点装料或卸料；在输送过程中还能够进行混合、搅拌或冷却等作业。它的主要缺点是由于物料对螺旋及料槽的摩擦和物料的搅拌，使螺旋和料槽受到强烈的磨损，同时也容易引起物料的碾轧与粉碎，所以消耗的功率较其他一般的连续输送机都大。另外，它对过载很敏感，易产生堵塞现象。因此，螺旋输送机一般用于输送距离较短、生产率不大的情况下，用来输送磨琢性小、黏结性小、不怕破碎而又要求密封输送的粉粒状和小块状的物料。对于水平及微斜方向输送散粒物料的螺旋输送机，其输送长度一般为 30 ~ 40m，生产率一般不超过 100t/h。

螺旋输送机（图 2-20）的主要部件有螺旋、料槽和轴承装置。螺旋是螺旋输送机的基本构件，它由螺旋面和轴组成。常见的螺旋形状及其应用如图 2-21 所示。料槽是螺旋输送机的承载部件，同螺旋面一样，其厚度 δ 根据螺旋的直径大小及被输送物料的特性选取，一般用厚度 2 ~ 8mm 的钢板制成。螺旋输送机的轴承装置较为特别，对于螺旋较长的输送机，除了首端轴承和末端轴承外，在料槽上还安装了若干中间轴承。

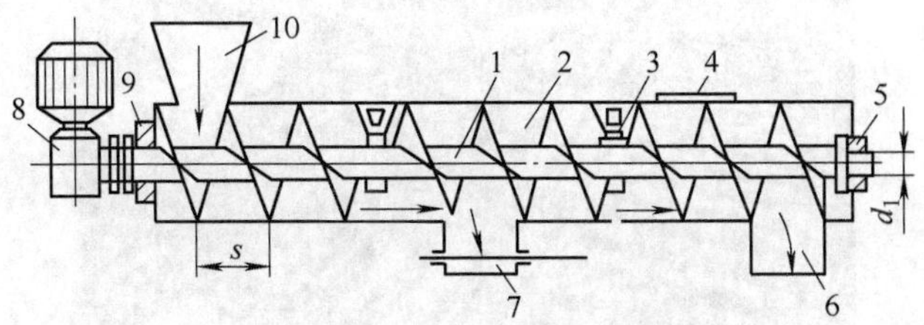

图 2-20　螺旋输送机的示意图

1—轴　2—料槽　3—中间轴承　4—中间装料口　5—末端轴承　6—末端卸料口　7—中间卸料口　8—驱动装置　9—首端轴承　10—装卸漏斗

1）螺旋输送机的输送能力 Q（t/h）。

$$Q = 4.7 \times 10^{-3} \psi \beta_0 k_2 g \rho_0 n D^3 \tag{2-8}$$

式中　ψ——料槽的填充系数；

β_0——倾斜向上输送时输送量的影响系数；

k_2——螺旋螺距与直径的比例系数；

g——重力加速度（9.8m/s^2）；

ρ_0——物料的堆积密度（kg/m^3）；

n——螺旋转速（r/min）；

D——螺旋的直径（m）。

2）电动机的功率 P（kW）。

$$P=\frac{QL\omega_0}{367\eta} \tag{2-9}$$

式中 Q——生产率（t/h）；

L——物料输送长度（m）；

ω_0——阻力系数；

η——传动效率。

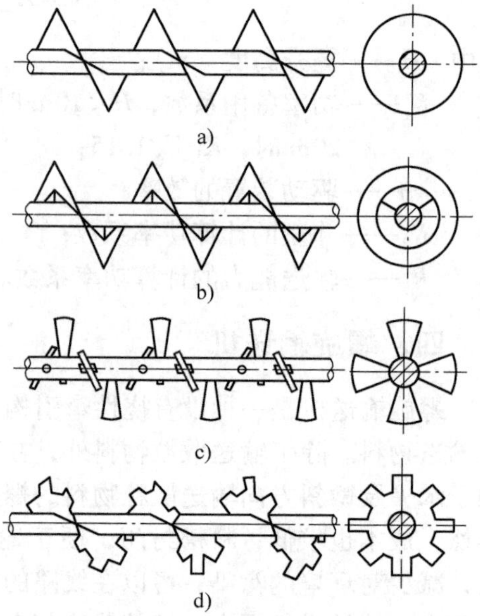

图 2-21　螺旋形状
a）实体的　b）带状的
c）叶片式的　d）齿形的

五、辊子输送机

辊子输送机是利用辊子的转动来输送成件物品的输送机械，如图 2-22 所示。它可沿水平或具有较小倾斜角的直线或曲线路径进行输送。辊子输送机结构简单，安装、使用、维护方便，工作可靠。其输送物品的种类和质量的范围很大，对不规则的物品可放在托盘上进行输送。

图 2-22　辊子输送机械

辊子输送机按结构形式可分为无动力辊子输送机和动力辊子输送机。

1. 无动力辊子输送机

无动力辊子输送机靠物品自身的重力或人力使物品在辊子上进行输送。物品与辊子接触的表面应平整坚实，物品应至少具有跨过三个辊子的长度。重力式辊子输送机机体略向下倾斜，依靠物品自重产生的下滑力进行输送。水平或略向上倾斜的外力式辊子输送机则依靠人力推动物品运行，多用于半自动化生产线，也可单独使用。

2. 动力辊子输送机

动力辊子输送机由原动机通过齿轮、链轮或带传动驱动辊子传动，靠传动辊子和物品间的摩擦力实现物品的输送，如图 2-23 所示。在某些场合也使用液力或气动推杆推动物品前进。

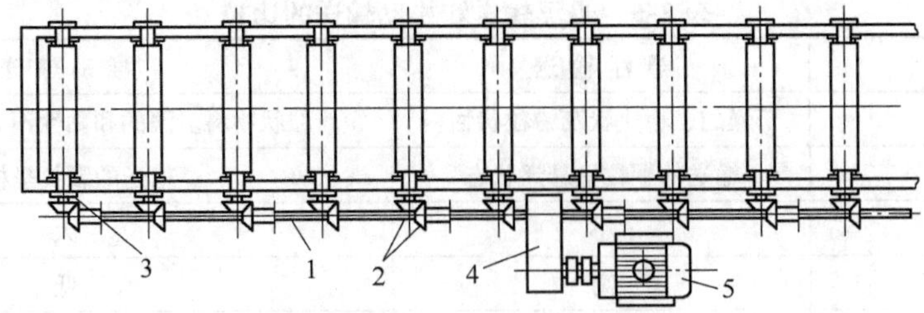

图 2-23 锥齿轮传动的辊子输送机
1—辊子轴 2—锥齿轮 3—传动轴 4—减速器 5—电动机

辊子输送机的主要部件有辊子和机架，在动力辊子输送机上还有张紧装置和驱动装置等。

第四节 气力输送装置

一、气力输送装置的原理及特点

气力输送装置是利用气流来运送物料的输送装置。气流将物料通过管道输送到目的地，然后将物料从气流中分离出来。它主要用来输送散粒物料，如碎煤、煤粉、水泥、砂子、谷物、化学物料、黏土等，广泛应用于农业、林业、铸造、港口和建材等行业。

它的优点是：

1）输送效率高。

2）整个输送过程完全密闭，受气候条件的影响小，不仅改善了工作条件，而且被运送的物料不致吸湿、污损或混入其他杂质，从而保证被运送物料的质量。

3）设备简单，结构紧凑，工艺布置灵活，占地面积小，选择输送路线容易。

4）在输送过程中可同时进行混合、粉碎、分级和烘干等，也可进行某些化学反应。

5）对不稳定的化学物品可用惰性气体输送，安全可靠。

6）容易对整个系统实现集中控制和自动化。

它的缺点是：

1）与其他设备相比，能耗较高。

2）对物料的粒度、黏性与湿度有一定的限制。

二、气力输送的分类

气力输送按基本原理可分为两大类：一类是悬浮输送，利用气流的动能进行物料的输送，又称动压输送；另一类是推动输送，利用气体的压力能进行物料的输送，又称静压输送。悬浮输送和推动输送的比较见表 2-5。

1. 悬浮气力输送系统

当辅料管中的气流速度足够大时，散粒物料在气流中呈悬浮状态运动，气流将物料送到目的地后，再将物料从气流中分离出来，这种系统称为悬浮气力输送系统。按输送空气在管道中的压力状态分，主要有吸送式和压送式两种类型。

表 2-5　悬浮输送和推动输送的比较

项　目	悬 浮 输 送	推 动 输 送
物料输送	干燥的、小块状及粉粒状物料	粉粒状物料。湿的和黏性不大的物料也能输送
流动状态	输送的颗粒呈悬浮状态	输送的颗粒呈栓状
混合比	小	大
输送气流速度	高	低
压力损失	单位输送距离压力损失较小	单位输送距离压力损失较大
单位能耗	大	小
系统中出现的磨损	大	小
被输送的物料的破损情况	可能破碎	破碎少

（1）吸送式　气源设备装在系统的末端，如图 2-24 所示。当风机运转后，整个系统形成负压，这时，在管道内外存在压差，空气被吸入辅料管。与此同时，物料也被带入管道，并被输送到分离器中。在分离器中，物料与空气分离，被分离出来的物料由分离器底部的旋转卸料器卸出，空气被送到除尘器和净化器，净化后的空气经风机排入大气。

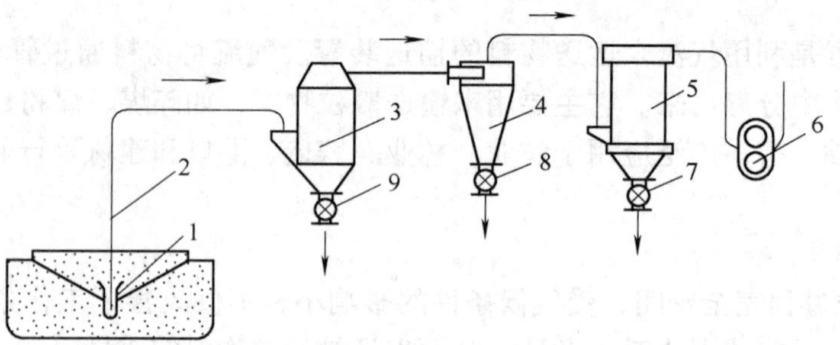

图 2-24　吸送式气力输送装置系统

1—吸嘴　2—输料管　3、4—分离器　5—除尘器　6—风机　7—卸灰器　8、9—卸料器

（2）压送式　气源设备装在系统的进料端前，如图 2-25 所示。由于风机装在系统的前端，工作时，管道中压力大于大气压，整个系统处于正压状态。在这个系统中被输送的物料不能自由地进入输料管，必须使用能密封的供料装置，否则会造成物料的飞扬而污染环境。通常物料从料斗经旋转供料器加入管道中，随即被正压气流输送至目的地的分离器中。在分离器中，物料与空气分离并由旋转卸料器卸出。

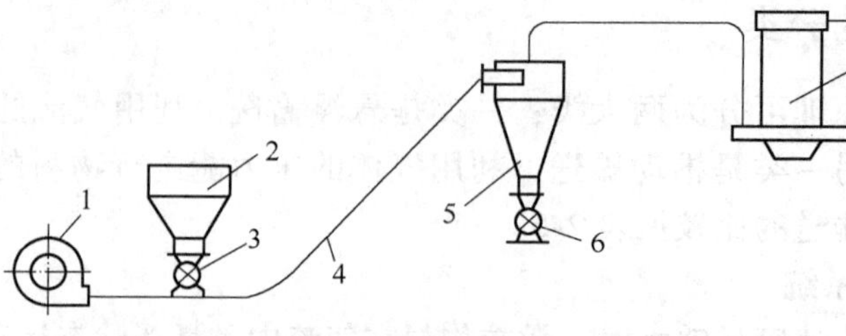

图 2-25　压送式气力输送装置系统

1—风机　2—料斗　3—供料装置　4—输料管　5—分离器　6—卸料器　7—除尘器

这种压送式的气力输送装置系统，虽然是正压系统，但仍然靠高速气流输送，物料在管中仍然是悬浮状态，所以它还是动压输送，这点与静压输送是完全不同的。

悬浮气力输送系统除以上两种主要类型外，还有一种复合式和称为混合式的，它由吸送式和压送式组成，兼有两者的特点，可以从数处吸入物料和压送到较远的地方。但这种系统较复杂，同时气源设备的工作条件较差，易造成风机叶片和壳体的磨损。

2. 推动输送系统

推动输送是依靠气体的静压来进行输送的。当物料沉积充填在输料管中形成料柱（或称料栓）时，作用在料柱两端面的压力差成为料柱的推动力，如将料柱分割成彼此不相连的短料柱，则可实现各段料柱的移动而达到输送的目的。

三、气力输送装置的主要组成部件

1. 供料装置

供料装置是使物料与空气混合并将其连续送入输料管中的设备。它的构造形式对气力输送装置能否可靠地工作、装置的能耗和输送能力的大小有很大的影响。

（1）吸送式装置的供料器　它的工作原理是利用管内的真空度，通过供料器将物料连同空气一起吸进输料管，常用的有：

1）双套型吸嘴（图 2-26）。它主要用于车、船、仓库和料场吸取物料。

工作时吸嘴与风管相连，开动风机后，粉粒状物料与空气混合后被吸入输料管。作用在物料上表面的是一次空气，而从双套型吸嘴内外管之间环形截面进入的是二次空气（或称补气），调整吸嘴上的可调螺母，使外套管上下移动，改变吸嘴内外管端面间隙 S，调节二次空气进入量，可获得最佳的料气混合比，即最佳的输送效率。二次空气进入过多，混合比减小，生产率反而下降。对不同的吸送物料，S 的最佳值由试验确定，例如吸送稻谷时，最佳 S 为 2～4mm，吸嘴插入料堆深度大于 400mm 为宜。

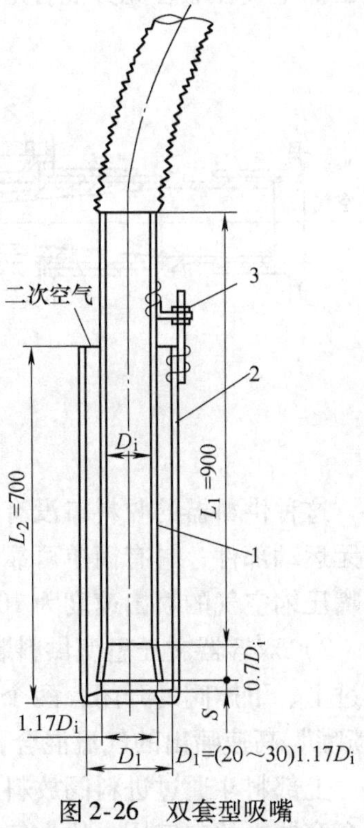

图 2-26　双套型吸嘴
1—内管　2—外套管　3—可调螺母

吸嘴主要尺寸可以按以下经验公式计算，吸嘴内管内径 D_i（mm）为

$$D_i = 18.8\sqrt{\frac{Q_j}{m_Z U_a}}$$

式中　Q_j——计算风量（m^3/h）；

U_a——吸嘴处输送气流速度（m/s）；

m_Z——同时工作的吸嘴个数。

2）固定式接料嘴（又称喉管，图 2-27）。它的作用是使物料在吸入的空气中悬浮、混合并被气流加速，进入输料管。接料嘴的形状应能使气流的能量更多地用于克服物料的惯性，使物料很快地悬浮并获得足够的起动初速度。接料嘴主要有 Y 型、L 型和 r 型（又称动力型）等形式，多用于铸造车间砂处理系统。

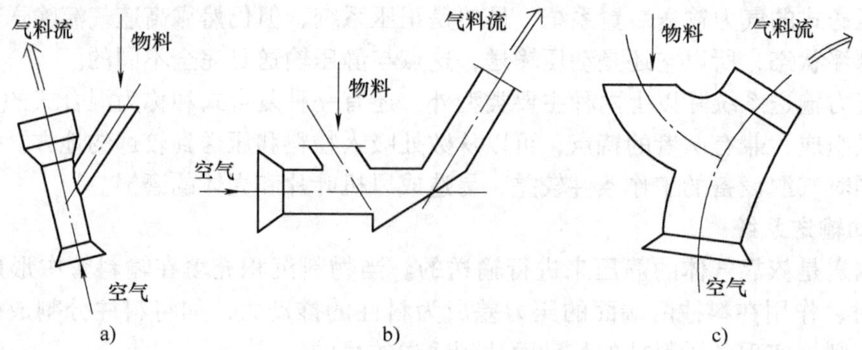

图 2-27　固定式接料嘴

a) Y 型　b) L 型　c) r 型（动力型）

（2）压送式装置的供料器　它在压力下工作，要求能均匀供料并保证气密性。

1）喷射式供料器（图 2-28）。这种供料器主要由喷嘴、喉管和扩压管组成的文丘里装置构成。工作时，压缩空气从喷嘴中高速喷出，在喷嘴附近形成一定的真空，从而将上部落下的物料抽吸而入（是被大气压力压入，或者说是在压力差作用下被推送进供料器的），与喷出的空气在喉管充分混合形成气料流，经扩压管降速升压后送往输料管。

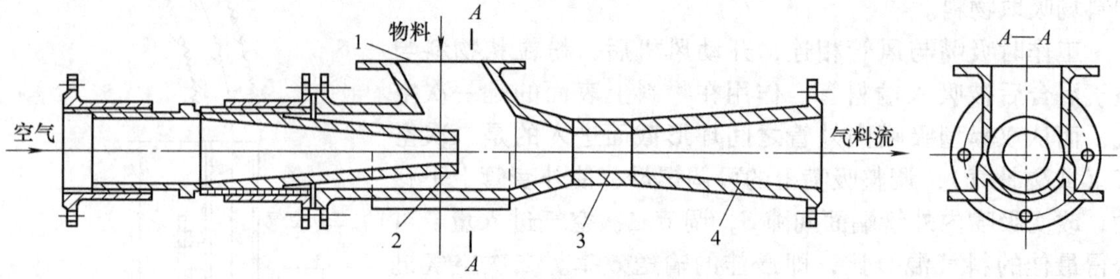

图 2-28　喷射式供料器

1—收料口　2—喷嘴　3—喉管　4—扩压管

这种供料器的收料口没有因空气上吹而使物料逸出的现象，因而料仓无须密封，并且由于无运动部件，具有简单可靠的特点，但由于能耗较大，仅适用于短距离、小容量的输送。喷嘴压缩空气的喷出速度为 100～340m/s。

2）双容器文丘里型供料装置（图 2-29）。该装置的工作原理与喷射式供料器相同。它通过上、下瓣阀的开闭，两个容器和谐地对混料室供料，使物料落入文丘里部分并与环形“喷嘴”高速喷出的气流混合，由输料管送出。

上部料斗通过进料阀放料到一个容器时，由于下瓣阀关闭，物料不会落入混料室，此时这个容器中的空气压力比大气压略高，含有物料粉尘的空气通过排气滤网过滤后排出，直至这个容器内外压力平衡。而另一个容器此时不进料，但下瓣阀是打开的，由于容器上部与外面大气相通，物料在大气压力的作用下可顺畅落入文丘里部分。

3）旋转式供料器（图 2-30）。这种设备在压送式或吸送式气力输送装置中都可使用，在压送式装置中作供料器用，在吸送式装置中作卸料器用。一般适用于流动性较好、磨琢性较小的粉粒和小块状物料。其优点是结构紧凑，维修方便，能连续定量供料，有一定气密性。缺点是转子与壳体磨损后易漏气。

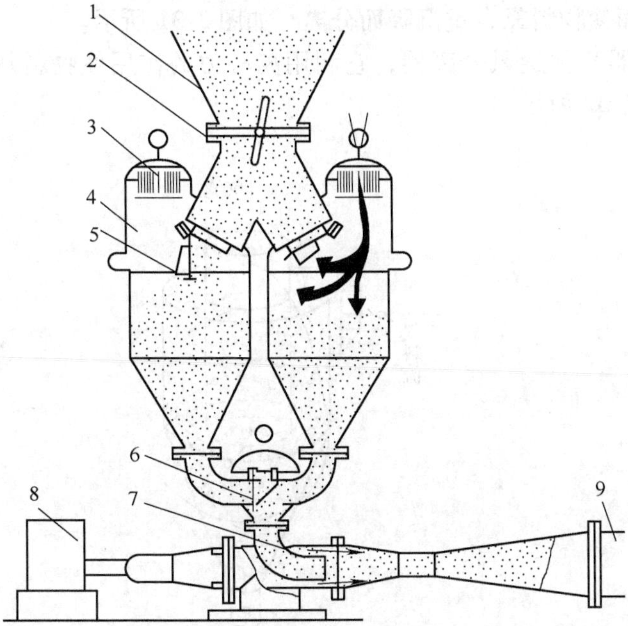

图 2-29　双容器文丘里型供料装置
1—上部料斗　2—进料阀　3—排气滤网　4—容器本体　5—上瓣阀　6—下瓣阀　7—文丘里部分　8—气源　9—输料管

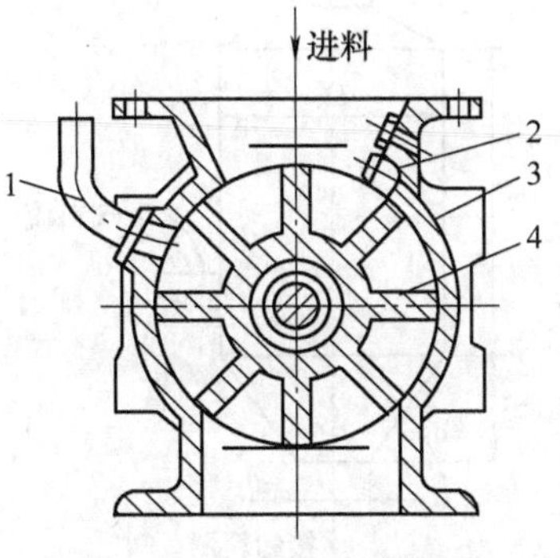

图 2-30　旋转式供料器
1—均压管　2—防卡挡板　3—壳体　4—旋转叶轮

为了保持气密性，每侧应有两片以上的转叶与壳体周壁接触，叶片与壳体周壁间隙为 0.12～0.2mm。叶片材料硬度要略高于壳体材料硬度。在输送磨琢性较大的物料时，叶片端部应装设耐磨镶条，以便磨损后更换。

2. 输料管系统

输料管是用来输送物料的管道，连接在供料器和卸料器之间。输料管一般采用圆形截面管，使空气在整个截面上均匀分布，这是物料稳定输送的一个重要条件。此外，其阻力较其他管形小，并且制作简单，维修方便。

输料管系统由直管、弯管、软管、伸缩管、管道连接部件等组成。常用的输料管为内径 50～300mm、壁厚 3～8mm 的无缝钢管。在粮食加工行业，一般采用壁厚为 0.75～1.2mm 的薄钢板制成输料管。在管道分段连接时应保持不同连接管段之间的同轴度，防止错边现象；在法兰连接处，应防止垫片挤出而造成增加局部阻力和淤积堵塞现象的发生。为了缓和高速运动的物料与弯头壁面的撞击，制作弯头时应取弯头曲率半径为管道直径或当量直径（与非圆形管道截面面积相等的圆形管道直径）的 6～12 倍。如弯管制作成方形或矩形截面，则其截面面积要与相邻连接的圆管截面面积相等。

软管主要用于需要灵活连接的场合。例如吸送式系统中取料吸嘴与输料管之间的连接或输料管出口与卸料分离器之间的连接。由于软管的阻力较硬管大，故应尽量少用。用于人工操作段的软管要质量小、柔软；在中部连接的软管要求强度高，耐磨性好。软管的安装曲率半径不得太小。

3. 物料分离器

（1）容积式分离器　容积式分离器利用容器有效截面的突然扩大，造成气流速度降低而使空气失去对物料的携带能力，从而使物料靠自重沉降而分离，如图 2-31 所示。

（2）离心式分离器　离心式分离器又称旋风分离器，它利用离心力的作用使物料从携带气流中分离出来，其工作原理如图 2-32 所示。

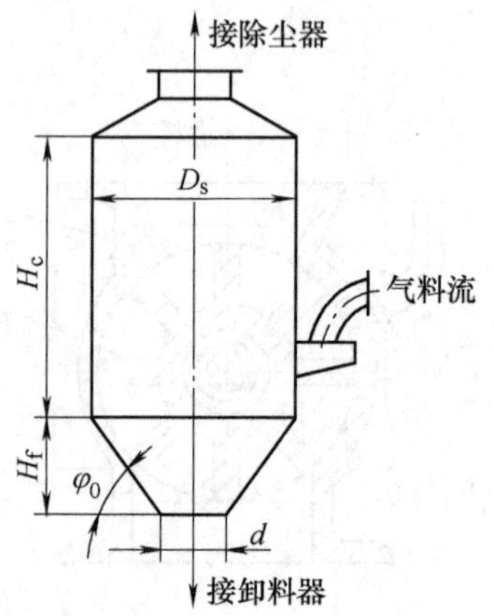

图 2-31　容积式分离器

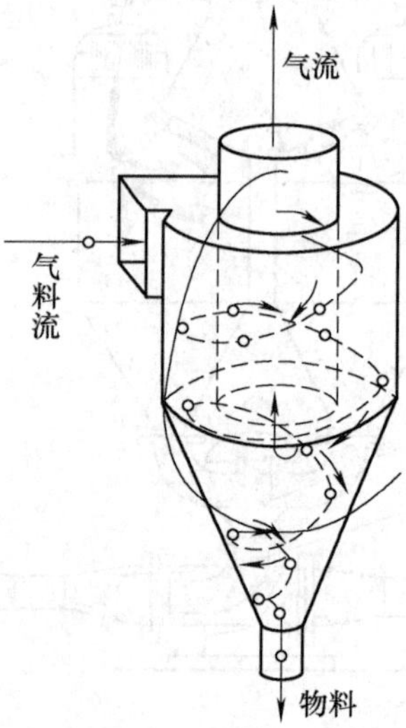

图 2-32　离心式分离器（旋风分离器）工作原理

4. 除尘器

（1）干式除尘器　干式除尘器有旋风除尘器、扩散式旋风除尘器及袋滤器等形式。旋风除尘器适用于粒度大于 5μm 的干燥物料除尘，结构简单，维修容易。对于粒度小于 20μm 的物料，除尘效率可达 90%；对粒度小于 40μm 的物料，除尘效率可达 99%；扩散式旋风除尘器对粒度为 2～5μm 的物料，除尘效率为 95%～99%，进口输送气流速度为 14～20m/s。

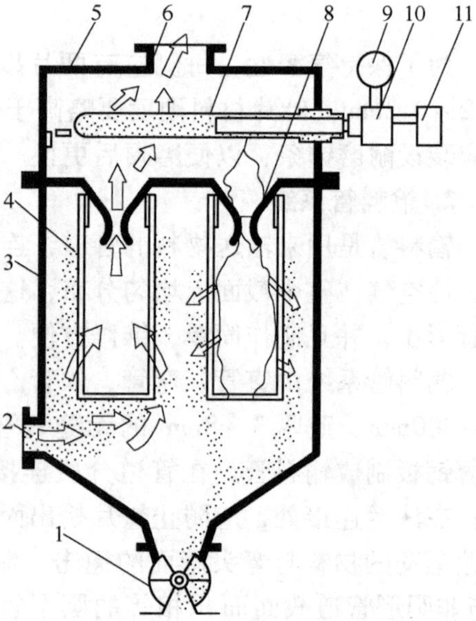

图 2-33　脉冲式袋滤器

1—卸灰器　2—含尘空气进口　3—下部箱体　4—滤袋　5—上部箱体　6—干净空气出口　7—喷气管　8—文丘里管　9—气包　10—脉冲阀　11—控制阀

袋滤器的除尘效率高达 99% 以上，宜用于粒度小于 10μm 的粒尘状物料，但不宜过滤有黏性的粉尘，袋滤器体积一般都较大。图 2-33 所示为脉冲式袋滤器，该图画有两个滤袋，左边表示含尘气体经滤袋过滤成干净气体流出的情况，右边表示当滤袋表面粘满粉尘后喷吹管反向喷吹，自动进行滤袋清理的情况，以上两种工作情况有脉冲阀控制自动交替进行。滤袋材料常用的有纯棉纤维织成的滤布、印刷毡、细毛毡、工业涤纶绒布、玻璃纤维滤布等。

(2) 湿式除尘器　湿式除尘器有泡沫式除尘器、自激式除尘器、卧式旋风水浴除尘器、文丘里洗涤器等形式，多用作第二级除尘装置，图 2-34 所示为泡沫式除尘器。

5. 卸料装置

(1) 旋转式卸料器　其结构与旋转式供料器相同，多用于吸送式气力输送系统旋风分离器的下部。

(2) 双阀门式卸料器（图 2-35）双阀门式卸料器用于卸高温物料或磨琢性物料。由于上下阀门的开启和闭合必须联动，因而结构复杂。此外，当上下容器存在压差时，为了顺利地开闭阀门，要设置压力平衡连通器。

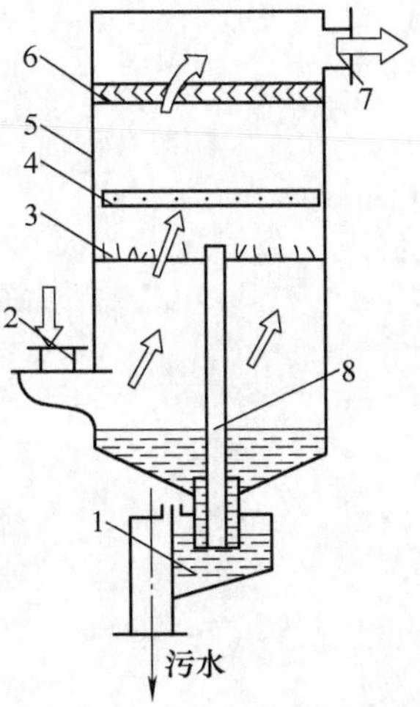

图 2-34　泡沫式除尘器

1—水封装置　2—含尘空气进口　3—多孔板
4—环状喷水管　5—除尘器外壳　6—挡水板
7—干净空气出口　8—溢流管

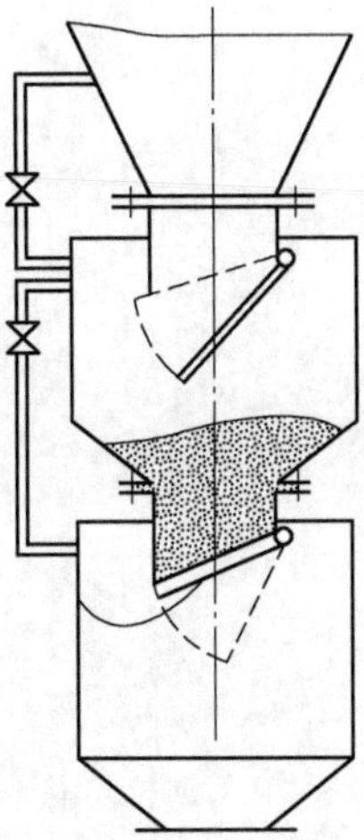

图 2-35　双阀门式卸料器

(3) 单阀门式卸料器　单阀门式卸料器多用于低压差时，结构与双阀门式卸料器中的一道阀相似，阀门靠物料自重开启，靠重锤关闭。

6. 风管及其附件

在吸送式气力输送系统中，分离器到除尘器间风管的气流速度一般为 14～18m/s，除尘器到气源设备间风管的气流速度一般为 10～14m/s。

在压送式装置的风管上，有时还需装设单向阀、节流阀、转向阀、气罐、油水分离器、气体冷却器和消声器等。

复习思考题

1. 输送机械搬运的货物可分为哪两大类？其特征是什么？
2. 带式输送机由哪些基本部件组成？各有什么功用？
3. 带式输送机中采用的输送带有哪些？各有什么特点？
4. 带式输送机上常采用的清理装置有哪些？
5. 与带式输送机相比，板式输送机有何优缺点？
6. 斗式提升机的卸载方式有哪几种？试简述其工作原理。

7. 螺旋输送机的特点是什么？
8. 无动力辊子输送机的工作原理是什么？
9. 试简述气力输送装置的特点。
10. 气力输送按原理可分为哪几类？
11. 试简述吸送式、压送式悬浮气力输送的工作原理。
12. 气力输送装置的主要部件有哪些？各有何功用？

第三章

泵

第一节　泵　概　述

泵是把原动机的机械能转换为液体的动能和压力能的机器。泵可以用电动机或其他原动机驱动，广泛应用于工业、农业及国民经济各个方面。

泵的种类很多，根据工作原理不同，可分为叶片泵、容积泵和喷射泵；按用途不同，可分为清水泵、杂质泵和耐酸碱泵等。

(1) 叶片泵　叶片泵是依靠泵内高速旋转的叶轮输送液体，如离心泵、轴流泵、旋涡泵等。该类泵的特点是流量稳定，波动小。

(2) 容积泵　容积泵靠工作部件的运动造成工作容积周期性地增大和缩小而吸入或排出液体，并靠工作部件的挤压而直接使液体的压力能增加。如活塞泵、膜片泵、齿轮泵、滑片泵等。该类泵的特点是流量周期性变化，但压力较高。

(3) 喷射泵　喷射泵利用工作流体（液体或气体）流动的能量来输送液体。它既可输送液体，也可输送气体，如水喷射泵、蒸汽喷射泵。

本章以离心泵为例，介绍泵的一般结构和运用。

第二节　离心泵的工作原理与结构

一、离心泵的工作原理

图 3-1 所示为离心泵工作简图。离心泵的主要工作部件为安装在泵轴上的叶轮 1，叶轮上均匀分布着一定数量的叶片 2。泵壳 3 是一个逐渐扩大的扩散室，形状如蜗壳，工作时泵壳不动。泵的入口与插入液池一定深度的吸入管 8 相连，吸入管的另一端装有底阀 7，泵的出口则与阀门 5 和排出管 6 相连。

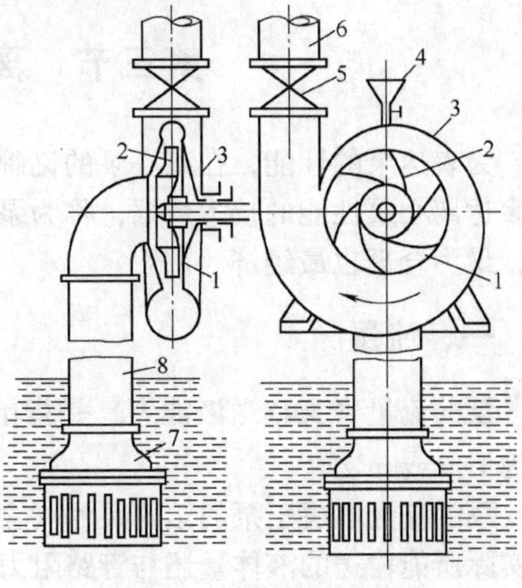

图 3-1　离心泵工作简图

1—叶轮　2—叶片　3—泵壳　4—漏斗　5—阀门　6—排出管　7—底阀　8—吸入管

开泵前，吸入管和泵内必须充满液体。这时先通过漏斗 4 充灌液体（称为灌泵），然后关闭漏斗下方的阀门开泵。开泵后，叶轮高速旋转，其中的液体随着叶片一起旋转，在离心力的作用下，飞离叶轮向外射出，射出的液体在泵壳扩散室内速度逐渐变慢，压力逐渐增加，然后从泵出口、排出管流出。此时，在叶轮中心处由于液体被甩向周围而形成既没有空气又没有液体的真空低压区，液池中的液体在池面大气压力的作用下，推开底阀 7 经吸入管流入泵内。液体就是这样连续不断地从液池中被抽吸上来又连续不断地从排出管流出。

二、离心泵装置

离心泵装置如图 3-2 所示，由离心泵 3、电动机、吸入管 2、排出管 8 和阀门等组成。

底阀 1 由单向阀 7 和防污网组成。底阀上的单向阀只允许液体从液池流进吸入管，而不允许反方向流动。它的主要作用是保证泵在起动前能灌满液体，而周边的防污网起着防止液池中的杂物被吸入泵中的作用。单向阀 7 在停泵时靠排出管中的液体压力自动关闭，防止液体倒流泵内冲坏叶轮。截止阀 6 的用途是在开、停或检修泵时截断流体，对于小型泵装置，它还用于调节泵的流量。

真空表 4 和压力表 5，分别用于测定泵的入口和出口的压力，人们可以根据表的读数变化，分析判断泵的运行是否正常。

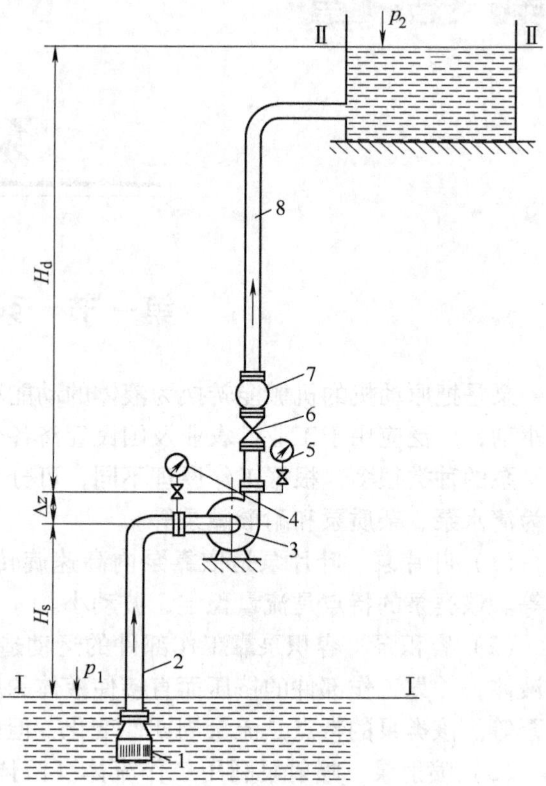

图 3-2 离心泵装置

1—底阀 2—吸入管 3—离心泵 4—真空表
5—压力表 6—截止阀 7—单向阀 8—排出管

第三节 离心泵的主要性能参数

为表达泵的性能，在离心泵的铭牌上均标有流量、扬程、功率、效率和转速等数据。这些表达离心泵性能的技术数据，称为泵的基本性能参数。当泵在规定的性能参数范围内运转时，最为合理也最经济。

一、流量

泵的流量（又称送液能力）是指单位时间内泵所输送的液体体积。用符号 q_V 表示，单位为 L/s 或 m^3/h。

泵的流量取决于泵的结构尺寸（主要为叶轮的直径与叶片的宽度）和转速等。操作时，泵实际所能输送的液体量还与管路阻力及所需压力有关。

二、扬程

扬程是单位重量液体具有的能量以液柱高度表示的值，也叫作水头。表示液体静压、位置能量和动能的分别叫作压力水头、位置水头和速度水头，液体在某处各种能量的总和称为在该处的总水头。

离心泵的扬程是指单位重量流体经泵所获得的能量，也就是泵所产生的总水头，一般用符号 H 表示，单位为 m。

泵的扬程大小取决于泵的结构（如叶轮直径的大小、叶片的弯曲情况等）、转速。目前对泵的扬程尚不能从理论上做出精确的计算，一般用实验方法测定。对已安装好的泵的实际总扬程可用下面的公式计算，即

$$H = \Delta z + \frac{p_2 - p_1}{\rho g} + \frac{(v_2^2 - v_1^2)}{2g} + \Delta z \tag{3-1}$$

式中　H——泵的实际总扬程（m）；

p_2——泵出口处压力表的读数（Pa）；

p_1——泵进口处真空表的读数（负表压值，Pa）；

v_1——泵入口流速（m/s）；

v_2——泵出口流速（m/s）；

ρ——液体密度（kg/m^3）；

g——重力加速度（$9.8m/s^2$）；

Δz——泵出入口的位差（高度差，m）。

三、功率

泵在单位时间内所做功的大小称为功率，常用字母 P 表示，单位为 W 或 kW。

（1）有效功率 P_u　泵单位时间内对液体所做的有用功即泵的输出功率，为有效功率。一般用下式计算（下式 P_u 单位为 kW），即

$$P_u = \frac{\rho g q_V H}{1000} \tag{3-2}$$

式中　ρ——液体的密度（kg/m^3）；

g——重力加速度（$9.8m/s^2$）；

q_V——泵的流量（m^3/s）；

H——泵的扬程（m）。

（2）轴功率 P_a　动力机传给泵轴的功率，称为轴功率，可以理解为泵的输入功率，通常讲泵功率就是指轴功率。泵的轴功率即泵轴所需功率，其值可依泵的有效功率和效率 η 计算。

（3）电动机功率 P　泵在工作时，有可能出现超负荷的情况，为保证电动机的安全，配用电动机功率应留有余量，一般取 $P=(1.1\sim1.2)P_a$。

四、效率

泵效率是指泵输出功率（有效功率）与输入功率（轴功率）之比，它是衡量泵性能高低的技术经济指标之一。

$$\eta = \frac{P_u}{P_a} \times 100\% \tag{3-3}$$

泵在输送液体过程中，轴功率大于排送到管道中的液体从叶轮处获得的功率，因为容积损失、水力损失和机械损失都要消耗掉一部分功率，而离心泵的效率即反映泵对外加能量的利用程度。泵的效率值与泵的类型、大小、结构、制造精度和输送液体的性质有关。大型泵效率值高些，小型泵效率值低些。

五、转速

转速是指泵轴每分钟转动的次数，单位为 r/min。中小型泵的转速一般为异步电动机的转速，这样便于泵和电动机直接传动。常用的转速有 2900r/min、1450r/min、970r/min 和 730r/min。

六、比转数

离心泵的比转数是一个说明流量 q_V、扬程 H、转速 n 之间关系的一个从相似理论中引出来的综合性参数，又称比转速，用 n_s 表示，相似泵在相似的工况下比转数用下面的公式确定，即

$$n_s = 3.65n\sqrt{q_V}/H^{\frac{3}{4}} \tag{3-4}$$

式中　n——泵的转速（r/min）；

q_V——泵的流量（m^3/s）；

H——泵扬程（m）。

比转数是一个数序，是量纲为一的数，它是按已知离心泵叶轮的主要结构尺寸和转速的不同反映出其性能上的差异而用以对离心泵进行排列和分类的准则数。泵在不同工况下的比转数不同，一般取最佳工况下的比转数作为泵比转数。利用 n_s 可对叶轮进行分类比较，根据比转数可大致知道泵的叶轮形状、性能及性能曲线的变化规律，见表 3-1。

1. 比转数 n_s 的值与叶轮形状有密切关系

比转数值的变化能反映叶轮形状的递变。由表 3-1 可见，比转数越小，叶轮外径与叶轮吸口处直径之比越大。反之，比转数越大，上述两个直径的比值就越小。前者叶轮形状适用于高扬程泵，后者则适用于大流量泵。

表 3-1　比转数与叶轮形状和性能曲线形状的关系

泵的类型	离心泵			混流泵	轴流泵
	低比转数	中比转数	高比转数		
比转数 n_s	$30 < n_s \leqslant 80$	$80 < n_s \leqslant 150$	$150 < n_s \leqslant 300$	$300 < n_s \leqslant 500$	$n_s > 500$
叶轮形状	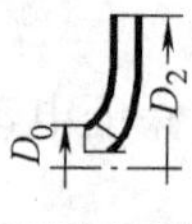	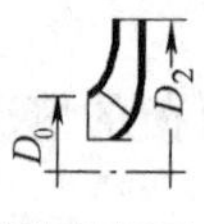	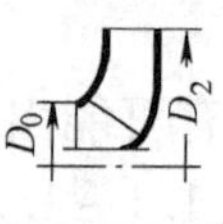		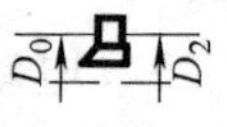
尺寸比	$D_2/D_0 \approx 3$	$D_2/D_0 \approx 2.3$	$D_2/D_0 \approx 1.8 \sim 1.4$	$D_2/D_0 \approx 1.2 \sim 1.1$	$D_2/D_0 \approx 0.8$
叶片形状	圆柱形叶片	入口处扭曲，出口处圆柱形	扭曲叶片	扭曲叶片	轴流泵叶片
性能曲线形状	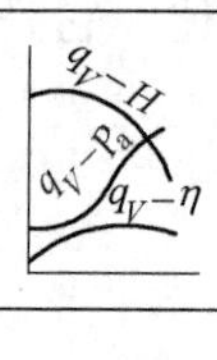	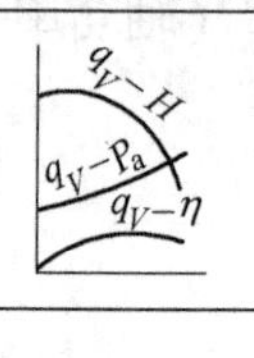	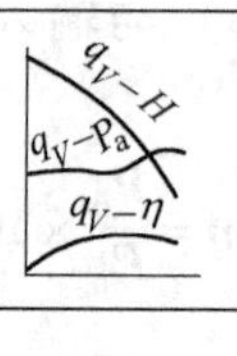	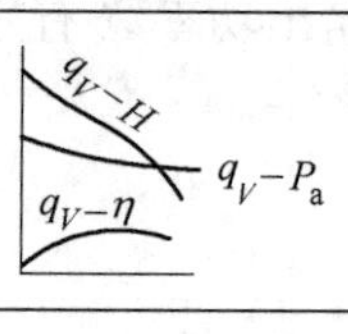	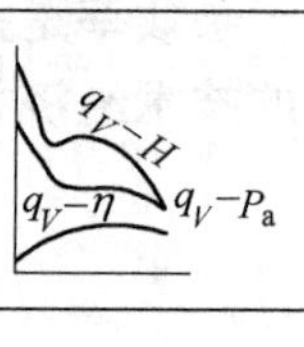

（续）

泵的类型	离心泵			混流泵	轴流泵
	低比转数	中比转数	高比转数		
流量－扬程曲线特点	关死点的扬程为设计工况的 1.1～1.3 倍，扬程随流量的减小而增加，变化比较缓慢			关死点的扬程为设计工况的 1.5～1.8 倍，扬程随流量的减小而增加，变化较急	关死点的扬程为设计工况的 2 倍，扬程随流量的减小而急剧上升，出现一个马鞍形
流量－功率曲线特点	关死点轴功率较少，轴功率随流量增加而上升			流量变动时，轴功率变化较小	关死点的功率最大，设计工况附近变化比较小，以后轴功率随流量增大而下降
流量－效率曲线特点	比较平坦			比轴流泵平坦	急速上升后又急速下降

2. 比转数反映了离心泵基本性能曲线的变化规律

1）比转数与流量－扬程（q_V-H）曲线的关系。比转数小于 80 的离心泵，q_V-H 曲线呈驼峰状，具有中间凸起而两边下弯的特点。

2）比转数为 80～150 时，q_V-H 曲线比较平坦，扬程流量的变化不太明显。这种比转数的离心泵适用于流量调节范围较大，而扬程变化要求较小的液体输送系统中。

3）比转数大于 150 的泵，q_V-H 曲线呈陡降特点，这类泵适用于流量变化不大时，要求扬程变化较大的液体输送系统中，或是扬程有波动时，要求流量变化不大的液体输送系统中。

3. 比转数与流量－轴功率（q_V-P_a）曲线的关系

比转数不同，q_V-P_a 曲线的变化也不同，低比转数的离心泵轴功率随着流量的增加而增大；而高比转数的轴流泵则相反，它的轴功率随流量的增加而减小。比转数居中的混流泵 q_V-P_a 曲线变化比较平坦，流量的变化对轴功率影响很小。

4. 比转数与流量－效率（$q_V-\eta$）曲线的关系

低比转数的离心泵，其 $q_V-\eta$ 曲线变化缓慢，在高效率范围内平坦，高效率区较宽；而高比转数泵，它的 $q_V-\eta$ 曲线变化较快，高效率区窄。

七、离心泵的汽蚀现象与泵的允许吸上真空高度

1. 离心泵的汽蚀现象

离心泵在运转过程中，某一区域的液体压力降低到当时温度下的液体汽化压力时，液体就开始汽化而形成气泡。当这些气泡随液体运动至较高压力区时，气泡受压缩急剧地缩小而破裂，产生巨大的属于内向爆炸性质的冷凝冲击。当气泡破裂发生在叶片间流道的壁面处时，将生成一股微细射流，它以高速冲击壁面，在壁面形成局部高压（达数十至数百兆帕），结果在壁面上产生了微观裂纹，会导致壁面材料受到侵蚀（点蚀）。这种气泡的产生和破灭过程反复进行，最终导致壁面形成海绵状或蜂窝状，这种现象称为汽蚀。

汽蚀将大大缩短泵的使用寿命，并会导致严重的振动和噪声。为防止发生汽蚀，泵的吸入压力不能过低，每台泵都有各自的吸入压力指标，这就是汽蚀余量。汽蚀余量的定义是：为保证泵不发生汽蚀，在泵进口处液体所必须具有的超过汽化压头的能头值，用符号 *NPSH* 表示，单位为 m。

2. 泵的允许吸上真空高度

泵的允许吸上真空高度是泵的重要参数之一，是确定泵几何安装高度的重要依据。如图 3-3 所示，泵装置（泵及其管路系统）的吸入池水面为大气压力 p_a，且水面低于泵的中心轴。

当泵运转时，则在泵吸入口截面 $S-S$ 上的压力将低于大气压力，若在该截面安装真空表，可测出其真空压力（即大气压力与该截面绝对压力的差值），此真空压力若以压力高度 $(p_a-p_s)/(\rho g)$ 表示，称为泵的吸上真空高度 H_s。H_s 可由图 3-3 中 $O-O$ 和 $S-S$ 两截面列伯努利方程得出，即

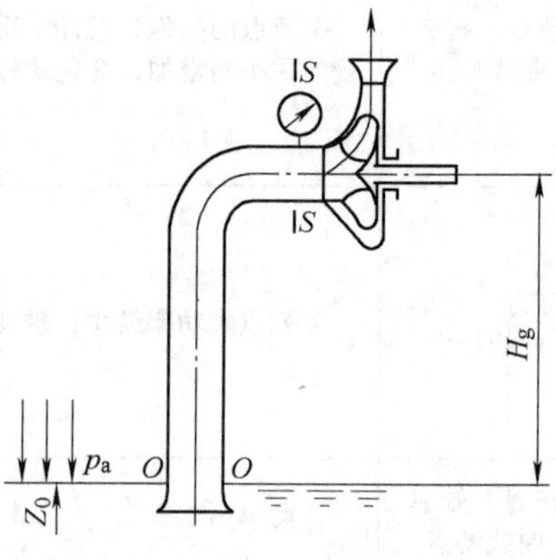

图 3-3　离心泵的安装高度

$$H_s=\frac{p_a-p_s}{\rho g}=H_g+\frac{v_s^2}{2g}+\sum H_z \tag{3-5}$$

上式表示吸上真空高度 H_s 等于泵的几何安装高度 H_s、$S-S$ 截面的动能 $v_s^2/(2g)$ 及吸水管路的全部流动阻力损失 $\sum H_z$ 三者之和。

从上式可看出：p_a 越大，H_s 越大；p_s 越小，H_s 越大。但泵吸入口的压力 p_s 不能过小，必须大于工作温度时液体的汽化压力，否则泵内将产生汽蚀。泵的允许吸上真空高度是指：为了防止泵内汽蚀，泵运行时在泵进口附近的管路截面上所允许达到的最大真空高度值，该值通常由泵制造厂规定，并标在铭牌上。在不同的大气压力下及不同的液体温度时需进行换算。泵的允许吸上真空高度用 H_s 表示，单位为 m。

第四节　离心泵的基本方程和特性曲线

一、离心泵的基本方程

离心泵的基本方程又称欧拉方程，它是反映离心泵理论扬程与液体运动状况变化的关系式。从理论上，就是研究离心泵的流量和能量等之间关系的方程。

由于液体在叶轮内的运动很复杂，为便于研究，对液体性质和在叶轮内的运动状况做如下假设：

1）液体为理想液体，即不考虑叶轮内液体运动的能量损失。

2）叶轮的叶片数目为无限多且厚度为无限薄，即液体的流动与叶片完全一致，在叶轮同一半径处的各质点流速和压强相等。

3）液体在叶轮内的流动是稳定流动。

叶轮转动时，液体质点既随叶轮旋转做圆周运动，又相对于旋转叶轮的叶片做相对运动，所以液体质点运动是这两种运动的合成运动，称为绝对运动，其速度称为绝对速度 c，

如图 3-4 所示。则有

$$c = u + w$$

式中　u——圆周速度，方向与叶轮圆周相切；

w——相对速度，方向与叶片相切。

图 3-5 所示为液体在叶轮中的运动，图中示出了液体在叶轮进、出口处的速度，并将绝对速度分解为径向分速度 c_r 及圆周分速度 c_u 两个垂直分量。绝对速度 c 和圆周速度 u 间的夹角用 α 表示；相对速度 w 与圆周速度 u 反方向的夹角用 β 表示，称为叶片安装角。

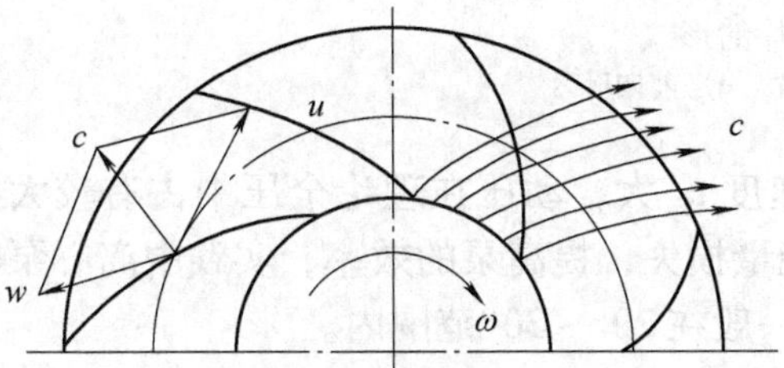

图 3-4　液体在叶轮内的流动

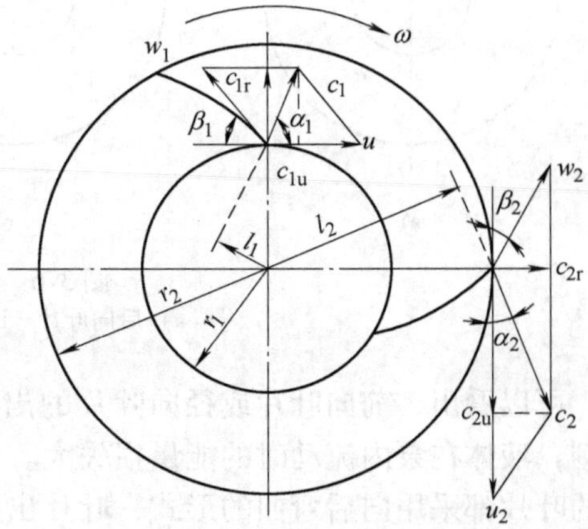

图3-5　离心泵叶轮进、出口处液体质点速度

对叶轮进、出口应用动量矩定理：单位时间内液体流过叶轮时对叶轮轴的动量矩的变化量，等于作用于该叶轮轴的合外力矩 M，即

$$M = mc_2 l_2 - mc_1 l_1 = \frac{\rho q_V}{g}(c_2 r_2 \cos\alpha_2 - c_1 r_1 \cos\alpha_1) \tag{3-6}$$

若泵理论扬程为 H_T，则叶轮轴上的功率 P_a 为

$$P_a = \rho q_V H_T$$

将上式代入式（3-6），又有 $u = \omega r$，整理后得 $H_T = \frac{1}{g}(u_2 c_2 \cos\alpha_2 - u_1 c_1 \cos\alpha_1)$，因为 $c_2 \cos\alpha_2 = c_{2u}$、$c_1 \cos\alpha_1 = c_{1u}$，于是

$$H_T = \frac{1}{g}(u_2 c_{2u} - u_1 c_{1u}) \tag{3-7}$$

式（3-7）为离心泵的基本方程，又称欧拉方程。

为了提高扬程和改善吸水性能，大多数离心泵液体径向流入叶轮，即 $\alpha_1 = 90°$，$c_{1u} = 0$，则

$$H_T = \frac{1}{g} u_2 c_{2u} \tag{3-8}$$

由基本方程（3-7）可知，离心泵理论扬程 H_T 只与液体在叶片进、出口的速度大小和方向有关，而与液体种类和性质无关。

由基本方程可以分析离心泵叶片的形式如图 3-6 所示。按叶片出口安装角 β_2 范围的不同，离心泵的叶片形式可分为三种：$\beta_2<90°$的后向叶片，$\beta_2=90°$的径向叶片，$\beta_2>90°$的前向叶片。

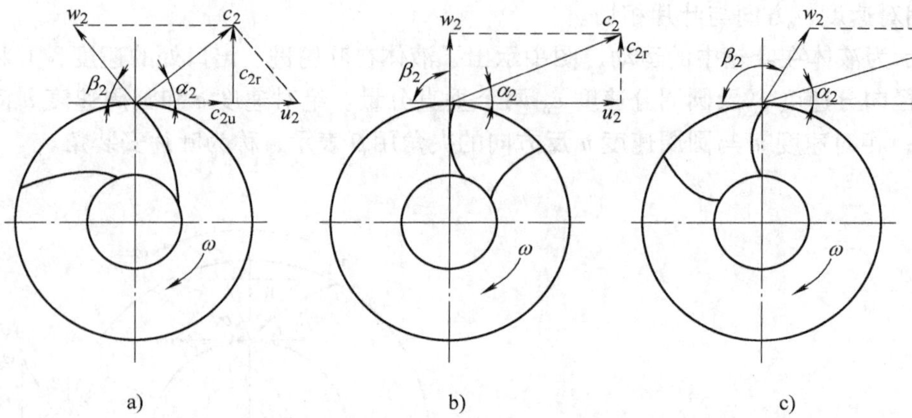

图 3-6 离心泵叶片的形式
a）后向叶片 b）径向叶片 c）前向叶片

可以看出，前向叶片或径向叶片的出口绝对速度 c_2 大，动压在理论全压中占有较大的比例，液体在泵内流动时的能量损失大。为减少能量损失，提高泵的效率，实践中离心泵叶轮的叶片都采用向后弯曲的形式，叶片出口角 β_2 一般在 20°～30°范围内。

二、离心泵的特性曲线

离心泵的性能可以用流量 q_V、扬程 H、转速 n、功率 P_a、允许吸入真空高度 H_s 或汽蚀余量 Δh 以及效率 η 等指标来表示。这些性能指标从不同的角度表示泵的工作性能，它们是相互影响的。某一性能指标的变化，会使其他性能指标随之变化。这些性能指标相互之间的关系，可以用一组曲线来表示，这一组曲线称为泵的特性曲线或性能曲线。

离心泵的基本方程是在叶轮叶片数目为无限多时，液体流过叶轮而无能量损失的理想情况下得到的。实际上，叶轮叶片的数目是有限的，实际液体是有黏性的，液体流过泵时，不可避免地要产生各种能量损失，而且各种损失是错综复杂的。这样用解析的方法来绘制泵的实际运转特性曲线与实际情况有很大误差，所以在实际使用时，只能采用试验方法测定绘制离心泵的实际运转特性曲线，由生产泵的厂家提供。图 3-7 所示为泵生产厂家提供的泵特性曲线。

离心泵的特性曲线主要包括流量－扬程曲线（q_V-H）、流量－功率曲线（q_V-P_a）、流量－效率曲线（$q_V-\eta$）和汽蚀特性曲线。前三条曲线是基本特性曲线，利用这些曲线可以了解泵的性能，对于正确地选择和经济合理地使用泵起着非常重要的作用。

三、对特性曲线的分析说明

1. q_V-H 曲线

后向叶片离心泵的 q_V-H 曲线从形状上分有三种：

(1) 驼峰特性曲线　如图 3-8 中曲线 Ⅰ 所示，这种曲线具有中间凸起两边下弯的特点。比转数小于 80 的离心泵，其 q_V-H 曲线都是这样的。这类泵在极大值 A 点以左工作时，会出现不稳定工况，因此应使泵在 A 点以右工作。

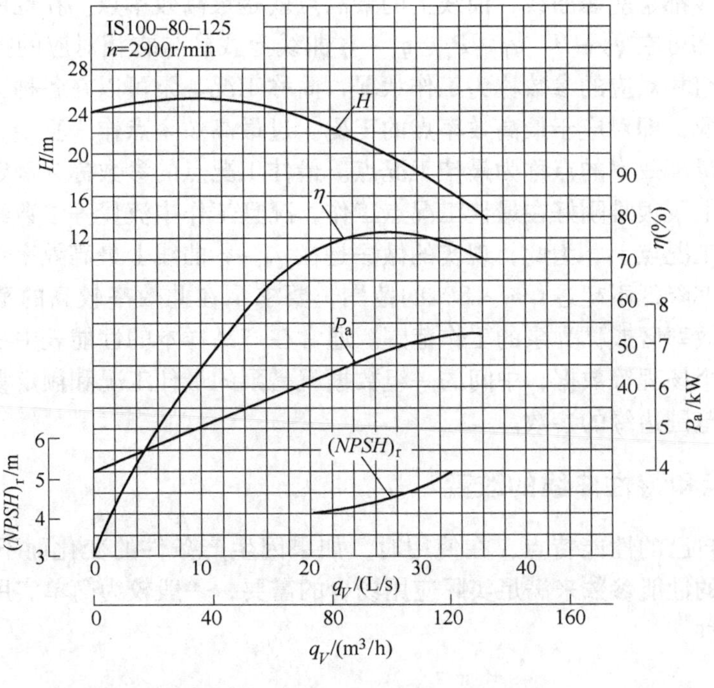

图 3-7　IS100 - 80 - 125 泵特性曲线

（2）平坦特性曲线　如图 3-8 中曲线Ⅱ所示，比转数在 80 ~ 150 之间的离心泵都是这种特性曲线，这类泵适用于流量调节范围较大，而扬程变化较小的输液系统中。

（3）陡降特性曲线　如图 3-8 中曲线Ⅲ所示，一般比转数在 150 以上的离心泵，其 $q_V - H$ 都是这种形状，这类泵适用于流量变化不大，扬程变化较大的系统中，或在扬程有波动时要求流量变化不大的系统中。例如在油库中，一台泵为多个油罐分别输油，而各油罐之间距离和高度差较大时，可选用 $q_V - H$ 曲线较陡的离心泵。

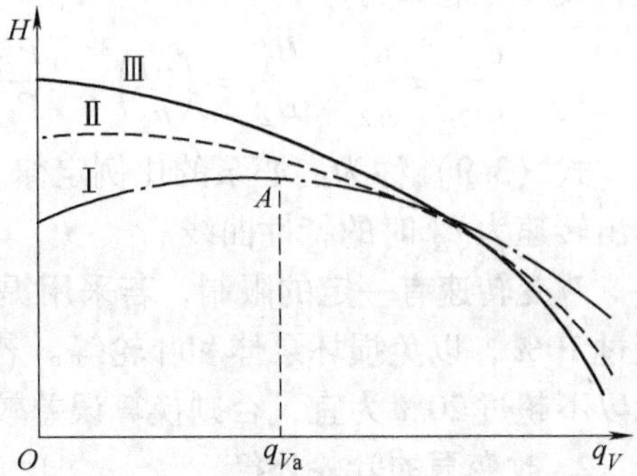

图 3-8　离心泵的各种 $q_V - H$ 特性曲线
Ⅰ—驼峰特性曲线　Ⅱ—平坦特性曲线
Ⅲ—陡降特性曲线

离心泵工作时，一般是流量小时扬程高，当流量逐渐增加时，扬程却逐渐降低。起动泵后排出阀门尚未打开时，压力表显示的压力较高，而此时的流量为零，但随着排出阀门慢慢开大，流量逐渐增大，而压力表上显示的压力逐渐减小。

2. $q_V - P_a$ 曲线

从曲线的走向可知，流量与功率同时增减。但流量为零时，功率最小而不等于零。实际操作中很容易得到证实，当开大排出阀门，流量增加时，电流表指针上升，说明功率加大，当关闭阀门流量为零时，电流表指示的电流为最小，功率也最小。由此得一启示，采用关阀起动比采用开阀起动所消耗的功率要小。为节省电能，离心泵操作时应关阀起动。

3. $q_V-\eta$ 曲线

一般效率曲线都是驼峰曲线，曲线上的最高点就是最高效率点。在性能曲线图上，取任意一个流量值，都可在 q_V-H、q_V-P_a、$q_V-\eta$ 曲线上找到与它相对应的扬程、功率和效率值，通常把这一组相对应的参数称为工作状况，简称工况。泵可以在各种工况下工作，但只有一个最佳的工况，即对应于最高效率点的工况。过最高效率点作一垂线，它与各条曲线的交点，即对应于最高效率的点称为最佳工况点。最佳工况点的参数称为额定参数，常在铭牌上标出。但实际上泵很难刚好在最佳工况点工作，况且工作中流量等参数经常变化，不可能始终工作在这个工况点上。为此，现实的做法是在 $q_V-\eta$ 曲线上最高效率点左右两边画出一段效率比最高效率降低不超过 6% ~8% 的范围，要求泵在此效率较高的范围内工作，这个范围叫作泵的高效率区或称为泵的工作范围。通常在产品样本的性能表中都列出某一型号泵的三个流量和三个扬程等数据，中间的一组数据就是泵的最佳工况和额定参数，两边的数据基本上是泵工作范围边缘的参数。

四、泵性能和特性曲线的改变

每台泵都有自己的性能特点，在使用时，如果因生产条件的变化而不能满足实际的需要，就要改变泵的性能参数来满足实际应用场合的需要，一般较为简单实用的改变泵的性能的方法有下述两种。

1. 改变转速

转速改变时，泵的流量 q_V、扬程 H、轴功率 P_a、汽蚀余量 $NPSH$ 和效率 η 都随之而变化，其变化规律为

$$\frac{q_{V1}}{q_{V2}}=\frac{n_1}{n_2}\quad \frac{H_1}{H_2}=\left(\frac{n_1}{n_2}\right)^2\quad \frac{P_{a1}}{P_{a2}}=\left(\frac{n_1}{n_2}\right)^2\quad \frac{(NPSH)_{r1}}{(NPSH)_{r2}}=\left(\frac{n_1}{n_2}\right)^2\quad \eta_1\approx\eta_2 \tag{3-9}$$

式（3-9）称为离心泵的比例定律。按照这些关系，可以根据某一转速 n_1 时的特性曲线作出转速为 n_2 时的特性曲线。

改变转速有一定的限制，若采用提高转速的办法来增加流量和扬程，则转速的提高不宜超过 10%，以免损坏泵体和叶轮等。若采用降低转速的办法来改变泵的性能，则转速的降低以不超过 20% 为宜，否则换算误差较大，特别是效率相差较大。

2. 改变泵的叶轮外径

增大叶轮外径只能更换更大的叶轮，而减小叶轮外径则可通过车削叶轮的方法实现。若原叶轮外径为 D_{21}，在转速为 n 时的扬程、流量、轴功率分别为 H_1、q_{V1}、P_{a1}，经车削后叶轮外径为 D_{22}，扬程、流量、轴功率分别为 H_2、q_{V2}、P_{a2}，它们之间的关系如下：

对于中高比转数（$n_s=80\sim300$）泵

$$\frac{q_{V1}}{q_{V2}}=\frac{D_{21}}{D_{22}}$$

$$\frac{H_1}{H_2}=\left(\frac{D_{21}}{D_{22}}\right)^2$$

$$\frac{P_{a1}}{P_{a2}}=\left(\frac{D_{21}}{D_{22}}\right)^3$$

对于低比转数（$n_s=35\sim80$）泵

$$\frac{q_{V1}}{q_{V2}}=\left(\frac{D_{21}}{D_{22}}\right)^2$$

$$\frac{H_1}{H_2}=\left(\frac{D_{21}}{D_{22}}\right)^2$$

$$\frac{P_{a1}}{P_{a2}}=\left(\frac{D_{21}}{D_{22}}\right)^4$$

上述的关系称为车削定律，叶轮外径车小后，使扬程降低、流量减少、功率减小，若叶

轮车削太多将会降低效率，为不使效率降低过多，对叶轮的车削量应加以限制，见表3-2。

表3-2　叶轮外径的最大车削量

比转数 n_s	≤60	60~120	120~200	200~250	250~300	300~400
最大车削量 $\left(\frac{D_{21}-D_{22}}{D_{21}}\right)\times100\%$	20	15	11	9	7	5

车削后的叶轮，在叶片的背面或前面（工作面）适当锉去或切去部分金属，如图3-9所示，可部分或完全消除效率的下降。

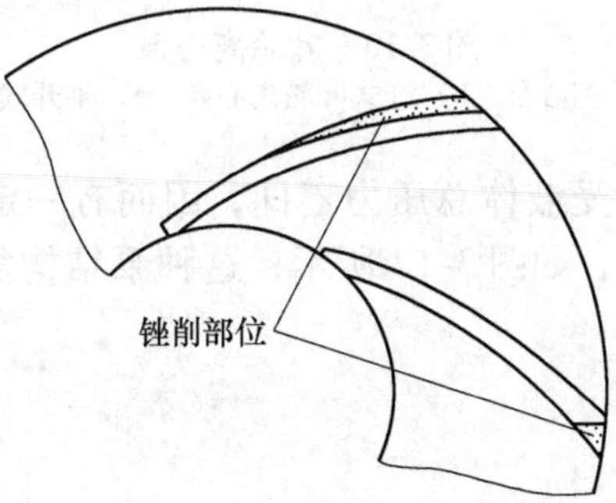

图3-9　叶片锉去部位

第五节　离心泵的分类与典型结构

离心泵是生产实践中使用最多的一种泵，为适应不同场合的需要，离心泵的种类及其工作性能也有所差异。如有的需要小扬程、大流量；有的需要大扬程、小流量或两者都有一定的需求等，因此离心泵的结构和尺寸等，在设计及制造时有许多种类及规格。

一、离心泵的分类

离心泵类型很多，一般根据用途、叶轮、吸入方式、压出方式、扬程和泵轴位置等来分类。

1）按离心泵的用途可分为清水泵、杂质泵和耐酸泵。

2）按叶轮结构可分为：①闭式叶轮离心泵，叶片左右两侧都有盖板，如图3-10a所示，适用于输送无杂质的液体，如清水、轻油等；②开式叶轮离心泵，叶片左右两侧没有盖板，如图3-10b所示，适用于输送污浊液体，如泥浆等；③半开式叶轮离心泵，叶轮在吸入口一侧没有盖板（前盖板），它只有后盖板，如图3-10c所示，适用于输送有一定黏性、容易沉淀或含有杂质的液体。

3）按叶轮数目可分为：①单级离心泵，只有一个叶轮，扬程较低，一般不超过50~70m；②多级离心泵，泵的转动部分（转子）由多个叶轮串联，如图3-11所示，泵的扬程随叶轮数目的增加而提高，扬程最高可达2000m。

4）按泵的吸入方式可分为：①单吸式离心泵，液体从一侧进入叶轮，这种泵结构简

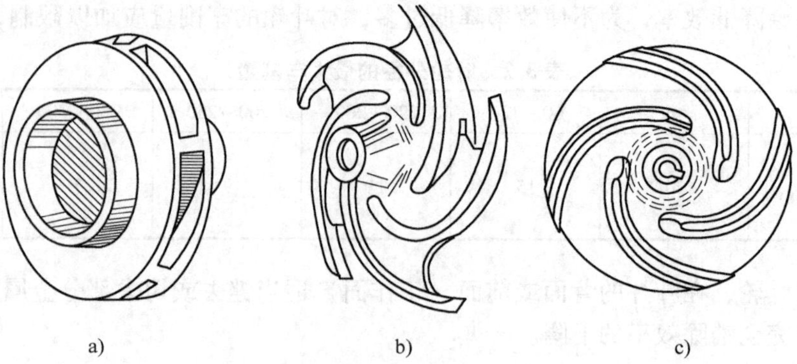

图 3-10　叶轮离心泵
a）闭式叶轮离心泵　b）开式叶轮离心泵　c）半开式叶轮离心泵

单，制造容易，但叶轮两侧所受液体总压力不同，因而有一定的轴向推力；②双吸式离心泵，液体从两侧同时进入叶轮，如图 3-12 所示，这种泵结构复杂，制造困难，主要的优点是流量大，轴向力平衡。

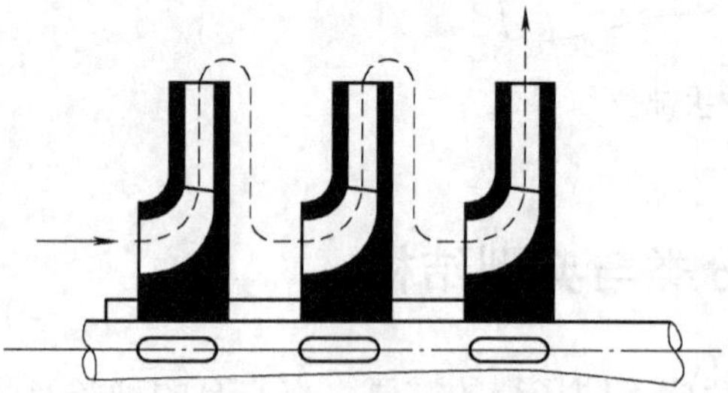

图 3-11　多级离心泵的叶轮串联简图

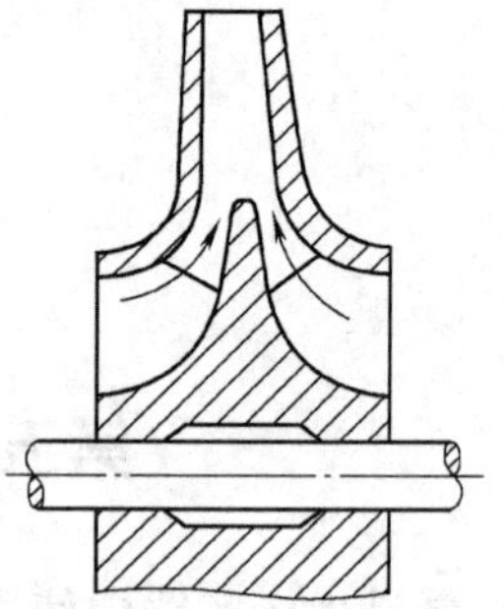

图 3-12　双吸式离心泵叶轮

5）按泵的压出方式可分为：①蜗壳式离心泵，如图 3-13 所示，液体从叶轮流出后，直接进入蜗壳的流道，由于流道截面从小变大，速度减慢，部分动能转化为静压，这种压出方式结构简单，常用于单级离心泵或多级离心泵的最后一级；②导流式离心泵（透平泵），如图 3-14 所示，在叶轮外周的泵壳上固定有导叶，导叶起着导流的作用，同时液体流经导叶，

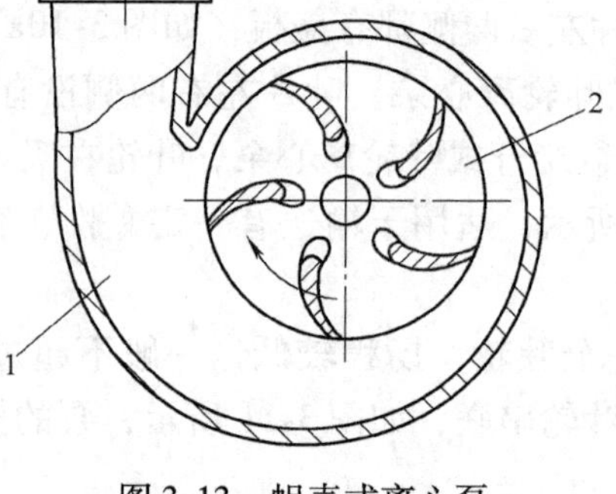

图 3-13　蜗壳式离心泵
1—蜗壳　2—叶片

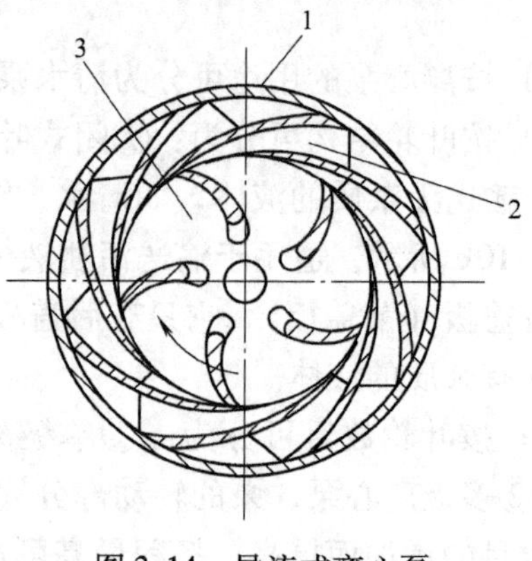

图 3-14　导流式离心泵
1—导叶轮　2—导叶片扩散单元　3—叶片

部分动能被转化为压力能。导叶用于多级离心泵和高速离心泵上，在单级离心泵中的应用较少。

6）按扬程可分为：①低压泵，扬程不超过200m水柱；②中压泵，扬程为200～600m水柱；③高压泵，扬程超过600m水柱。

7）按泵轴位置可分为：①立式泵，泵轴垂直放置，吸入口在泵的下端；②卧式泵，泵轴水平放置，这种泵维修、管理方便，常见的泵多为这种形式。

二、离心泵的结构

常见的离心泵中，以单级单吸离心泵和多级多吸离心泵应用较广泛，现将常见的几种泵介绍如下。

1. IS型离心泵

IS型离心泵是一种单级单吸轴向吸入式离心泵。用于输送温度不超过80℃的清水或类似于清水的液体，有扬程高、流量小、结构简单、耐用且维修方便等特点。

IS型离心泵是按ISO2858国际标准设计的，共有33个基本型号，近100个规格，零件的通用化程度高达91%，独立的部件只有四个规格的轴和四个悬架部件。

图3-15所示为IS50－32－200单级单吸式离心泵，主要由泵壳、泵壳后盖、叶轮、轴、悬架部件和托架等组成。

工作时，由电动机经联轴器带动泵轴，装配在泵轴上的叶轮随之转动，将水从泵进水口吸入后从出水口排出，达到输送水的目的。

其中，密封环1、浸油石棉盘根13、14负责将叶轮4与泵体、泵轴与泵壳后盖5形成既能相对转动，又能使水不产生泄漏的封水装置。石棉盘根是一种由石棉纤维编织而成并浸有石墨和油脂混合物的方形截面绳。需要时截取一段绕成螺线放于轴6与泵壳后盖之间的环形间隙中，用填料压盖10压紧。压的松紧程度以不漏水为准，若压得过紧，则容易导致发热且消耗动力。盘根是泵中的易损件，需定时更换，以确保密封效果。另外，填料环9的作用是当水从盘根处漏出时，使水由填料环的中间环状沟槽及径向孔，经后盖孔道b流回叶轮处；叶轮后盖板上的平衡孔a（数个）主要是沟通叶轮两侧面，使吸水一侧与叶轮背面的压力趋于平衡，以减少轴向力的产生；挡圈12可预防盘根突然损坏时水流直接喷射到轴承中，它属于安全装置。

IS系列泵的型号意义：

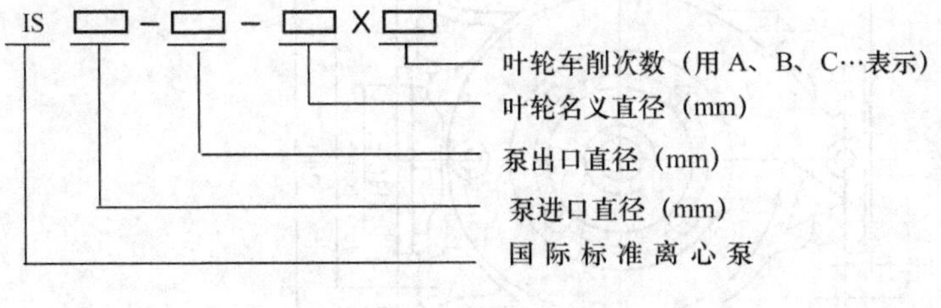

例如IS65－50－160×A，表示该泵属于IS离心泵，泵进口直径为65mm，出口直径为50mm，叶轮名义直径为160mm，叶轮经第一次车削。

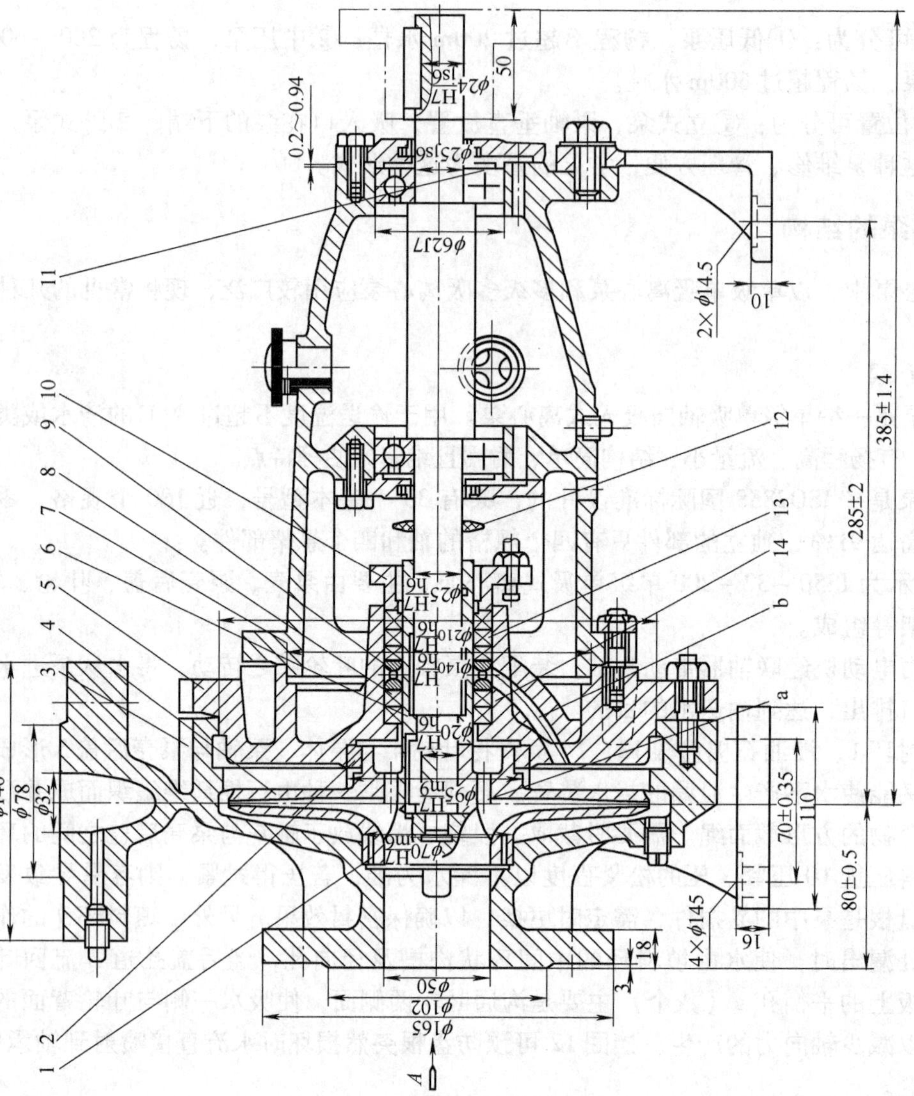

图 3-15 单级单吸式离心泵

1、2—密封环 3—泵壳 4—叶轮 5—泵壳后盖 6—轴 7—悬架部件 8—轴套 9—填料环 10—填料压盖 11—托架 12—挡圈 13、14—浸油石棉盘根 a—叶轮后盖板上的平衡孔 b—后盖孔道

2. S 型离心泵

S 型离心泵属于单级双吸水平中开式离心泵，性能上具有大流量、低扬程的特点。S 型离心泵有两种类型：S 型和 Sh 型。S 型双吸离心泵是 Sh 型的更新产品，除结构有某些改进外，允许吸上真空高度和效率等性能指标也有所提高。下面以 S 型泵为例做一简介：

S 型离心泵如图 3-16 所示。采用双吸式叶轮，泵体由上、下两部分构成，装配结合面位于泵轴轴线所在平面（故名“水平中开式”），可在不取出叶轮及泵轴的情况下，打开泵体上部对泵进行维修；另外，该泵的进水管在进入叶轮前分为左、右两支路，水流分别经两支路流入泵两侧的螺旋通道，从叶轮的切向进入叶轮。

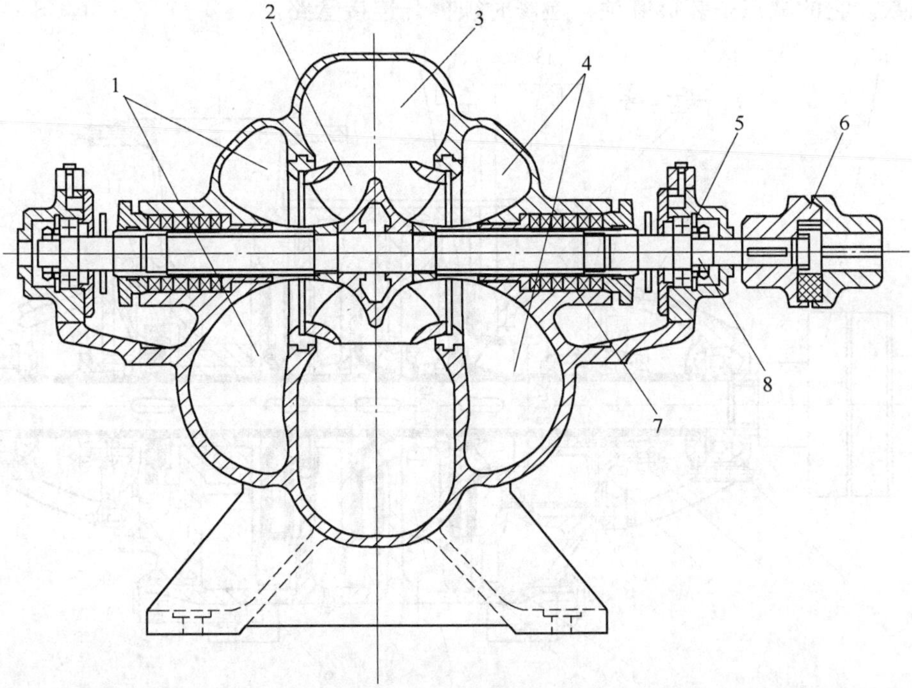

图 3-16 S 型离心泵

1—左进水螺旋水道 2—双吸式叶轮 3—蜗壳 4—右进水螺旋水道 5—轴承 6—弹性联轴器 7—密封填料（石棉盘根） 8—泵轴

工作时，泵经联轴器带动旋转，由于使用双吸式叶轮，故泵轴上两方向的轴向力处于平衡状态，运行较平稳。

S 型离心泵的型号意义：

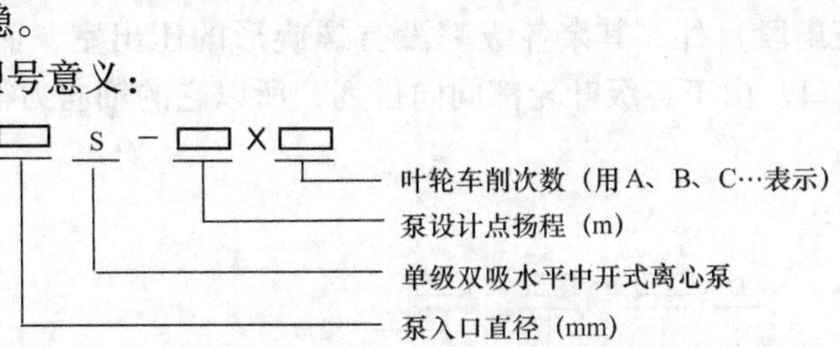

例如 100 S－90×A，表示该泵是单级双吸水平中开式离心泵，入口直径为 100mm，设计点扬程为 90m，叶轮经第一次车削。

3. 多级单吸离心泵

为提高离心泵的扬程，可把几台单级离心泵串联起来使用，也可把几个叶轮串在一个泵体中制成多级泵。多级泵有两大类，即蜗壳式多级泵（水平中开式多级泵）和分段式多级泵（D 型）。蜗壳式多级泵一般采用偶数级数，叶轮吸入口相向安装，并设计有特殊的级间液体通道，泵在工作中使各叶轮产生的轴向力正好相互抵消平衡，但这种泵结构较复杂，下面以 D 型分段式多级泵为例进行介绍。

D 型泵的结构如图 3-17 所示，它是原 DA 型泵的改进产品，其工作效率高，由第一级吸入段、若干中间段（中段）和末级压出段用长螺栓串联紧固而成。D 型泵的第一级叶轮吸入口直径比后级叶轮大，因而液体在入口处流速较低，这样可以提高泵的允许安装高度。它的优点是中段各级的泵壳均为单一的圆筒形，制造容易，互换性好，且可根据所需扬程选择不同的级数。它的缺点是装拆麻烦，检修时须拆开连接管路。

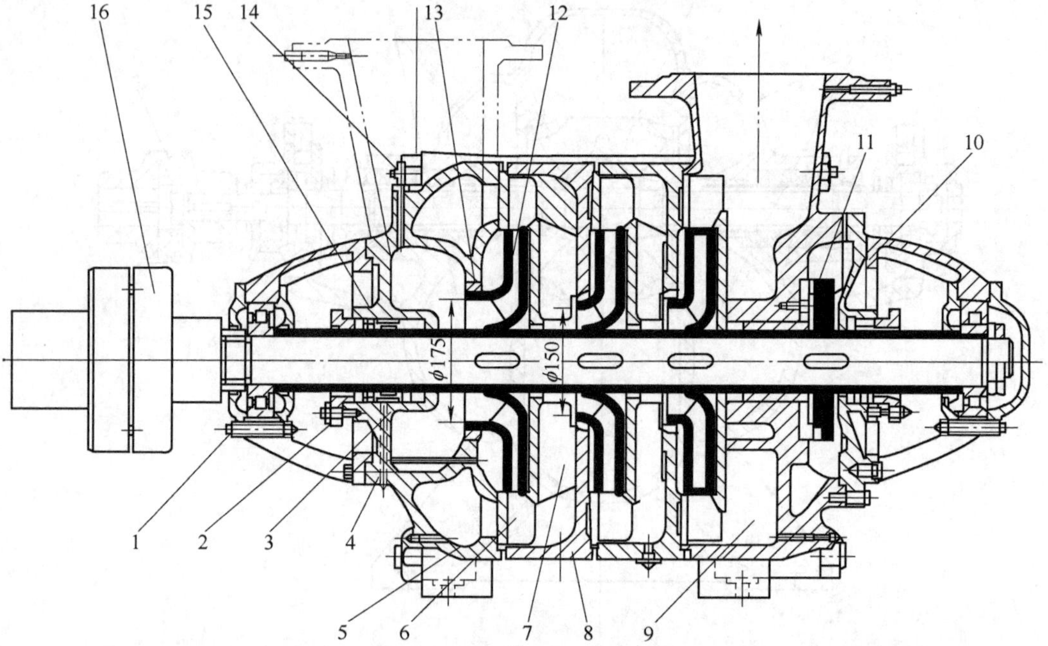

图 3-17　多级单吸离心泵（D 型）

1—轴承　2—填料压盖　3—盘根　4—水封环　5—吸入段　6—导叶　7—反水圈　8—中段　9—压出段　10—平衡盘　11—平衡盘衬环　12—叶轮　13—密封环　14—放气孔　15—填料环　16—联轴器

这种泵除末级（压出段）外，其余各级都没有螺旋形的压出室，而是以导叶代替，将液体导向下一级的吸入口。由于各级叶轮都同向排列，所以它的轴向力很大，一般采取一些措施来平衡轴向力。

D 型泵的型号意义：

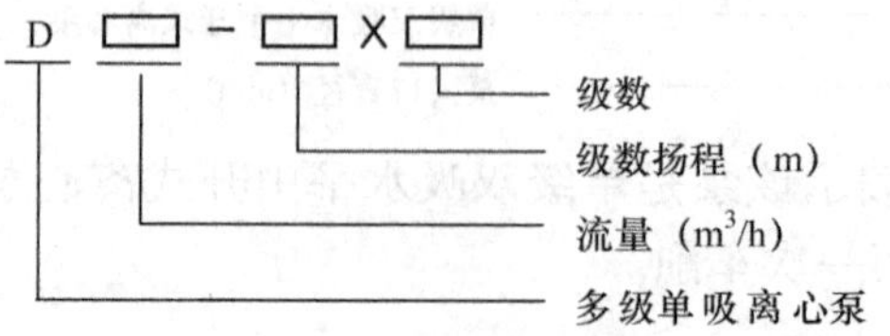

例如 D 46 – 50 × 12，表示该泵属 D 型多级单吸离心泵，流量为 $46m^3/h$，单级扬程为

50m，共12级。

三、轴向力平衡装置

泵在工作时，作用在叶轮等转子组件上的沿泵轴方向的分力，叫作轴向力。离心泵的轴向力常使泵轴偏离原定位置，导致平衡盘等平衡机构损坏，间接使轴承和轴封损坏。由轴向力引起的故障占泵总故障的3% ~4%，常导致泵机组被迫停车。

下面主要讨论轴向力的产生和平衡办法。

1. 轴向力产生的原因

单吸式叶轮的离心泵在工作时，受到轴向推力作用，迫使叶轮和转子一起朝吸入口方向移动。产生轴向推力的主要原因有以下几方面。

第一种轴向力。单吸式离心泵在工作时叶轮由于两侧的作用力不等，产生了一个从泵腔指向吸入口的轴向推力。

在泵尚未工作时，泵内流过零部件上的液体压力都一样，不会产生轴向推力。但当泵正常工作时，如图3-18所示，吸入口处液体压力为p_1，叶轮出口处压力为p_2，液体除经叶轮出口排出外，尚有很少量的压力也等于p_2的液体流到泵壳与叶轮后盖板之间的空隙处。从图中看出，叶轮两侧在密封环直径D_w以外的环形面积上压力分布是对称的，轴向作用力抵消，而在轮毂直径D_h与密封环直径之间的吸入口处环形投影面积上却存在着压力差，于是便产生了轴向推力F_1。实际压力是按抛物线分布的，越靠近轮毂压力越小。

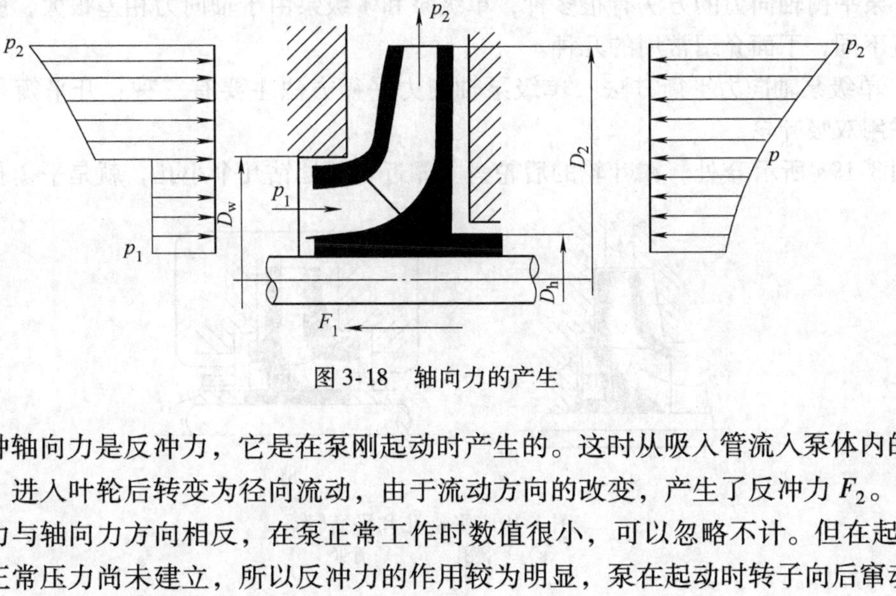

图3-18　轴向力的产生

第二种轴向力是反冲力，它是在泵刚起动时产生的。这时从吸入管流入泵体内的液体做轴向流动，进入叶轮后转变为径向流动，由于流动方向的改变，产生了反冲力F_2。

反冲力与轴向力方向相反，在泵正常工作时数值很小，可以忽略不计。但在起动瞬间，由于泵的正常压力尚未建立，所以反冲力的作用较为明显，泵在起动时转子向后窜动就说明了这一点。为此，泵操作中应注意避免频繁起动。

对于立式泵，转子的重力也是轴向的，用F_3表示，其方向指向下方叶轮入口。

在各种轴向力中，F_1是最主要的轴向力，总的轴向力为

$$F = F_1 - F_2 + F_3$$

对于卧式泵，由于转子重力方向与轴垂直，所以总轴向力为

$$F = F_1 - F_2$$

2. 轴向力的大小

作用在一个叶轮上的轴向力可按经验公式进行计算

$$F_i = kH\rho g\pi\ (R_1^2 - R_g^2)$$

式中 F_i——作用于一个叶轮上的轴向力（N）；

H——单级叶轮的扬程（m）；

ρ——水的密度（kg/m^3）；

R_1——叶轮进口处缝隙半径（m）；

R_g——叶轮轮毂半径（m）；

k——实验系数，与泵的比转数有关。当泵的比转数 $n_s = 40 \sim 200$ 时，$k = 0.6 \sim 0.8$。

对于多级单吸离心水泵，总的轴向力为

$$F = iF_i$$

式中 i——泵的级数。

3. 轴向力的危害

由于不平衡轴向力的存在，叶轮两侧受力不均匀，离心泵在运转时，有一个沿轴并指向叶轮进口作用在转子上的力，使泵的整个转子发生向叶轮吸入口的窜动，引起泵磨损、振动，轴承发热，甚至损坏机件，使泵不能正常工作。尤其是多级泵，轴向力影响更为严重。因此，必须设法减小或消除轴向力。

4. 轴向力的平衡方法

离心泵平衡轴向力的方法有很多种，单级泵和多级泵由于轴向力相差很大，所以采用的平衡装置不同，下面介绍常用的几种。

（1）单级泵轴向力平衡方法　单级泵轴向力平衡方法主要有三种：开平衡孔、设置平衡管和采用双吸叶轮。

如图 3-19a 所示 B 处，在叶轮的后轮盘上靠近轮毂处钻几个小孔，就是平衡孔。

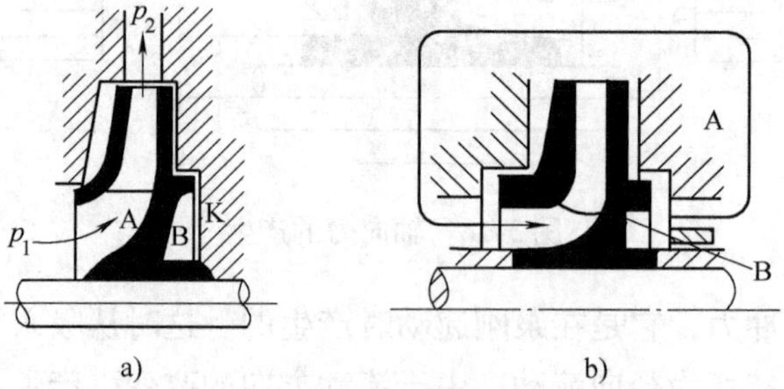

图 3-19　平衡孔和平衡管

a）平衡孔　b）平衡管

图 3-19b 所示的是在壳体外用一根管子将叶轮后盖板靠近轮毂处的液体引回到泵吸入口处，这根管子就是平衡管。这两种方法的目的是使叶轮后的压力等于叶轮前的压力，从而使轴向力平衡。为防止高压液体的内泄漏，保证叶轮后压力能降下来，如图 3-15 中 2 所示，在叶轮后盖板与泵壳体之间设置密封环。

这种方法结构简单，但不能完全平衡轴向力，所以轴承还要承受一些轴向力，因此有的泵采用推力轴承。

(2) 多级泵轴向力的平衡方法　多级泵轴向力的平衡方法主要有叶轮对称布置和采用平衡盘、平衡鼓等。

多级泵可将叶轮对称地、进口方向相反地布置在泵壳中，当叶轮几何尺寸相同且叶轮数为偶数时，其轴向力是平衡的。这种平衡方法效果良好，但级数较多时泵的结构复杂，成本高，所以只在 2 ~4 级离心泵上采用，如图 3-20 所示。

分段式多级离心泵常采用平衡盘装置平衡轴向力。平衡盘装置安装在最后一级叶轮的后面，用键固定在泵轴上，随轴一同旋转，如图 3-21 所示。由最后一级叶轮出来的高压液流 p_2 经过平衡盘装置的轮毂 5 与泵壳（D 型泵在其上镶有平衡套）之间的径向间隙流到平衡盘 1 的内室，给平衡盘施加一个向右的压力 p'_2，由于沿程损失，p'_2 低于 p_2，平衡盘的外侧承受近似大气压强或吸入侧的低压。由于平衡盘内外两侧形成压力差，对转子产生一个指向出口侧的推力，使泵能在平衡状态下工作。

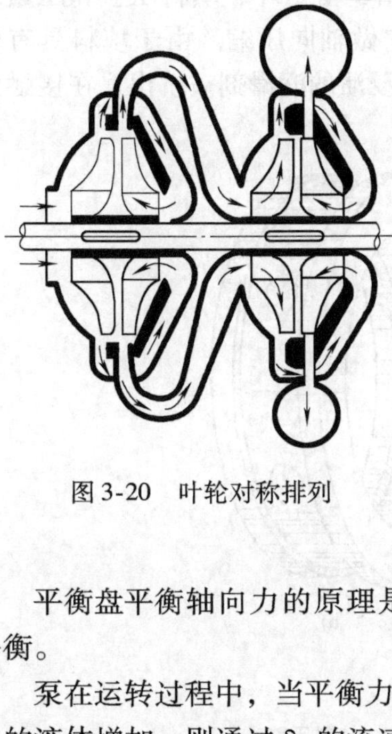

图 3-20　叶轮对称排列

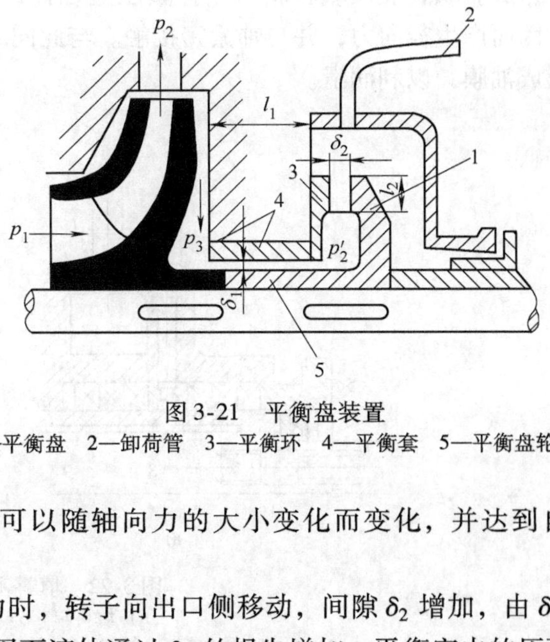

图 3-21　平衡盘装置

1—平衡盘　2—卸荷管　3—平衡环　4—平衡套　5—平衡盘轮毂

平衡盘平衡轴向力的原理是：平衡力可以随轴向力的大小变化而变化，并达到自动平衡。

泵在运转过程中，当平衡力大于轴向力时，转子向出口侧移动，间隙 δ_2 增加，由 δ_2 泄出的液体增加，则通过 δ_1 的流速要增加，因而液体通过 δ_1 的损失增加，平衡室内的压强 p'_2 也要降低，平衡力也随着减小，一直到平衡力等于轴向力时为止；当平衡力小于轴向力时，平衡盘连同转子部分又向吸入口侧方向移动，间隙 δ_2 减小，此时由 δ_2 泄出的液体减少，液流通过缝隙 δ_1 时的流速降低，因而液流损失降低，平衡室内的压强 p'_2 要增加，平衡力也要随着增加，直到与轴向推力平衡。由此可见，当泵工况发生改变，使轴向力发生变化时，平衡盘装置产生的平衡力则可依靠间隙 δ_2 的变化与轴向力随时取得平衡。

平衡盘平衡轴向力的缺点是平衡盘容易磨损，泄漏量大，会降低泵的容积效率，一般用于 D 型泵、DA 型泵中。

四、密封装置

泵体内液体压力较吸入口压力高，所以泵体内液体总会向吸入口泄漏，为防止这种内泄漏，通常采用密封环密封，这是第一种密封。泵体和轴之间存在着间隙，为防止泵内压强较高的液体流向泵外，或防止空气侵入泵内（入口为真空时），通常在泵轴与泵壳之间安装旋转密封装置，这是第二种密封装置。泵轴旋转密封装置的形式主要有填料密封、机械密封、浮动密封和迷宫密封等。

1. 密封环

由于离心泵叶轮出口是高压液体，入口是低压，高压液体经叶轮与泵体之间的间隙泄漏而流回吸入处，所以需要装密封环。其作用是减少叶轮与泵体之间的泄漏量损失；另一方面可保护叶轮，避免与泵体摩擦。密封环形式有平环式、角接式和迷宫式。一般泵采用前两种，而高压泵由于单级扬程高，为减少泄漏量，常采用迷宫式。

2. 填料密封装置

填料密封装置是在离心泵中使用最广泛的密封装置。

带填料环的填料密封结构如图 3-22 所示，主要由填料箱、密封环、填料压盖和压紧螺栓等组成。填料装入填料箱后，拧紧压盖螺栓，经压盖对它做轴向压缩。由于填料具有塑性，因而产生径向力，并与轴紧密接触。与此同时，填料中浸渍的润滑剂被挤出，在接触面上形成油膜，以利润滑。

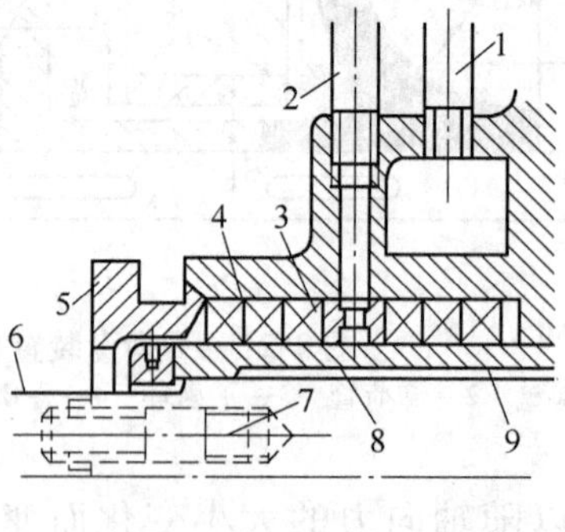

a）

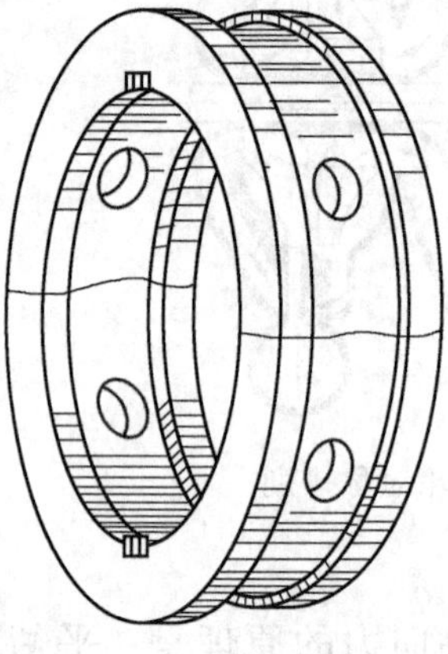

b）

图 3-22　填料密封结构

a）填料箱　b）水封环

1—冷却水管　2—水封管　3—填料　4—填料环　5—填料压盖

6—轴　7—压紧螺栓　8—水封环　9—轴套

填料环的作用是将液封管压力较高的液体引入填料室，进入轴的表面，然后沿轴表面进入泵内，起润滑冷却作用。若泵内穿轴处压力小于泵外大气压力，则还可起到阻气作用。

填料的材料视使用条件不同而不同，有软填料、半金属填料和金属填料等几种。软填料就是由非金属材料制成的填料。它是用石棉、面纱、麻等纤维经纺线编结而成，浸渍润滑脂、石墨或聚四氟乙烯树脂，以适应不同的液体介质，这种填料只适用于温度不高的液体。半金属填料是由金属和非金属材料组合制成的。它是将石棉等软纤维用铜、铅、铝等金属丝加石墨树脂编织压制成形的，这种填料一般适用于中温液体。金属填料则不含非金属材料。它是将巴氏合金或铜、铝等金属浸渍石墨矿物油等润滑剂压制而成的，一般为螺旋形。金属填料的导热性好，适用于温度低于 150℃，圆周速度小于 30m/min 的场合。

3. 机械密封

离心泵的机械密封是依靠一个装在泵轴上的动环和一个固定在填料函内圆上的静环实现的。两个环的端面借助于弹簧的弹力和介质的压力互相紧密贴合而起到密封作用。

（1）机械密封的结构 机械密封的结构如图3-23所示。它由下面几部分组成：

1）动环和静环。动环和静环是机械密封的主要元件。动环随泵轴旋转，所以也称旋转环。静环与泵体固定不动，也称固定环。动环和静环一般用不同材料制成，一个硬度低些，一个硬度高些，并具有耐磨、耐蚀等特点。为了减小摩擦，动环和静环的摩擦面应具有较低的表面粗糙度值。

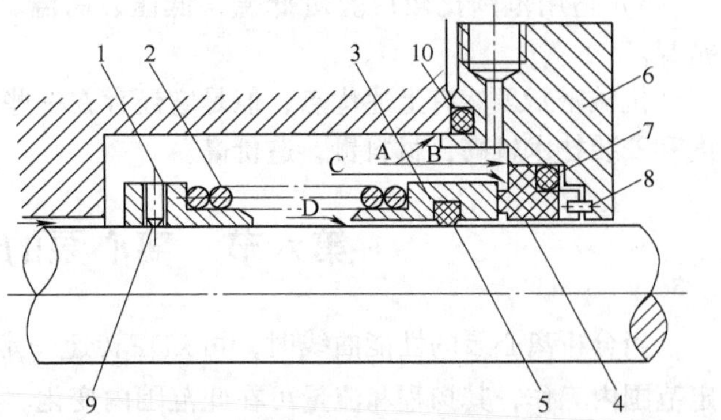

图3-23 机械密封的结构
1—弹簧座 2—弹簧 3—动环 4—静环 5—动环密封圈
6—压盖 7—静环密封圈 8—防转销
9—紧固螺钉 10—压盖密封圈

2）动、静环密封圈。动、静环密封圈是静密封元件。动环密封圈主要是防止动环与轴之间的泄漏；静环密封圈是使静环与泵体密封。这些密封圈用具有弹性好的材料（如橡胶、塑料等）制成，其横截面可做成O形、V形或楔形等不同的形状。它们还对轴的振动起缓冲和吸振的作用。

3）压紧元件。压紧元件包括弹簧、传动座和止推环等。传动座用紧固螺钉固定在轴上支承弹簧，弹簧给止推环一定压力，止推环压紧密封圈并把弹簧力传给动环，并且使动环和静环的摩擦面紧密接触，从而达到密封的目的。

（2）机械密封工作原理 机械密封一般有四个密封点（如图3-23中的A、B、C、D）。

A点为压盖与泵壳端面之间的密封。

B点为静环与压盖之间的密封。这是一种静密封，通常采用各种形状的有弹性的辅助密封圈来防止液体从静环与压盖之间的缝隙泄漏。

C点为相对旋转密封，它是机械密封点。靠弹性元件和液体压力在相对运动的动环和静环的接触面上产生一个适当的压紧力，使这两个光洁、平直的端面紧密贴合；端面间维持着一层极薄的液膜，起平衡压力和润滑端面的作用，由此达到密封的目的。

D点为动环与轴（或轴套）之间的密封，也是一个静密封。

机械密封又称为端面密封，是指由两个光洁的、精密的平面在介质压力和外力（如弹簧力）的作用下，相互紧贴并做相对旋转运动而构成的动密封装置。主要功用是将较易泄漏的轴向密封改变为较难泄漏的静密封和端面密封。

（3）机械密封的优缺点 机械密封与填料密封比较有很多优点：

1）密封可靠，泄漏量少。因此，广泛用于各种腐蚀性、易燃、易爆和有毒介质的密封。

2）寿命长。如果机械密封的类型选择得合适，一般可用2~5年，正常情况下，不需要更换或维修。

3）机械密封仅静环和动环的接触面发生摩擦，因此轴或轴套不受磨损。由于摩擦力小，比填料密封的功率损耗也小。

4）由于静环和动环的接触面在半径方向，因此对轴的径向圆跳动量和轴向间隙要求得不高。

5）适用范围比较广。对低温、低压、高温、高压、高真空均可选用不同结构的机械密封。

机械密封虽然有上述优点，但是它还存在一些缺点。主要是结构比较复杂，要求加工精度和安装技术较高，材料贵，造价高。

第六节　离心泵的运行与调节

当分析离心泵的性能曲线时，可知在转速一定的情况下，离心泵应在 $H-q_V$ 曲线上一定范围内工作，其扬程和流量可在此范围内变化。在运行过程中，离心泵的实际工作状态不仅取决于泵本身的性能曲线，而且与整个装置的管路特性有关。要分析和确定泵的运行工况，首先必须了解管路性能曲线。

一、管路特性曲线和泵的工作点

管路性能曲线是指单位质量流体通过管路所需的扬程 H 与管路所输送流量 q_V 之间的相互关系。用数学表达式表示为

$$H=H_g+\psi q_V^2$$

式中　H_g——管路系统几何扬程（m）；

ψ——管路系统阻力系数（s^2/m^5）。

从上式可看出，当 H_g 为常数时，管路系统扬程与流量 q_V 成二次抛物线的关系，如图3-24所示曲线1。

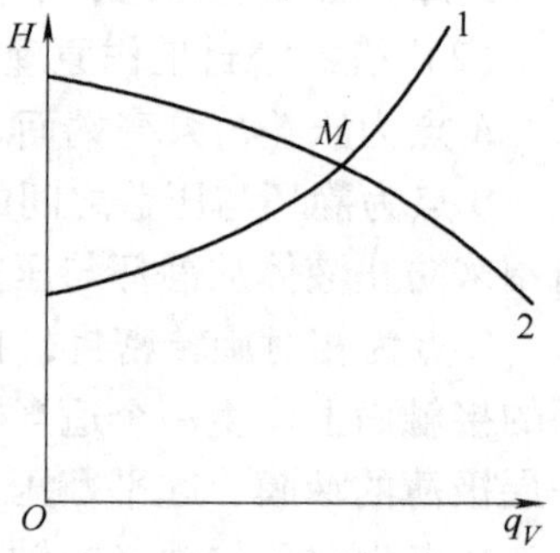

图3-24　泵的工作点

一般将泵的性能曲线2和相应的管路性能曲线以相同的比例绘在同一张图上，如图3-24所示，两条曲线的交点 M 就是泵的工作点。

离心泵在运行时，经过泵的流量应等于经过管路系统的流量（质量守恒）；泵给予流体的能量应等于流体获得的能量（能量守恒）。从图3-24可见，只有两曲线的交点 M 才能同时满足上述两条件，所以 M 点是离心泵的运行工作点。泵运行时应尽可能使工作点位于高效率区，否则不仅运行效率低，还可能引起泵的超载或发生汽蚀等事故。

二、离心泵的调节

离心泵在正常运转情况下不需要调节，但当外界条件发生变化时，如流量、扬程过大，电动机的容量不够，则必须要对泵的运行加以调节，即改变离心泵在管路中的工作点。而改变工作点，可以从改变泵的性能曲线或改变管路特性曲线着手。常用的方法有以下几种：

1. 节流调节

一般在泵的排出管路上都装有截止阀或闸阀等，靠开大或关小阀门进行节流调节，这种调节的实质是改变管路特性曲线。如图 3-25 所示，Ⅰ是泵的 q_V-H 特性曲线，Ⅱ、Ⅲ分别是阀门全开、阀门关小时的管路特性曲线，A、B 两点分别是阀门全开、阀门关小时的工作点。阀门全开时流量为 q_{VA}，扬程为 H_A；阀门关小时流量为 q_{VB}，扬程为 H_B。从图中可看出 $q_{VA}>q_{VB}$，说明阀门开得越大，流量也越大；还可看出，扬程除用于 H_g 外，其余为管路系统的总水头损失 $\sum h$。但由于$H_B > H_A$，所以 B 工作点时的损失 BB'大于 A 工作点时的损失 AA'，多出的部分就是关小阀门时消耗在阀门上的能量，因而节流调节是以增加能量损失的代价来换取调小流量的，经济性较差。但节流调节可以在生产现场及时、方便、灵活地进行流量调节。

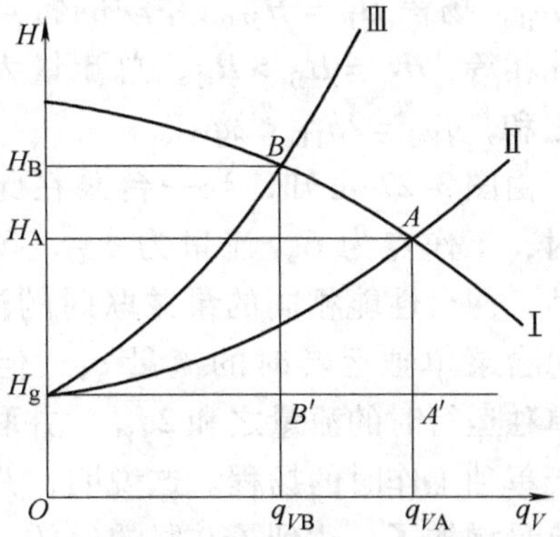

图 3-25　泵的节流调节

2. 变速调节

变速调节是一种靠改变泵转速来改变泵特性曲线位置的方法，由此对流量进行调节。变速调节有无级变速调节和有级变速调节两种，它们都是由原动机的变速来实现的。从图 3-26 中可看出，管路特性曲线不变，转速为 n_A 时，工作点为 A；转速提高到 n_B 时，工作点为 B；转速降至 n_C 时，工作点为 C。显然，转速高低变化，泵特性曲线位置高低也随之变化，相应地流量和扬程也发生高低变化。这种调节方法由于没有能量损失而显得经济性较好。

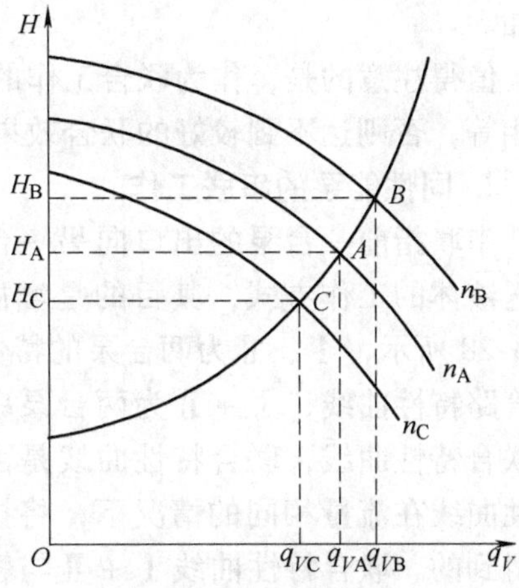

图 3-26　泵的变速调节

另外，车削叶轮外径的方法可以减少泵的流量。叶轮外径车削后，性能曲线下移，与转速降低类似，可得到不同的工况点。减少叶轮级数也能实现泵的调节。多级泵叶轮级数减少，扬程按比例下降，同样可得到不同的运行工况点。

三、离心式水泵的联合工作

前面讨论的是单台泵的调节方法，在实际工作中，有时单台泵无论如何调节都不能满足要求，这时可考虑采用两台或多台泵在一个共同管路中联合工作，以达到增加系统的流量或扬程的目的。联合工作的基本方式有串联和并联两种。

1. 同性能泵的并联工作

当管路系统中要求的流量较大，用一台泵工作流量不够时，可以采用两泵并联，同时向同一管路输送液体的工作方式。并联是为了增加流量。

Ⅰ、Ⅱ为两台泵的特性曲线，Ⅲ为管路特性曲线，如图 3-27 所示。在同一扬程（压头）下，将曲线Ⅰ、Ⅱ的横坐标（流量）相加，即可得到并联运转时的联合特性曲线Ⅰ+Ⅱ。

联合特性曲线Ⅰ+Ⅱ与管路特性曲线Ⅲ的交点为 M，即为并联运转时的工作点。并联后

的总流量为 q_{VM}，扬程为 H_M。过 M 点作流量轴的平行线交单台泵的特性曲线于 B 点，B 点即为并联运转时，单台泵的实际工作点，流量为 q_{VB}，扬程 $H_B = H_M$。并联的特点是：扬程彼此相等，$H_M = H_B > H_C$，总流量为两台泵流量之和，$q_{VM} = 2q_{VB} < 2q_{VC}$。

由图 3-27 可知，当一台泵在此管路上工作时，工作点为 C，流量为 q_{VC}，扬程为 H_C。显然，两台性能相同的泵并联时的流量 q_{VM} 大于每台泵单独运转时的流量 q_V，但小于每台泵单独运行时的流量之和 $2q_{VC}$，并联后的扬程大于单独工作时的扬程。这说明，并联后泵的总流量增加了，达到了并联的目的，而流量的增加导致管路阻力损失增加，因而扬程随着增加。

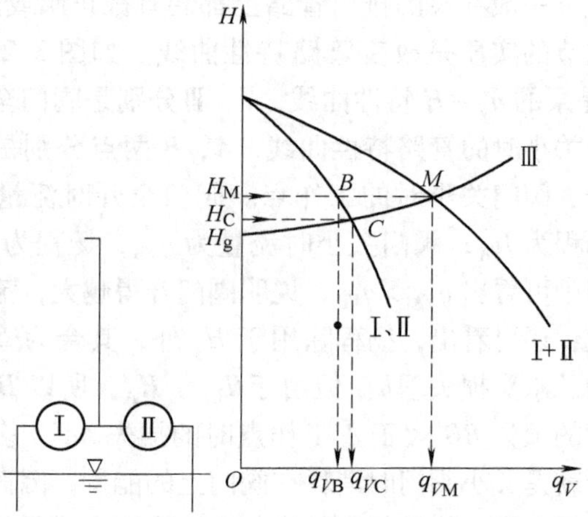

图 3-27　同性能泵并联

值得注意的是，作为联合工作的水泵应该采用型号、性能相同或相似的泵，泵的转速应该相等，否则达不到较好的联合效果。

2. 同性能泵的串联工作

串联指前一台泵的出口向另一台泵的入口输送液体的工作方式，其目的是增加扬程。如图 3-28 所示，Ⅰ、Ⅱ为两台泵的特性曲线，Ⅲ为管路特性曲线，Ⅰ+Ⅱ为两台泵串联运行时的联合特性曲线，联合特性曲线是由单台泵的特性曲线在流量相同的情况下，将扬程相叠加而得到的。联合特性曲线Ⅰ+Ⅱ与管路特性曲线Ⅲ的交点 M，即为串联运行时的工作点，流量为 q_{VM}，扬程为 H_M。过 M 点作纵坐标的平行线（等流量线）与单台泵的特性曲线交于 B 点，B 点为串联后单台泵的实际工作点，流量为 q_{VB}，扬程为 H_B。串联工作的特点是流量相等，总扬程为各台泵扬程之和。

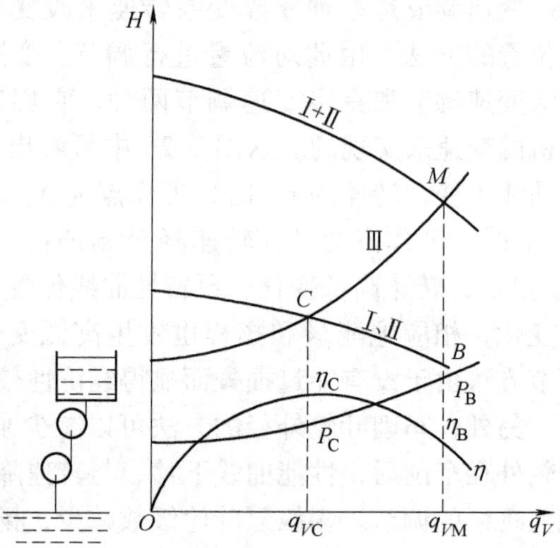

图 3-28　同性能泵串联

$$q_{VM} = q_{VB} > q_{VC}$$
$$H_M = 2H_B < 2H_C$$

q_{VC}、H_C 为单台泵运行工作点的参数。

上式说明，两台泵串联工作时，所产生的总扬程 H_M 小于泵单独工作时的两倍，但大于串联前单独运行的扬程 H_C，而串联后的流量 q_{VM} 比单台泵工作要大。其原因是泵串联运行时扬程的增加大于管路阻力的增加，多余的扬程促使流量有所增加。

两台泵串联运行时，后一台泵所承受的压强较高，因而选择时要注意泵的结构强度。起动第一台泵后再开第一台泵的出口闸阀，然后起动第二台泵，再开动第二台泵的出口闸阀。另外，由于串联时泵受力较单独运转时大，易损坏，因此很少使用。

第七节　离心泵的选用

一、对所选离心泵的要求

在生产实际中，根据工艺要求选择离心泵时，应考虑以下几点：

1）必须满足生产工艺提出的流量、扬程及输送介质性质的要求。

2）离心泵应有良好的吸入性能，轴封严密可靠，润滑冷却良好，零部件有足够的强度，以及便于操作和维修。

3）泵的工作范围广，即工况变化时仍能在高效区工作。

4）泵的尺寸小，重量轻，结构简单，成本低。

5）其他特殊要求，如防爆、耐蚀等。

二、选泵的方法和步骤

1. 列出基础数据零部件有足够的强度

根据工艺条件，详细列出基础数据，包括介质的物理性质（密度、黏度、饱和蒸汽压、腐蚀性等）、操作条件（操作温度、泵进出两侧设备内的压力、处理量等）以及泵所在位置情况，如环境温度、海拔、装置平竖面要求、进排出侧设备内液面至泵中心线距离和管线当量长度等。

2. 估算泵的流量和扬程

当工艺设计中给出正常流量、最大流量和最小流量时，选泵时可直接采用最大流量；若只给出装置的正常流量，则应采用适当的安全系数估算泵的流量。当工艺设计中给出所需扬程值时，可直接采用；若没有给出扬程值而需要估算时，则按照管路情况进行工艺计算，确定流动损失，最后确定泵需提供的扬程。

3. 选择泵的类型及型号

根据被输送介质的性质而确定应选择哪类泵，例如，在输送腐蚀性较强的介质时，则应从耐腐蚀泵的系列产品中选取；在输送石油产品时，则应选取各种油泵。

在选择形式时，应当与台数同时考虑。在正常操作时，一般只用一台泵。在某些特殊情况下，也可采用两台泵同时操作。但在任何情况下，装置内的物料输送不宜采用三台泵以上。台数过多时，不仅管线复杂，使用不便，成本费也高。在选用多台离心泵联合工作时，应尽可能采用型号相同的泵，以便于操作和维修。

当泵已选定形式后，将流量 q_V 值和扬程 H 值标绘到该形式的系列性能曲线型图谱上，看其交点落在哪个切割区四边形中，即可选择该四边形上所注明的型号。如果交点不是恰好落在四边形的上底边上，则选用该泵后，可以应用改变叶轮直径或工作转速的方法，改变泵的性能曲线，使其通过交点。这时，应从泵样本或系列性能规格表中查出该泵的原输水特性，再利用比例定律或切割定律的公式进行换算。假如交点并不落在任一个工作区四边形中，而是落在某一四边形附近，这说明没有一台泵能满足工艺参数的要求，并使其处在效率较高的工作范围内工作。在这种情况下，可适当改变泵的台数或工作条件（如用排出阀调节等）来满足要求。

上述选泵方法只是从操作、经济性角度来考虑的。此外，选泵时有时尚需考虑生产过程的特点。例如，用于将石油送到管式加热炉中的泵，若工作中流量变少，则炉管中易产生结焦现象。为避免这种情况，希望在流量略有减少时管中液流压力（或泵的扬程）会有较大的增加。因此这时宜选用 $H-q_V$ 曲线较陡的泵。又如需将液体输送到必须维持一定液面的容器中，则要求当泵的扬程稍有变化时，对应的流量有较大的变化，因此应选用 $H-q_V$ 曲线平坦的泵。此外，对于工作中输液高度或管路压头会变化的管路（如向蓄水塔供水的情况），为了避免可能出现的不稳定工况，故所选泵的 $H-q_V$ 曲线不应是呈驼峰状的。

4. 核算泵的性能

在实际生产过程中，为了保证泵正常运转，防止发生汽蚀，要根据流程图的布置，计算出最困难条件下泵入口的实际吸入真空度 H_s 或装置的有效汽蚀余量 ∇h_a，与泵的允许值相比较，或根据泵的允许吸入真空度［H_s］或泵的允许汽蚀余量［∇h_a］，计算出泵允许的几何安装高度，与工艺流程图中拟确定的安装高度相比较。若不能满足时，就必须另选其他泵，或变更泵的位置，或采取其他措施。

5. 计算泵的轴功率和驱动机功率

根据泵所输送介质的工作点参数（q_V、H、η）按式（3-3）可求出泵的轴功率 P_a，并求出驱动机功率 P，从而选配合适的驱动机。

下面以离心水泵为例介绍一种选用方法，用“水泵性能表”选用水泵。

利用产品样本中的“水泵性能表”来选择水泵。这种方法适用于水泵结构形式已定的情况下单台泵的选择，其步骤是：

1）确定计算流量和计算扬程，并换算为标准状态下的数值。选用泵之前，应根据需要和管路特性给出最大流量和最大扬程。另外，还要了解被输送的液体温度、密度以及工作地点的大气压力数值。再把这些参数换算为标准状况下的流量和扬程，考虑到运行时的情况变化，计算流量 q_V 和计算扬程 H 应比所需的流量 $q_{V\max}$ 和 $H_{\max}$ 大，一般按下式求计算流量（单位为 m^3/s 或 m^3/h）和计算扬程（单位为 m）。

$$q_V=(1.05\sim1.10)\ q_{V\max}$$
$$H=(1.10\sim1.15)\ H_{\max}$$

2）按 q_V、H 计算比转数 n_s，以确定泵的类型。

3）在确定的泵系列的“水泵性能表”选出泵的型号。

泵性能表一般列出三组流量、扬程数值。中间一组的流量、扬程数值处于最高效率点，左右两旁的流量、扬程数值为最高效率区两端工作点的数值。查找时如果计算流量、计算扬程与某型号泵最高效率点的流量、扬程数值一致，那么就应选用这个型号。如不一致，能在高效率区内工作的泵也可以选用。

第八节　离心泵的安装与操作

离心泵出厂时，说明书对泵的安装与使用均做了详细说明，在安装使用前必须认真阅读。下面仅对离心泵的安装使用要点做简要说明。

一、离心泵的安装要点

1）应尽量将泵安装在靠近介质源，干燥明亮的场所，以便于检修。

2）应有坚实的基础，以避免振动。通常用混凝土地基，地脚用螺栓连接。

3）泵轴与电动机转轴应严格保持水平，以确保运转正常，提高寿命。

4）安装高度要严格控制，以免发生汽蚀现象。

5）在吸入管径大于泵的吸入口径时，管径连接处要避免存气，以免发生气缚现象。

二、离心泵的操作

1）起动以前，应先检查泵和电动机转动部件是否转动灵活，有无碰擦或卡死现象，并关闭真空计、压力计阀门，压出管阀门在起动前必须关闭，以使电动机在最小负荷下起动，从而减小电动机起动电流。

2）起动以前，将液体灌满泵和吸入管，直至放气孔中有均匀而无气泡的液体排出为止。

3）泵轴穿出泵体的密封如采用水封装置，在起动以前，应打开引水至填料函管道上的阀门。如采用水冷却轴承，应向轴承夹套引水。

4）起动以后，如有振动或异常声响，应立即停车进行检查。如运转平稳，压力计、真空计读数也都正常，可慢慢打开压出管阀门，为避免液体发热，压出管阀门全关时，运转时间应不超过2～3min。

5）在运转过程中，应注意轴承润滑情况和轴承温度，不使其温度超过室温40～50℃以上，并应及时压紧填料函，使液体以液滴状态不断渗出，以保持水封和防止填料磨损泵轴和轴套。

6）关闭以前，先关闭压出管阀门，使泵进入空转状态，并关闭真空计、压力计阀门，然后再使泵停车，关闭填料引水管。在冰冻季节，应放空泵和管路中的液体，以免冻裂设备和管路。

第九节 离心泵的常见故障及排除方法

离心泵的结构并不复杂，在电动机和管道配套合适、安装正确并按规程操作和维护保养的情况下，一般不容易发生故障，但由于选型和安装不正确，机组制造质量不好，维护管理不恰当，或长期使用后泵零件磨损和损坏，经常会引起故障，故障发生后应及时排除，以免造成事故。

表3-3给出了离心泵常见的故障及其排除方法。

表3-3 离心泵常见的故障及其排除方法

故障现象	可能原因	排除方法
泵不输出液体	1. 吸入管路或填料处漏气	1. 堵塞漏气部位
	2. 泵的转向不对或转速太低	2. 改变转向或提高电压
	3. 吸入管路堵塞	3. 清除堵塞物
	4. 叶轮损坏	4. 更换叶轮
	5. 吸入池水面产生旋涡将空气带入泵内	5. 加大吸入管的淹没深度
	6. 流道底阀不能开启或开启过小	6. 检查并修理底阀

（续）

故障现象	可能原因	排除方法
泵不输出液体	7. 多级泵的平衡盘、平衡环磨损过多	7. 修理或更换平衡盘和平衡环
	8. 水泵内没有灌满水或气没抽尽	8. 继续灌水或抽气
泵不起动或起动后功率过大	1. 泵轴弯曲，轴承磨损过大或损坏	1. 校直泵轴，更换轴承
	2. 填料压盖太紧	2. 松填料压盖螺钉
	3. 驱动装置传动带过紧	3. 调整传动带
	4. 泵流量偏大，转速偏高	4. 调节泵的运行工况，调节转速
	5. 输送流体的密度大于设计流体的密度	5. 更换电动机
	6. 电动机轴与泵轴不对中或不平行	6. 调节电动机轴和泵轴
	7. 两联轴器间间隙太小，运转时两轴相顶	7. 调整两联轴器间间隙
	8. 平衡孔堵死，多级泵中回水管堵死	8. 清除杂物疏通回水管
	9. 平衡盘、平衡环磨损过大	9. 修理或更换平衡盘和平衡环
	10. 电压太低	10. 提高电压
泵发生振动及噪声	1. 泵安装位置过高或吸入阻力大，使泵产生汽蚀	1. 降低水泵的安装高度，减少吸水损失
	2. 轴承损坏或磨损过大	2. 更换轴承
	3. 泵轴弯曲，两联轴器不同心	3. 校直或换轴，找正联轴器
	4. 地脚螺栓没有拧紧，地脚没有填实	4. 地脚找平填实，拧紧地脚螺栓
	5. 基础不良	5. 加固基础
	6. 泵内旋转部件和静止部件有严重磨损	6. 检查原因并消除
	7. 吸入管进气	7. 消除进气
	8. 叶轮不平衡	8. 调整叶轮
轴承发热或填料函发热	1. 轴承损坏	1. 更换轴承
	2. 轴承缺油或干油太多	2. 按规定加油或取出多余干油
	3. 油质不良或不干净	3. 更换合格的润滑油
	4. 泵轴弯曲或联轴器不同心	4. 校直或更换轴，找正联轴器
	5. 滑动轴承油环不起作用	5. 放正油环位置或更换轴承
	6. 叶轮平衡孔堵塞，轴向力不能消除	6. 清除杂物，消除轴向力
	7. 轴承安装不当	7. 正确安装
	8. 填料选用或安装不当	8. 按规定选用及安装
填料处泄漏严重	1. 填料磨损严重	1. 更换新填料
	2. 轴套磨损严重	2. 更换轴套
	3. 填料处滴水过少或没有	3. 疏通水封管
流量、扬程不够	1. 泵内或吸入管内留有空气	1. 重新灌泵或抽真空，驱除空气
	2. 吸上高度过高或阻力过大	2. 降低安装标高，减少吸入管子阻力
	3. 灌注高度不够或吸入压力小，接近汽化压力	3. 增加灌泵高度，提高进口压力
	4. 管路或仪表漏气	4. 检查并拧紧
	5. 转速过低	5. 检查电动机转速或电源频率

（续）

故障现象	可 能 原 因	排 除 方 法
流量、扬程不够	6. 转向不对	6. 检查调整电动机接线，使转向符合标牌指向
	7. 装置扬程与泵的扬程不符	7. 调整装置的阻力或装置扬程要求重选泵
	8. 密封环磨损过多	8. 更换
	9. 底阀未开或泵内管路有杂物堵塞	9. 检查并清理
泵不吸水	1. 泵内或吸入管内留有空气	1. 重新灌泵或抽真空，驱除空气
	2. 吸上高度过高或阻力过大	2. 降低安装标高，减少吸入管子阻力
	3. 灌注高度不够或吸入压力小，接近汽化压力	3. 增加灌泵高度，提高进口压力
	4. 管路或仪表漏气	4. 检查并拧紧
	5. 底阀未开或泵内管路有杂物堵塞	5. 检查并清理

第十节　其他类型的泵

一、潜水电泵

1. 潜水电泵的分类

潜水电泵是将电动机与水泵作为一体，工作时潜入水下完成抽水作业的一种特殊结构形式的水泵，它具有安装简单、不需要建泵房、噪声小、使用维护方便等优点，在生产中得到广泛应用。

潜水电泵由水泵、电动机和扬水管等组成。

由于电动机在水中工作，所以要采取特殊的措施对电动机绕组进行绝缘。潜水电泵按电动机防水结构特点可分为干式、充油式和湿式三种，湿式电动机用得较多；按用途不同分为作业面潜水电泵和井用潜水电泵；按水泵部分的性能和结构不同分为离心式潜水电泵、混流式潜水电泵和轴流式潜水电泵。

2. 常用小型潜水电泵的结构

小型潜水电泵属作业面潜水电泵，多用于坑塘及集水池的排水或从江河、湖泊及开阔水面的取水。因此在建筑、环保、矿山排水等场合广泛使用，如集水池中水质较好，含泥沙或固体杂质较少，则采用一般潜水型潜水电泵，其效率较高。如用在水质为污水或含固体杂质较多的场合，则采用叶轮为开式或半开式的杂质型潜水电泵。

常用的小型潜水电泵既可以配单相电动机，也可以配三相电动机。单相电动机的潜水电泵一般只有干式和湿式两种，且多采用下泵式；三相电动机的潜水电泵则有干式、湿式和充油式三种。水泵的位置有上泵式，也有下泵式。

干式潜水电泵的结构特点是在泵电动机内充入压缩空气或在电动机的轴伸端用机械密封或油密封等方法，阻止水或潮湿气体进入电动机内腔，确保电动机长期潜入水中的定子绕组可靠地绝缘，以保证电动机安全可靠地运行。

图 3-29 所示为干式潜水电泵，干式潜水电泵结构简单，由于转子在空气中转动，摩擦

损失小，电动机效率高。

充油式潜水电泵是将绝缘油（变压器油或定子油）充满在电动机内，防止水或潮湿气体进入电动机绕组，油既可绝缘，又可起到冷却和润滑的作用，电动机内的绝缘油既可是有压力的，也可是无压力的。为防止油泄漏和水浸入，轴端采用严格的密封措施。由于电动机内充满了绝缘油，油黏性大，转子旋转时的机械摩擦损耗增加，因此充油式潜水电泵效率比干式潜水电泵效率要低 3% ~5%，图 3-30 所示为充油式潜水电泵的结构图。

湿式潜水电泵（又称充水式潜水电泵），是在电动机定子内腔充入一般的纯净水或蒸馏水，转子在清水中转动。如图 3-31 所示，定子绕组采用高强度耐水绝缘导线或采用合成树脂浇注，将定子包裹封闭起来。由于它不像干式或充油式要求严密防水，所以结构大为简化，密封只是为防止泥沙的进入。湿式电动机转子要长期浸泡在水中工作，表面需进行防腐处理，通常是涂 2 ~3 层耐水漆。

另外，还有一种介于干式与湿式之间的半干式潜水电泵，它的结构特点是用很薄的非磁性不锈钢或无磁性耐蚀金属做成圆筒，将电动机定子密封，而转子在水中转动，这种潜水泵可做成全贯流式潜水电泵。

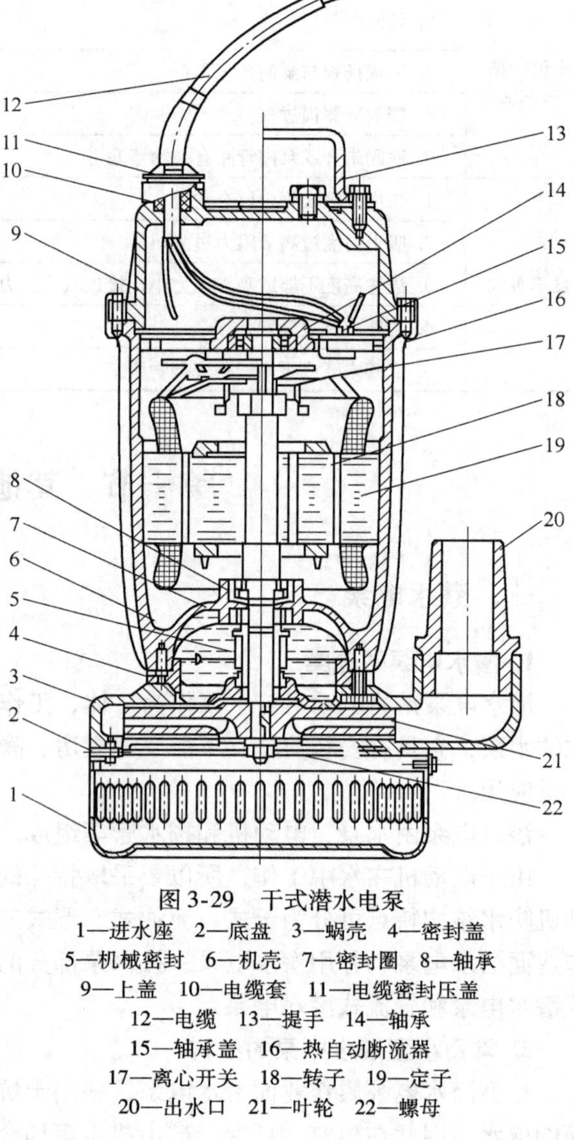

图 3-29　干式潜水电泵

1—进水座　2—底盘　3—蜗壳　4—密封盖　5—机械密封　6—机壳　7—密封圈　8—轴承　9—上盖　10—电缆套　11—电缆密封压盖　12—电缆　13—提手　14—轴承　15—轴承盖　16—热自动断流器　17—离心开关　18—转子　19—定子　20—出水口　21—叶轮　22—螺母

二、轴流泵

轴流泵是叶片泵的一种，它的叶轮进水和出水都是沿着轴向流动的，所以称为轴流泵。它是靠类似电风扇叶片的螺旋形叶片的旋转对液体产生轴向推压作用来进行工作的。轴流泵的特点是流量大、扬程低、效率高，泵体外形尺寸小，结构简单，占地少，且无须灌泵。

1. 轴流泵的工作原理

一般轴流泵为立式安装，当浸没在水中的叶轮旋转时，由于叶片与泵轴轴线成一定的螺旋角，推动它上面的水，边旋转边向上抬升，叶片下部因水的抬升而形成局部真空，池中的水在大气压力的作用下从进口的喇叭管被吸入泵中，如图 3-32 所示。这样，叶轮不断旋转，轴流泵就不断地吸入和排出液体。

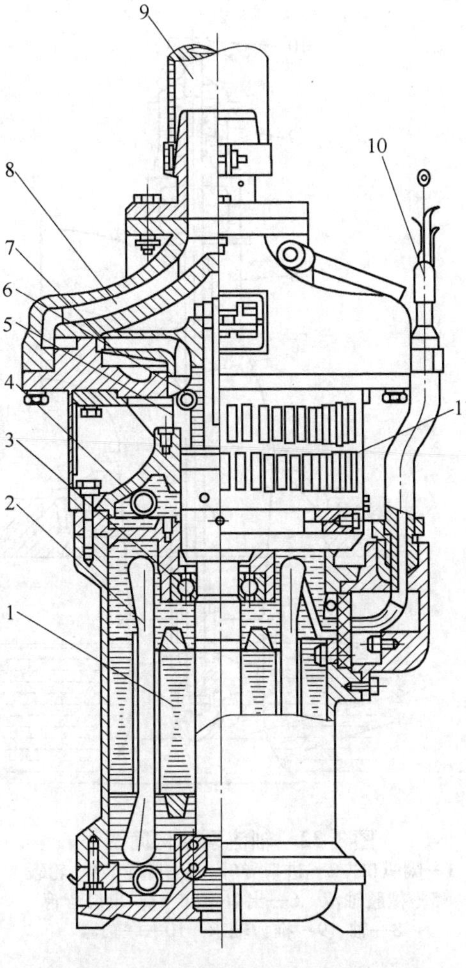

图 3-30　充油式潜水电泵的结构图
1—电动机转子　2—定子及绕组　3—轴承
4—呼吸器　5—密封　6—口环　7—叶轮
8—出口导叶　9—出水管
10—电缆　11—吸水滤网

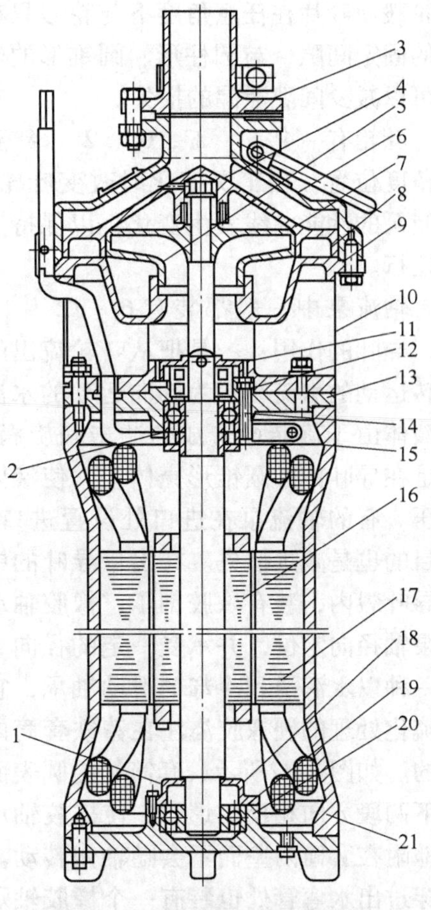

图 3-31　湿式潜水电泵的结构
1、2—轴承压盖　3—管接头　4—螺母及垫圈
5—键　6—泵壳　7—叶轮　8—导叶
9—进水节　10—滤水网　11—甩沙环
12、15、18—油封　13—上端盖
14—向心滚珠轴承　16—转子
17—定子　19—向心推力滚珠轴承
20—底座　21—机壳

2. 轴流泵的种类和结构

轴流泵根据泵轴安装位置分为立式、斜式和卧式三种，它们之间仅外形有些不同，内部结构基本相同，我国生产较多的是立式轴流泵。

图 3-32 所示的立式轴流泵主要由泵体、叶轮、导叶装置和进出口管等组成。

叶轮一般由 3 ~ 6 片断面为机翼型并带有扭曲的叶片和轮毂组成。叶片与泵轴轴线的螺旋角可以是固定的，也可以做成半调节式或全调节式的。半调节式泵在改变螺旋角时需停机，把叶片松开，用手工调整角度。全调节式泵是在不停机情况下通过一套专门的机械或随动机构来改变叶片的角度，大型轴流泵的叶片多为全调节式的。轮毂用来安装叶片和叶片调节机构，有圆柱形、圆锥形和球形三种，球形轮毂使叶片在任意角度下与轮毂只有一较小的固定间隙，与圆柱形、圆锥形的轮毂相比可以减少间隙泄漏的损失。

叶轮有 -4°、-2°、0°、2°、4°五个安装角度位置。当工况变化时改变叶轮角度，可使泵的性能曲线发生变化，以保持高效率的运行。

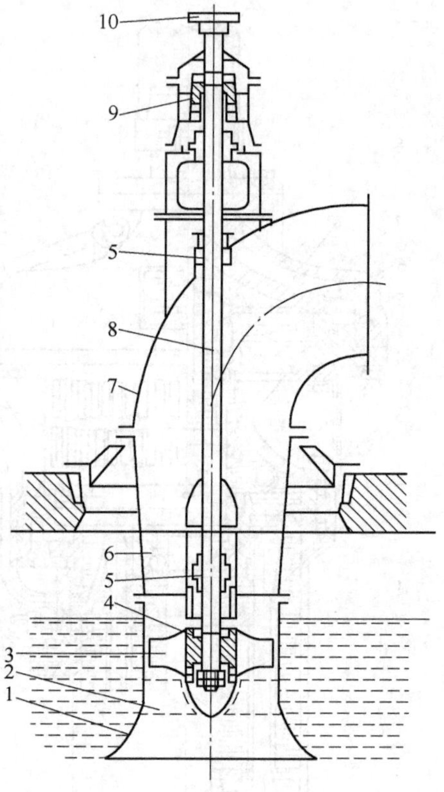

图3-32　轴流泵结构简图

1—喇叭口　2—进口导叶　3—叶轮　4—轮毂
5—橡胶轴承　6—出口导叶　7—出口弯管
8—轴　9—推力轴承　10—联轴器

轴流泵中一般都装有6~12片出口导叶，导叶的作用：一是把从叶轮流出的带有旋转运动的水流转变为轴向运动的水流，避免液体由于旋转而造成的冲击和旋涡损失；二是在导叶体的圆锥形壳体中，使液体降速增压。有的轴流泵在进口处设置进口导叶，其目的也是减少损失。在出口导叶的中心处即导叶毂内，装有橡胶轴承，橡胶轴承用来对泵轴径向定位，并承受一定的径向力。这是一种以水润滑和冷却的滑动轴承，它是经过硫化处理的硬橡胶浇注在铸铁套筒内而成型的。如图3-32所示，套筒的内圆表面车有上下两段方向相反的螺纹，使橡胶轴承能牢固地附在套筒内壁而不会随轴做转动。在泵轴穿过出水弯管处也装有一个橡胶轴承，泵起动前必须从注水管先向这个轴承注水润滑，泵起动后由于有了泵内输送的水润滑冷却而应停止注水。

三、深井泵

井泵用于抽吸井内的水，井泵的叶轮都置于水位以下，而动力机都放置在井口上，井泵分为浅井泵和深井泵，浅井泵扬程一般小于50m，常为单级离心泵，并用于大口井和土井。深井泵的扬程在50m以上，且多用于机井，机井的口径较小，使泵叶轮直径受到限制，为使泵有足够的扬程，深井泵只能做成单吸分段式多级泵。

深井泵主要用于从机井孔中抽取地下水，与井用潜水泵作用相似，它本质上是多级单吸离心泵，一般有2~25级。由于机井直径较小，因此，深井泵离心叶轮也做得较小。图3-33所示为深井泵结构，主要由井口上部的机座与井口下部的长轴和水泵组件等组成。

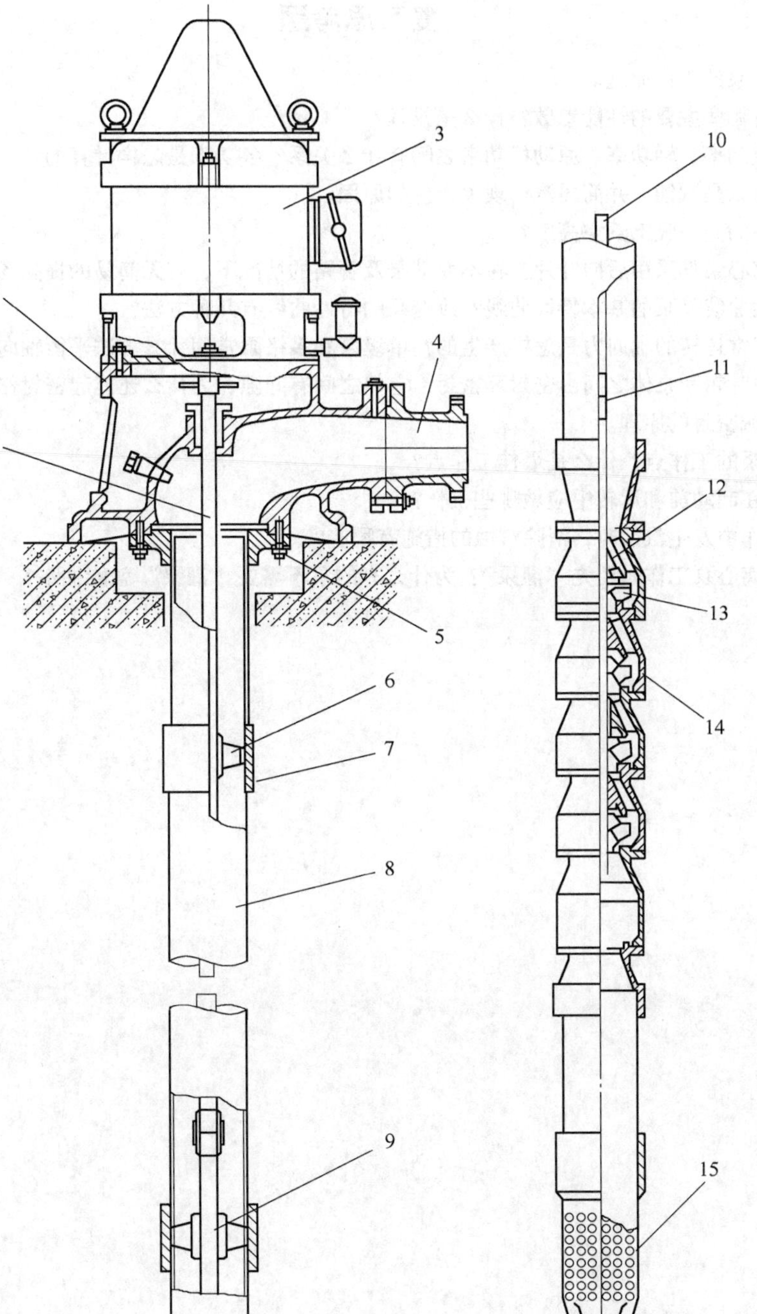

图 3-33　深井泵结构

1、10—泵轴　2—泵座　3—电动机　4—泵出水口　5—连接法兰盘　6—轴承座　7—管接头　8—管道　9、12—水润滑轴承　11—泵轴联轴器　13—离心叶片　14—泵壳体　15—带过滤孔的吸水口

复习思考题

1. 说明离心泵的工作原理。
2. 离心泵有哪些主要的性能参数？什么是扬程？
3. 泵的有效功率、轴功率、原动机功率之间有什么关系？各功率是怎样计算的？
4. 请说明什么是汽蚀。并简述汽蚀现象产生的原因。
5. 什么是泵的允许吸上真空高度？
6. 为什么离心泵都采用后向叶片？在不变动泵及管路的情况下，有无简易的提高扬程的方法？
7. 哪些特性曲线是泵的基本特性曲线？改变泵的特性曲线有几种方法？
8. 离心泵正常运转的轴向力是怎样产生的？单级泵和多级泵常用什么方法平衡轴向力？说明其原理。
9. 离心泵中叶轮和泵体之间由密封环密封，它们之间有间隙，为什么还能起密封作用？
10. 试述机械密封的原理。
11. 什么是泵的工作点？什么是最佳工作点？
12. 离心泵在起动前和运转中应做哪些工作？
13. 泵在工作中发生汽蚀时，消除汽蚀的措施有哪些？
14. 为什么离心泵工作时要先“灌泵”？为什么有的泵不需要“灌泵”就能抽水？

第四章

风　机

风机是输送气体的流体机械，它在国民经济各部门中的应用十分广泛。

从能量转换的观点来看，风机是把原动机的机械能变成气体的动能和压力能的一种机械。风机的分类方法多种多样，按作用原理一般可分为离心式、轴流式、往复式和回转式等。目前，我国用得最多的离心通风机具有效率高、流量大、输出流量均匀、结构简单、操作方便和噪声小等优点。

本章主要介绍离心通风机，它的应用很广泛，如通风冷却、消烟除尘、锅炉鼓风引风和气流输送等。

通常，对风机在习惯上有如下几种分类方法：

1. 按工作原理分类

（1）叶片式　它是利用叶轮的旋转将机械能转变为气体的能量。这种风机，气流是沿着轴向进入叶轮的，而气流的流出方向则有不同。按介质在风机内部的流动方向不同，叶片式风机又分为：

1）离心式。常常用在压力较高的条件下输送气体。离心式风机的特征是介质沿轴向进入风机，而在叶轮内沿径向流动。

2）轴流式。常常用在压力较低的条件下输送比较大量的气体。轴流式风机的特征是介质沿轴向进入，在叶轮内沿轴向流动。

3）混流式。混流式风机的特征是介质在风机内沿斜向流动。

三种风机的示意图如图 4-1 所示。

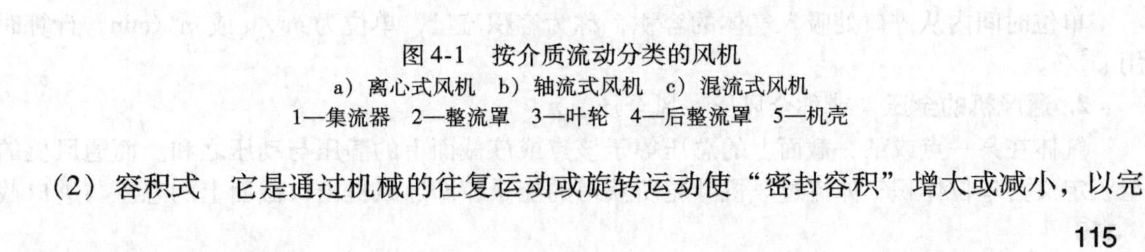

图 4-1　按介质流动分类的风机

a）离心式风机　b）轴流式风机　c）混流式风机

1—集流器　2—整流罩　3—叶轮　4—后整流罩　5—机壳

（2）容积式　它是通过机械的往复运动或旋转运动使“密封容积”增大或减小，以完成吸气和压缩气体的任务，容积式风机可分为往复式和回转式（如罗茨式、叶片式等）两种。

2. 按风机出口压力的大小分类

（1）通风机　排气压力小于或等于15kPa，通风机一般为离心式。

（2）鼓风机　排气压力为15～340kPa。

（3）压气机　排气压力在290kPa以上。

（4）真空泵　进气压力低于大气压力。排气压力一般为大气压力。真空泵都采用容积式。

3. 按输送气体性质分类

按输送气体性质不同，风机可分为一般通风机、排尘用通风机、锅炉引风机、特殊用途的风机（如耐蚀、防爆和各种专用风机）等。

4. 按材质分类

按材质不同，风机可分为普通钢风机、不锈钢风机、塑料风机和玻璃钢风机等。

第一节　离心通风机的工作原理和主要性能参数

一、离心通风机的工作原理

离心通风机（图4-2）工作时，电动机带动叶轮旋转，使叶轮叶片间的气体在离心力的作用下由叶轮中心向四周运动，气体获得一定的压力能和动能。当气体流经蜗壳时，由于截面逐渐增大，流速减慢，部分动能转化为压力能，气体从出风口进入管道。在叶轮中心处，由于气体被甩出，形成一定的真空度（呈现负压），吸入口空气被吸入风机（实质是被大气压力压入风机）。这样，随着电动机的旋转，空气源源不断地被吸入风机，而后从排出口排出，完成了送风的任务。

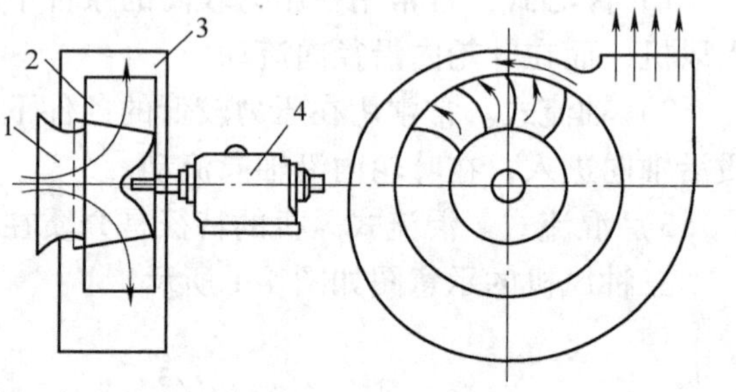

图4-2　离心通风机的工作原理
1—集流器　2—叶轮　3—机壳　4—电动机

二、通风机的主要性能参数

通风机性能是指通风机在标准进气状态下的性能。标准进气状态即通风机进口处空气压力为一个标准大气压（101 325Pa），温度为20℃，相对湿度为50%的气体状态。

1. 流量（或称风量）q_V

单位时间内从进口处吸入气体的容积，称为容积流量，单位为m^3/h或m^3/min，计算时用m^3/s。

2. 通风机的全压（或称全风压、风全压）p

气体在某一点或某一截面上的总压等于该点或该截面上的静压与动压之和。而通风机的全压定义为单位体积气体流过风机叶轮所获得的能量，即通风机出口截面上的总压与进口截

面上的总压之差，即

$$p = p_2 - p_1 = (p_{j2} + p_{d2}) - (p_{j1} + p_{d1}) \tag{4-1}$$

式中　p——通风机的全压（Pa）；

p_2、p_{j2}、p_{d2}——通风机出口截面上的总压、静压和动压（Pa）；

p_1、p_{j1}、p_{d1}——通风机进口截面上的总压、静压和动压（Pa）。

3. 通风机的动压 p_d

通风机出口截面上气体动能所表征的压力，称为通风机的动压。

$$p_d = p_{d2} = \rho_2 \frac{c_2^2}{2} \tag{4-2}$$

式中　p_d——通风机的动压（Pa）；

p_{d2}——通风机出口截面上的动压（Pa）；

ρ_2、c_2——通风机出口截面上的气体密度（kg/m^3）、气流速度（m/s）。

4. 通风机的静压 p_j

通风机的全压减去通风机的动压称为通风机的静压。

$$p_j = p - p_d = [(p_{j2} + p_{d2}) - (p_{j1} + p_{d1})] - p_{d2} = (p_{j2} - p_{j1}) - \rho_1 \frac{c_1^2}{2} \tag{4-3}$$

式中　ρ_1、c_1——通风机进口截面上的气体密度（kg/m^3）、气流速度（m/s）。

从式（4-3）看出，通风机的静压既不是通风机出口的静压，也不等于通风机出口截面与进口截面上的静压差。

5. 通风机的转速 n

通风机转速指每分钟叶轮的旋转圈数，单位为 r/min。

6. 通风机的功率

（1）通风机的有效功率　通风机在输送气体时，单位时间从风机所获得的有效能量，称为通风机的有效功率。

当通风机的压力用全压表示时，通风机的全压有效功率 P_e（单位为 kW）为

$$P_e = \frac{p q_V}{1000} \tag{4-4}$$

式中　p——全压（Pa）；

q_V——流量（m^3/s）。

当风机的压力用静压表示时，通风机的静压有效功率 P_{ej}（单位为 kW）为

$$P_{ej} = \frac{p_j q_V}{1000} \tag{4-5}$$

式中　p_j——通风机静压（Pa）。

在一般风机中，静压占全压的 80% ~ 90%。在高压风机中，静压在全压占比例更大。所以使用风机时，主要是利用它产生的静压 p_j，因而静压有效功率也能说明通风机的性能。

（2）通风机的内功率 P_{in}　它等于全压有效功率 P_e 加上通风机的内部流动损失功率 ΔP_{in}（单位为 kW）。

$$P_{in} = P_e + \Delta P_{in} \tag{4-6}$$

（3）通风机的轴功率 P_{zh}　它等于通风机的内功率 P_{in} 加上轴承和传动装置的机械损失

功率 ΔP_m（单位为 kW）。

$$P_{zh} = P_{in} + \Delta P_m = P_e + \Delta P_{in} + \Delta P_m \tag{4-7}$$

通风机的轴功率又称通风机的输入功率或所需功率。当通风机为直联传动（不通过传动带或联轴器传动）时，它就是原动机的输出功率。

7. 通风机的效率

（1）通风机的全压内效率 η_{in}、静压内效率 η_{jin}　它们分别指全压有效功率、静压有效功率与内部功率的比值，它们都表征通风机内部流动过程的好坏。

$$\eta_{in} = \frac{P_e}{P_{in}} = \frac{P_e}{P_e + \Delta P_{in}} \tag{4-8}$$

$$\eta_{jin} = \frac{P_{ej}}{P_{in}} \tag{4-9}$$

（2）通风机的全压效率　它指全压有效功率与轴功率的比值

$$\eta = \frac{P_e}{P_{zh}} = \frac{P_e}{P_e + \Delta P_{in} + \Delta P_m} \tag{4-10}$$

因通风机的机械效率为内功率与轴功率之比

$$\eta_m = \frac{P_{in}}{P_{zh}} \tag{4-11}$$

而全压效率又可写为

$$\eta = \frac{P_e}{P_{zh}} = \frac{P_e}{P_{in}} \cdot \frac{P_{in}}{P_{zh}} = \eta_{in}\eta_m \tag{4-12}$$

即全压效率 η 等于内部效率 η_{in} 与机械效率 η_m 的乘积。

8. 通风机配用电动机功率 P 的确定

为安全起见，通风机配用电动机都应有容量储备，在计算式中用一个大于 1 的系数 k 表示，k 称为电动机容量储备系数（功率储备系数），见表 4-1。

$$P \geqslant kP_{zh}$$

表 4-1　功率储备系数

电动机功率/kW	功率储备系数 k			
	离心式			轴流式
	一般用途	灰尘	高温	
<0.5	1.5	1.2	1.3	1.05～1.10
0.5～1.0	1.4			
1.0～2.0	1.3			
2.0～5.0	1.2			
>5	1.15			

第二节　离心通风机的结构和分类

离心通风机与离心泵一样，也是广为使用的一种通用流体机械。它是一种借助叶轮带动气体旋转时产生的离心力把能量传递给气体的机械。下面将对离心通风机的构造、性能和应用等方面进行介绍。

一、离心通风机的基本构造

离心通风机的主要部件与离心泵的类似，主要有叶轮、机壳、机轴、轴承和集流器（吸入口）等，如图4-3所示。下面就通风机本身的特点进行分析。

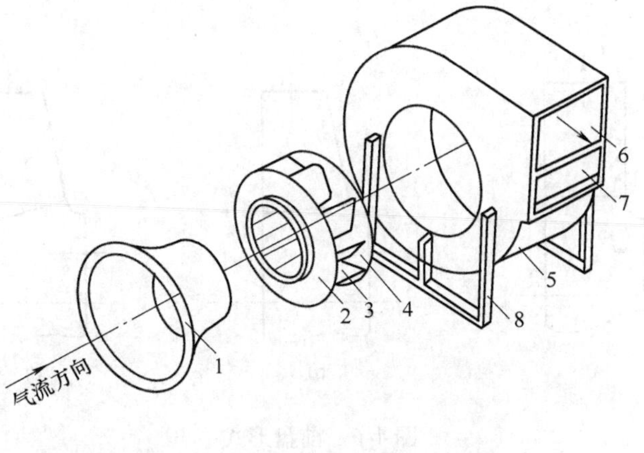

图4-3　离心通风机结构示意图

1—吸入口　2—叶轮前盘　3—叶片　4—后盘　5—机壳
6—出口　7—截流板（风舌或蜗舌）　8—支架

1. 叶轮

叶轮是离心通风机传递能量的主要部件，它由前盘、后盘、叶片及轮毂等组成，如图4-4所示。

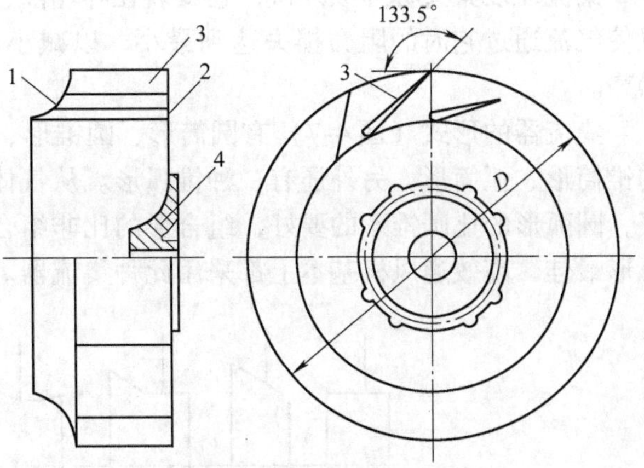

图4-4　离心通风机叶轮

1—前盘　2—后盘　3—叶片　4—轮毂

通风机叶轮的叶片形状有机翼型、直板型及弯板型三种，如图4-5所示。机翼型叶片强度高，可以在比较高的转速下运转，并且通风机的效率较高；缺点是不易制造，若输送的气体中含有固体颗粒，则空心的机翼型叶片一旦被磨穿，在叶片内积灰或积颗粒时失去平衡，容易引起通风机的振动而无法工作。直板型叶片制造方便，但效率低。弯板型（或弧形）叶片如进行空气动力性能优化设计，其效率会接近机翼型叶片。一般前向叶轮用弯板型叶片，后向叶轮用机翼型和直板型叶片。

叶轮前盘的形式有平直前盘、锥形前盘及弧形前盘三种，如图4-6所示。平直前盘制造工艺简单，但气流进口分离损失较大，因而通风机效率低。弧形前盘制造工艺较复杂，但气流进口后分离损失很小，效率较高。锥形前盘介于两者之间。高效离心通风机采用弧形前盘。

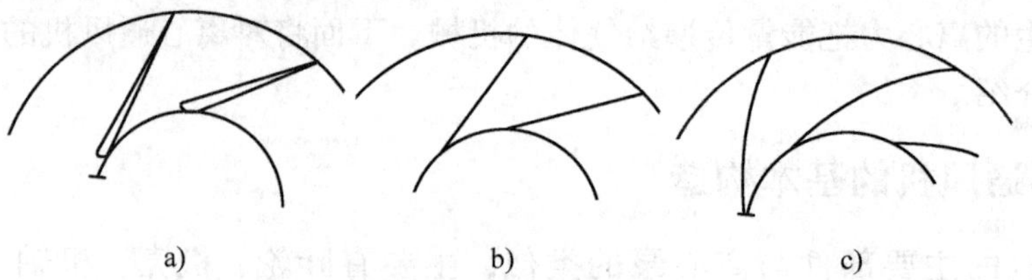

图 4-5　叶片形状
a）机翼型　b）直板型　c）弯板型（弧形）

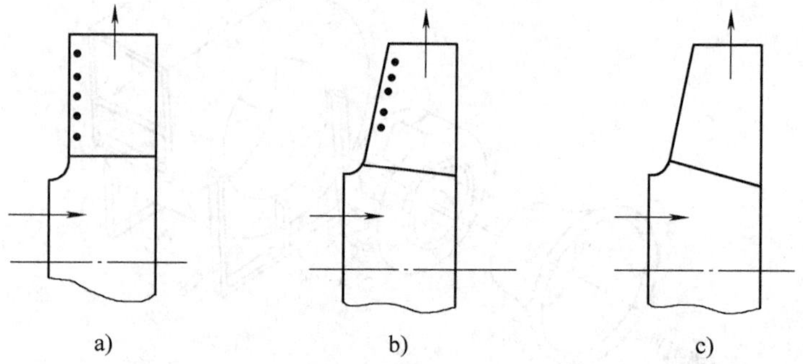

图 4-6　前盘形式
a）平直前盘　b）锥形前盘　c）弧形前盘

2. 集流器

集流器装置又称为吸入口，它安装在叶轮前，使气流能均匀地充满叶轮的入口截面，并且使气流通过它时的阻力损失达到最小，以减小流动损失，提高叶轮效率和降低进口涡流噪声。

集流器的形式（图 4-7）有圆筒形、圆锥形、圆弧形及由圆锥形、圆弧形和圆筒形组合的锥筒形、弧筒形，另外还有一种锥弧形。从气体流动方面看，圆锥形集流器比圆筒形的要好，圆弧形的比圆锥形的要好，组合形的比非组合形的要好，比较这几种集流器的形式，锥弧形最佳，高效通风机基本上都采用此种集流器。

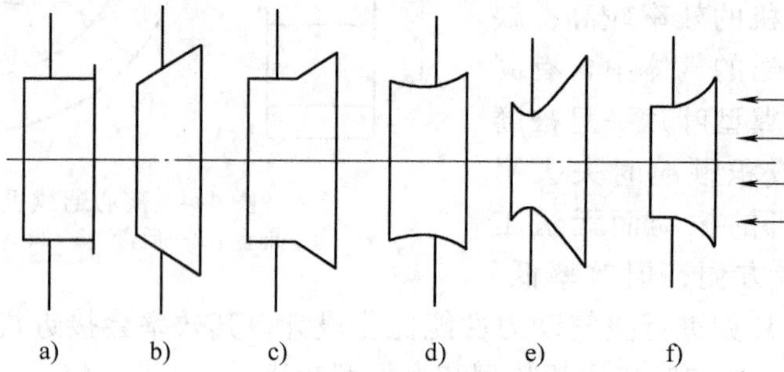

图 4-7　集流器的形式
a）圆筒形　b）圆锥形　c）锥筒形　d）圆弧形　e）锥弧形　f）弧筒形

集流器与叶轮之间的间隙可以是轴向间隙（图 4-8a）和径向间隙（图 4-8b）。采用径向间隙时气体的泄漏不会破坏主气流的流动状况，所以采用径向间隙较好。试验表明，当间隙与叶轮外径之比在 0.05/100 ~0.5/100 范围内，且间隙分布均匀时，可提高通风机效率 3% ~4%，并使噪声降低。

3. 机壳

离心通风机的机壳与泵壳相似，呈螺旋线形（即蜗形），有时称为蜗壳。其任务是汇集叶轮中甩出的气流，并将气流的部分动压转换为静压，最后将气体导向出口。蜗壳的断面有方形和圆形两种，一般中、低压通风机用方形，高压通风机用圆形。

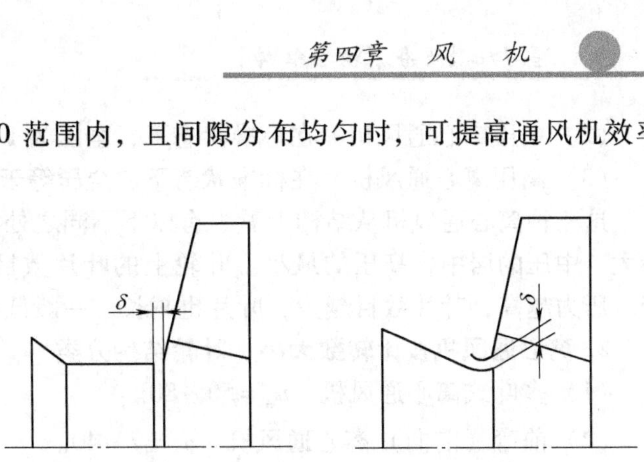

图 4-8　集流器与叶轮之间的间隙形式

蜗壳出口处气流速度一般仍然很大，为了有效利用这部分能量，可在蜗壳出口装设扩压器。因为气流从蜗壳流出时向叶轮旋转方向偏斜，所以扩压器一般做成向叶轮一边扩大，其扩散角 θ 通常为 6° ~8°，如图 4-9 所示。

离心通风机蜗壳出口附近有“舌状”结构，一般称作蜗舌。它可以防止气体在机壳内循环流动。一般有蜗舌的通风机的效率、压力均高于无蜗舌的离心通风机。蜗舌可分为尖舌、深舌、短舌及平舌，如图 4-10 所示。具有尖舌的通风机虽然最高效率较高，但效率曲线较陡，且噪声大。深舌大多用于低比转数的通风机，短舌多用于高比转数的通风机。具有平舌的通风机虽然效率较尖舌的低，但效率曲线较平坦，且噪声小。

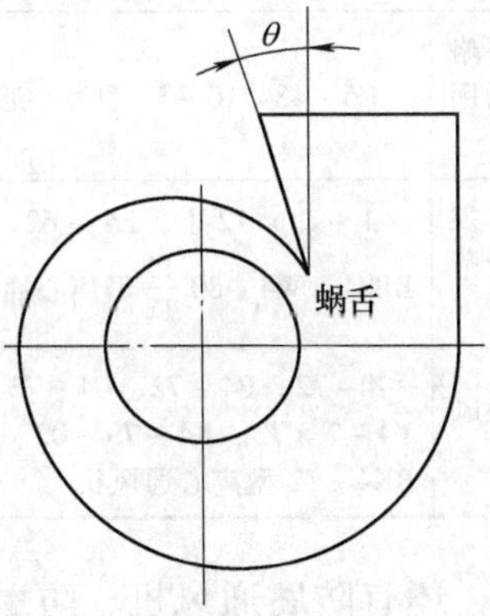

图 4-9　蜗壳

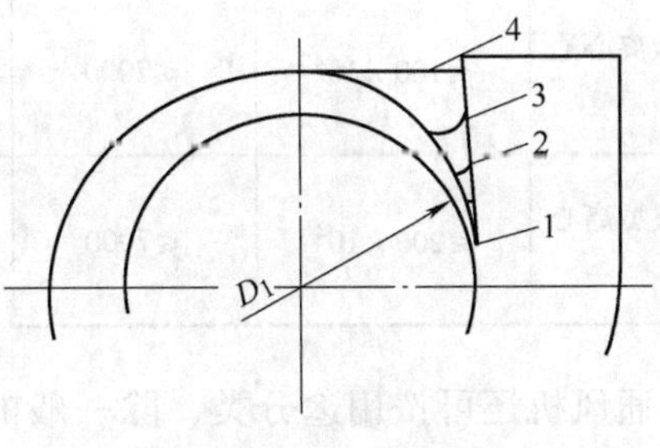

图 4-10　蜗舌

1—尖舌　2—深舌　3—短舌　4—平舌

此外，有的离心通风机还在吸入口或之前装有进气导流叶片（简称导叶），以便调节气流的方向和进气流量。

二、离心通风机的分类

离心通风机是离心式风机中的一种，其全压小于或等于 15kPa，另外两种离心式风机是离心式鼓风机和离心式压缩机，它们的全压比离心通风机要大得多。

1. 离心通风机按风压大小分类

（1）低压离心通风机　在标准状态下，全压小于或等于 1kPa。

(2) 中压离心通风机　在标准状态下，全压为1~3kPa。

(3) 高压离心通风机　在标准状态下，全压等于3~15kPa。

这三种离心通风机从结构上看，有以下不同之处：以叶轮进口处直径来做比较，低压的最大，中压的居中，高压的最小。叶轮上的叶片数目一般随压力的大小和叶轮的形状而改变。压力越高，叶片数目越少，叶片也越长。一般低压离心通风机的叶片为48~64片。

2. 离心通风机按比转数大小、叶轮结构分类

(1) 多叶式离心通风机　$n_s=50\sim80$。

(2) 前弯（前向）离心通风机　$n_s=7\sim40$。

(3) 径向离心通风机　$n_s=20\sim65$。

(4) 后弯（后向）单板离心通风机　$n_s=30\sim90$。

(5) 后弯（后向）机翼型离心通风机　$n_s=30\sim90$。

表4-2介绍了不同形式通风机的特征及典型结构。

表4-2　不同形式通风机的特征及典型结构

形式	流量/(m^3/h)	压力/Pa	特征	典型结构
多叶式离心通风机	$\leqslant100\times10^4$	空调用~600 工业用~7500	小型、廉价、压力系数最高、效率低约为70%、装置噪声较小	11-62型离心通风机
前弯离心通风机	$\leqslant12\times10^4$	≤16000	压力系数很高（仅次于多叶式通风机），效率一般低于80%	9-19、9-26、M9-26、M10-13、MF9-11型离心通风机
径向离心通风机	$\leqslant15\times10^4$	≤10000	压力系数高，效率略低于后弯通风机，适用于磨损严重的地方	C6-48、10-31型离心通风机
后弯单板离心通风机	$\leqslant100\times10^4$	≤7000	在离心通风机中，效率最高，适用于风量范围宽广的场合	4-2×72Ⅰ、F4-62、W5-47、BB24、W4-80 $\frac{11}{12}$ 型离心通风机
后弯机翼型离心通风机	$\leqslant200\times10^4$	≤7000	与后弯单板离心通风机比效率更高	4-72、B4-72、C4-73、Y4-73、Y4-2×73、K4-73-02、FW4-68、BK4-72型离心通风机

离心通风机还可按用途分类，除一般的通用通风机外，还有防腐通风机、防爆通风机、矿井通风机、锅炉通风机、锅炉引风机、高温通风机、排尘通风机和空调通风机等。

第三节　离心通风机的特性曲线和无因次性能曲线

一、离心通风机的特性曲线

和离心泵一样，离心通风机的特性曲线也是通过实验绘制出来的。实验的方法是，在通风机集流器前设置流量调节阀，调节阀门开度大小，以获得在一定转速下的各种流量与相应的压力数值。取横坐标表示流量 q_V，纵坐标表示压力 p，在坐标图中找出各点。然后用顺滑的曲线将所有点连接起来，即得该通风机的 q_V-p 特性曲线。

同样，也可用上述方法画出流量与功率，流量与效率的 $q_V - P_{in}$、$q_V - \eta_{in}$ 特性曲线。最后将上述三条特性曲线绘于同一坐标图中，这时横坐标仍表示流量 q_V，而纵坐标分别表示压力 p、功率 P_{in} 和效率 η_{in}。如图 4-11 所示，这三条特性曲线为离心通风机的主要工作特性曲线。

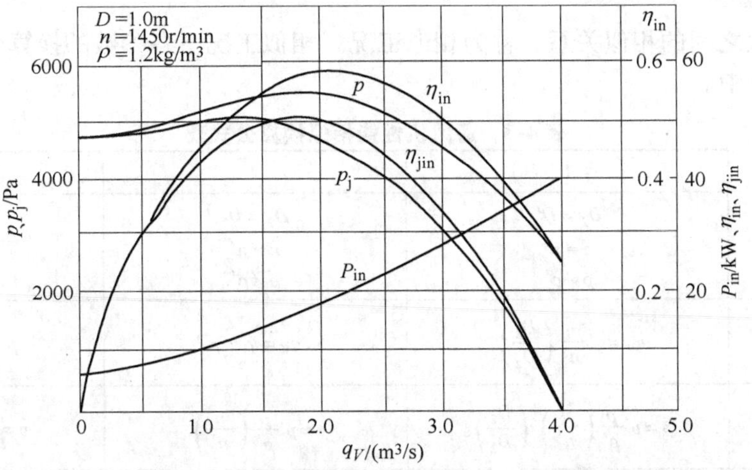

图 4-11　8－19№10 离心通风机特性曲线

离心通风机的输气压力很低，而出口气流速度较高，说明在通风机的全压中，动压还很大。因此，在作通风机的特性曲线时，还作出静压曲线 $q_V - p_j$ 和静压效率曲线 $q_V - \eta_{jin}$，这样，离心通风机的特性曲线就由三条变成了五条，如图 4-11 所示。

二、相似理论简介

相似理论广泛应用于许多学科领域中，如流体力学、传热学、水工建筑等，它也为泵、风机的设计、研究和使用提供了方便。流体在流体机械——泵、风机中的运动非常复杂，通常都用样机试验来验证新设计的泵和风机的性能，但大型泵和风机也制成样机很不经济，并且往往还受到试验条件的限制，为此人们根据相似理论将原型样机缩小，制成模型机进行试验，以后再将模型机的试验结果换算成原型机的性能。这种方法对于研制生产系列高效节能的流体机械新产品起着重要的作用。

1. 相似条件

要保证流体流动的相似，必须具备三个相似条件——几何相似、运动相似和动力相似。换句话说，就是模型与实物原型中任一对应点上的同一物理量之间必须保持同一比例关系。

（1）几何相似　几何相似指模型与原型各对应点的几何尺寸成比例，比值相等，各对应角相等（包括叶片数 Z、安装角 β_{1a}、β_{2a} 相等）。

（2）运动相似　运动相似指模型与原型各对应点的速度方向相同，大小成比例，比值相等，对应角相等。即流体在各对应点的速度三角形相似。运动相似是建立在几何相似的基础上的。

（3）动力相似　动力相似指模型和原型中相对应的各种力的方向相同，大小成比例，且比值相等。流体在泵与风机内流动时主要受四种力的作用，即惯性力、黏性力、重力和压力的作用。

由于泵和风机在几何相似、运动相似的条件下，已自动满足了动力相似的条件，所以泵和风机的相似，是建立在几何相似和运动相似的基础上的。实际上，我国目前生产的通风机系列产品，是利用一台研制好的模型样机，然后按几何相似原理放大或缩小尺寸，以生产出各种机号的通风机。

2. 相似定律

风机各参数之间的相似关系，称为相似工况。相似工况下各参数的换算公式称为相似定律，列于表4-3中。

表4-3　通风机性能相似换算公式表

序　号	1	2	3
换算条件	$D_2 \neq D_2'$ $n \neq n'$ $\rho \neq \rho'$	$D_2 = D_2'$ $n \neq n'$ $\rho \neq \rho'$	$D_2 \neq D_2'$ $n = n'$ $\rho \neq \rho'$
流量换算	$q_V = q_V' \frac{n}{n'} \left(\frac{D_2}{D_2'}\right)^3$	$q_V = q_V' \frac{n}{n'}$	$q_V = q_V' \left(\frac{D_2}{D_2'}\right)^3$
全压换算（静、动压相同）	$p = p' \frac{\rho}{\rho'} \left(\frac{n}{n'}\right)^2 \left(\frac{D_2}{D_2'}\right)^2$	$p = p' \frac{\rho}{\rho'} \left(\frac{n}{n'}\right)^2$	$p = p' \frac{\rho}{\rho'} \left(\frac{D_2}{D_2'}\right)^2$
内功率换算	$P_{in} = P_{in}' \frac{\rho}{\rho'} \left(\frac{n}{n'}\right)^3 \left(\frac{D_2}{D_2'}\right)^5$	$P_{in} = P_{in}' \frac{\rho}{\rho'} \left(\frac{n}{n'}\right)^3$	$P_{in} = P_{in}' \frac{\rho}{\rho'} \left(\frac{D_2}{D_2'}\right)^5$
内效率（静压内效率相同）	$\eta = \eta_{in}'$	$\eta = \eta_{in}'$	$\eta = \eta_{in}'$

序　号	4	5	6	7
换算条件	$D_2 \neq D_2'$ $n \neq n'$ $\rho = \rho'$	$D_2 = D_2'$ $n = n'$ $\rho \neq \rho'$	$D_2 = D_2'$ $n \neq n'$ $\rho = \rho'$	$D_2 \neq D_2'$ $n = n'$ $\rho = \rho'$
流量换算	$q_V = q_V' \frac{n}{n'} \left(\frac{D_2}{D_2'}\right)^3$	$q_V = q_V'$	$q_V = q_V' \frac{n}{n'}$	$q_V = q_V' \left(\frac{D_2}{D_2'}\right)^3$
全压换算（静、动压相同）	$p = p' \left(\frac{n}{n'}\right)^2 \left(\frac{D_2}{D_2'}\right)^2$	$p = p' \frac{\rho}{\rho'}$	$p = p' \left(\frac{n}{n'}\right)^2$	$p = p' \left(\frac{D_2}{D_2'}\right)^2$
内功率换算	$P_{in} = P_{in}' \left(\frac{n}{n'}\right)^3 \left(\frac{D_2}{D_2'}\right)^5$	$P_{in} = P_{in}' \frac{\rho}{\rho'}$	$P_{in} = P_{in}' \left(\frac{n}{n'}\right)^3$	$P_{in} = P_{in}' \left(\frac{D_2}{D_2'}\right)^5$
内效率（静压内效率相同）	$\eta = \eta_{in}'$	$\eta = \eta_{in}'$	$\eta = \eta_{in}'$	$\eta = \eta_{in}'$

式中的D_2、n、ρ和D_2'、n'、ρ'分别为原风机和相似风机的叶轮外径（单位为m）、转速（单位为r/min）、进口处的气体密度（单位为kg/m³），而q_V、p、P_{in}、η_{in}和q_V'、p'、P_{in}'、η_{in}'分别为原风机和相似风机的流量（单位为m³/s）、全压（单位为Pa）、内功率（单位为W）、全压内效率（%）。

三、无因次性能曲线

影响通风机流量、全压等性能参数的因素很多，如风机结构尺寸、转速、输送的介质、叶片形式等。因此用离心通风机的特性曲线来对各种风机进行比较是很困难的。为了选择合适的风机，对各种风机进行比较，常用的方法是从性能参数中剔除尺寸、转速、介质密度等因素的计量单位，得到一组无因次性能参数，由无因次性能参数可以绘出无因次性能曲线。由于去除了计量单位的影响，每一型风机就仅有一条无因次性能曲线，因此用无因次性能曲线来比较、选择风机非常方便。对于泵，由于种类繁多及汽蚀等因素，这种方法还未广泛应用。

1. 无因次性能参数

由相似理论推导出来的相似定律（表 4-3）中序号 1 的 D_2、n、ρ 均改变的关系式，经过形式上的变化，可消掉各物理量的计量单位，得到无因次性能参数。风机的主要无因次性能参数有流量系数、全压系数和内功率系数。

（1）流量系数 φ（或 $\overline{Q}$） 将表 4-3 序号 1 公式 $q_V = q'_V \dfrac{n}{n'}\left(\dfrac{D_2}{D'_2}\right)^3$ 改换一种形式可写为

$\dfrac{q_V}{\dfrac{\pi D_2 n}{60}\dfrac{\pi D_2^2}{4}} = \dfrac{q'_V}{\dfrac{\pi D'_2 n'}{60}\dfrac{\pi D_2'^2}{4}}$ = 常数，令 u_2、u'_2 分别为原风机和相似风机叶轮外径处的圆周速度，A_2、A'_2 分别为原风机和相似风机的叶轮外圆面积。

则
$$\frac{\pi D_2 n}{60} = u_2,\quad \frac{\pi D'_2 n'}{60} = u'_2;\quad \frac{\pi D_2^2}{4} = A_2,\quad \frac{\pi D_2'^2}{4} = A'_2$$

代入上式得
$$\frac{q_V}{u_2 A_2} = \frac{q'_V}{u'_2 A'_2} = \text{常数}$$

令常数为流量系数 φ，且因模型机、原型机是任取的，故上式可写成
$$\varphi = \frac{q_V}{u_2 A_2} = \text{常数} \tag{4-13}$$

（2）全压系数 ψ（或 $\overline{p}$） 由表 4-3 序号 1 公式 $p = p'\dfrac{\rho}{\rho'}\left(\dfrac{n}{n'}\right)^2\left(\dfrac{D_2}{D'_2}\right)^2$

将其变换形式可写为
$$\frac{p}{\rho\left(\dfrac{\pi D_2 n}{60}\right)^2} = \frac{p'}{\rho'\left(\dfrac{\pi D'_2 n'}{60}\right)^2} = \text{常数}$$

即
$$\frac{p}{\rho u_2^2} = \frac{p'}{\rho' u_2'^2} = \text{常数}$$

令常数为全压系数 ψ，又因模型机、原型机是任取的，故上式可写成
$$\psi = \frac{p}{\rho u_2^2} = \text{常数} \tag{4-14}$$

（3）内功率系数 λ（或 $\overline{P}$） 由表 4-3 序号 1 公式 $P_{\text{in}} = P'_{\text{in}}\dfrac{\rho}{\rho'}\left(\dfrac{n}{n'}\right)^3\left(\dfrac{D_2}{D'_2}\right)^5$

改变其形式可写为
$$\frac{P_{\text{in}}}{\rho\dfrac{\pi D_2^2}{4}\left(\dfrac{\pi D_2 n}{60}\right)^3} = \frac{P'_{\text{in}}}{\rho'\dfrac{\pi (D'_2)^2}{4}\left(\dfrac{\pi D_2' n'}{60}\right)^3} = \text{常数}$$

即
$$\frac{P_{in}}{\rho A_2 u_2^3}=\frac{P'_{in}}{\rho' A'_2 u'^3_2}=常数$$

令常数为功率系数 λ，上式可写成

$$\lambda=\frac{P_{in}}{\rho A_2 u_2^3}=常数 \tag{4-15}$$

（4）内效率 η_{in}　风机的内效率 η_{in} 也可以用无因次性能参数进行计算

$$\eta_{in}=\frac{\varphi\psi}{\lambda} \tag{4-16}$$

无因次性能参数是衡量各类风机全压、流量和功率大小的特性值，将 $\frac{\pi D_2 n}{60}=u_2$、$\frac{\pi D_2^2}{4}=A_2$ 代入式（4-13）、式（4-14）、式（4-15）中，则

$$q_V=\frac{\pi^2}{4\times 60}\varphi D_2^3 n \tag{4-17}$$

$$p=\frac{\pi^2}{60^2}\psi\rho D_2^2 n^2 \tag{4-18}$$

$$P_{in}=\frac{\pi^4}{4\times 60^3}\lambda\rho D_2^5 n^3 \tag{4-19}$$

由式（4-17）、式（4-18）、式（4-19）可知，在相同的转速 n 及叶轮直径 D_2 的条件下，输送相同的气体介质时，流量 q_V、全压 p 和功率 P_{in} 分别与流量系数 φ、全压系数 ψ 和内功率系数 λ 成正比。对不同类型的通风机来说，全压系数 ψ 越大，则全压越大；流量系数 φ 越大，则流量越大；内功率系数 λ 越大，则内功率也越大。因此，无因次性能参数 φ、ψ、λ 分别是衡量各种不同类型通风机全压 p、流量 q_V 及功率 P_{in} 大小的特性值。

2. 无因次性能曲线

通过试验可以测出一台风机在固定转速时不同工况的流量 q_V、全压 p 和功率 P_{in}，然后用式（4-13）~式（4-16）计算出相应工况时的流量系数 φ、全压系数 ψ、功率系数 λ 和内效率 η_{in}，在以流量系数 φ 为横坐标，以全压系数 ψ、功率系数 λ 和内效率 η_{in} 为纵坐标的坐标图中将所得各点连成光滑的曲线，这一组 $\varphi-\psi$、$\varphi-\lambda$、$\varphi-\eta_{in}$ 曲线是唯一的一组代表同一系列通风机性能的无因次性能曲线，它不代表具体风机的具体性能，但它代表了相似的一系列风机的性能。图4-12是4-72型离心通风机的无因次性能曲线。实际上它是用叶轮直径 $D_2=1$m 的№10 风机做试验绘出的，根据相似原理，图中的一组曲线代表了4-72 型系列风机的性能。其中的 $\varphi-\psi_d$ 曲线是动压特性曲线。

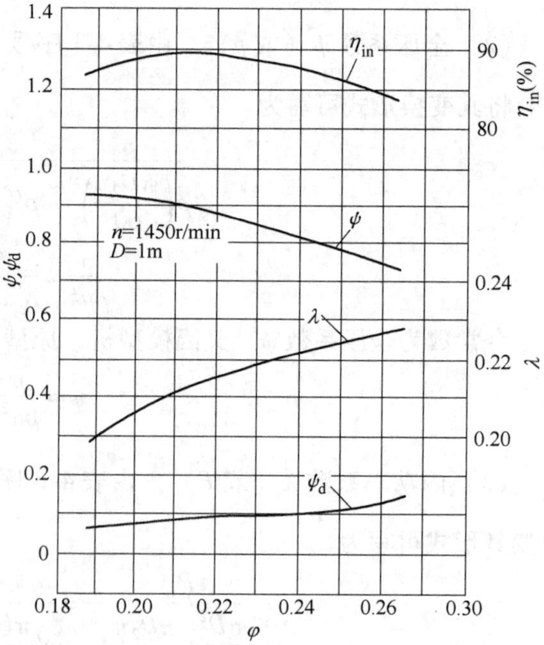

图4-12　4－72 型离心通风机无因次性能曲线

3. 无因次性能曲线的用途

无因次性能曲线比有因次的通风机特性曲线用途要广，主要用于：

1）推算某一类型通风机任意机号（包括新机号）的性能数据，而不需要再进行试验验证。

2）在选择通风机时，可以利用无因次性能曲线算出通风机特性表以外的性能数据。

第四节　离心通风机的运行与调节

一、管路特性曲线和风机的工作点

和离心泵一样，离心通风机实际的工况不仅与本身的特性曲线有关，还受到管路特性的制约。

管路系统的压力损失与气流速度的平方成正比。

对于一定的管路系统，流速是由流经管路系统的流量来决定的。因此，流体力学给出了管路系统压力损失与流量之间的关系方程式

$$p = Rq_V^2 \tag{4-20}$$

式中　p——管路系统所需全压（Pa）；

R——管路系统的阻力系数；

q_V——管路中的流量（m^3/s）。

按式（4-20）所作的是一条抛物线形状的管路特性曲线，如图4-13所示。

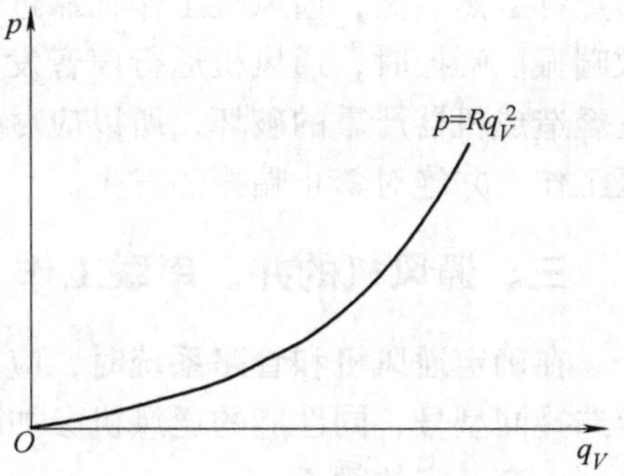

图4-13　管路特性曲线

和离心泵一样，管路特性曲线与通风机性能曲线的交点，就是通风机的工作点，这一点是通风机和管道的供与需的平衡点。

二、通风机的稳定工作区和非稳定工作区

通风机并不是在通风机特性曲线的任何一点上都能稳定地工作的。

如图4-14所示，通风机的 q_V-p 特性曲线为一驼峰曲线，管路特性曲线与它的交点 B 即工作点在驼峰的右侧。若管路因某种原因受到干扰阻力突然增大，管路特性曲线从 OR_1 变为 OR_1'，管路中通过的流量减少，而所需的全压应增加。管路中突然变化的情况，使工作点移到了 B'点，此时通风机立即进入 B'点运行。输出流量减少 Δq_V，从通风机特

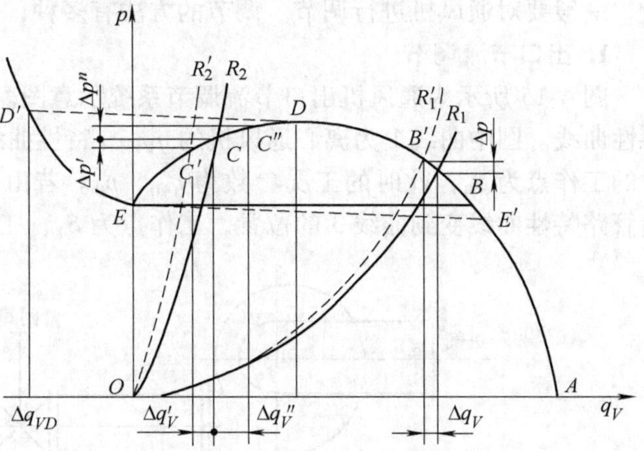

图4-14　通风机的稳定工作区和非稳定工作区

性曲线看，当流量减少 Δq_V 时，风压随着升高 Δp，这与管路特性曲线的变化是一致的。当干扰消失后，管路特性恢复原状，通风机又立即回复到 B 点工作。在驼峰右侧的这一区间工作时，通风机的工作状态能自动地与管路的工作状态保持平衡，稳定地工作，所以称这一区间为通风机稳定工作区。

如果通风机原来的工作点在 q_V-p 曲线驼峰左侧的 C 点，若管路受到干扰阻力增大，流量减少，此时的管路特性曲线从原来的 OR_2 移到 OR_2'，与通风机特性曲线的交点也从 C 点移到 C'点。从图上看出流量相应地减少了 $\Delta q_V'$，同时全压也减小了 $\Delta p'$。而全压的减小，与管路受到干扰阻力增大，全压必须加大的需求相矛盾。若工作点位于 C''点，则全压加大的要求能够满足，可是从图中看出在这一点流量不仅没有减少，反而加大了 $\Delta q_V''$。显然 C'点和 C''点都不是通风机特性曲线和管路特性曲线的交点，通风机不可能同时在这两点上工作。当工作点在左侧远离峰值点 D，且通风机特性曲线上升段斜率较大时，通风机的工作是沿着图中曲线 $E'DD'E \rightarrow E'DD'E$ 循环进行的。出现周而复始的一会儿通风机输出风量，一会儿又向内部倒流的称为“喘振”的极不稳定的工作状态。但并非在通风机特性曲线驼峰左侧的工作点都必然喘振，通风机工作在靠近驼峰、特性曲线又较平坦的工作点时，虽不稳定，还不致喘振。喘振时，通风机运行声音发生突变，风压、风量急剧波动，机器与管道强烈地振动甚至造成机器严重的破坏，所以应尽量避免在通风机 q_V-p 特性曲线驼峰左侧的非稳定工作区工作，并绝对禁止喘振的发生。

三、通风机的并、串联工作

在确定通风机和管路系统时，应尽量避免采用通风机并联或串联工作。当不可避免时，应选择同型号、同性能的通风机参加联合工作。当采用串联时，第一级通风机到第二级通风机间应有一定的管长。

四、离心通风机的调节

通风机及与它相连的进、出口管路和工作装置构成一个管网系统。为将气体输送到工作装置中，通风机应有足够的克服管道阻力所需的静压。而为使工作装置达到要求的压力、流量，一般要对通风机进行调节。调节的方法有多种，但都是以改变工作点为出发点的。

1. 出口节流调节

图 4-15 所示为通风机出口节流调节系统示意图。图 4-16 所示为通风机出口节流调节的特性曲线。图中曲线 1 为离心通风机的 q_V-p 特性曲线，曲线 2 为管路特性曲线，正常运行时的工作点为 S_0，此时的工况参数为 q_{V0}、p_0。若由于工艺上的原因，工作装置阻力减小，使管路特性曲线变到曲线 3 的位置，工作点为 S_1，工况参数为 q_{V1}、p_1。然而工艺又要求压

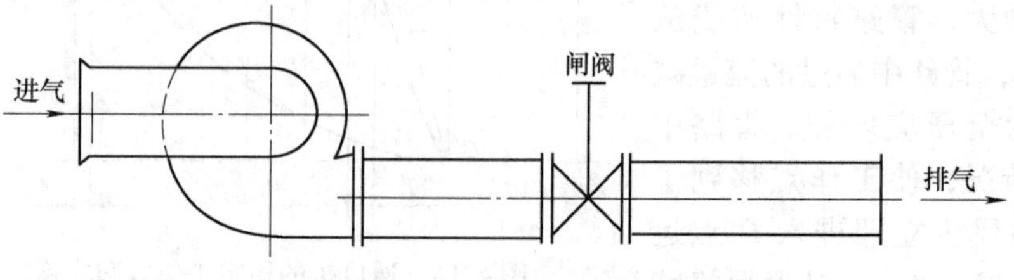

图 4-15　通风机出口节流调节系统示意图

力减小时流量保持不变，为此可采取关小出口管道中的闸阀，使管路特性曲线恢复到原来曲线 2 的位置，工作点保持在 S_0 点上。这种调节方法的实质是改变管路的特性曲线，以关小闸阀增大管路的损失来抵消工作装置阻力的减小，使工作点稳定在 S_0 点上的。它是一种经济性较差的调节方法，但由于调节方法简单，可用于小型通风机的调节。

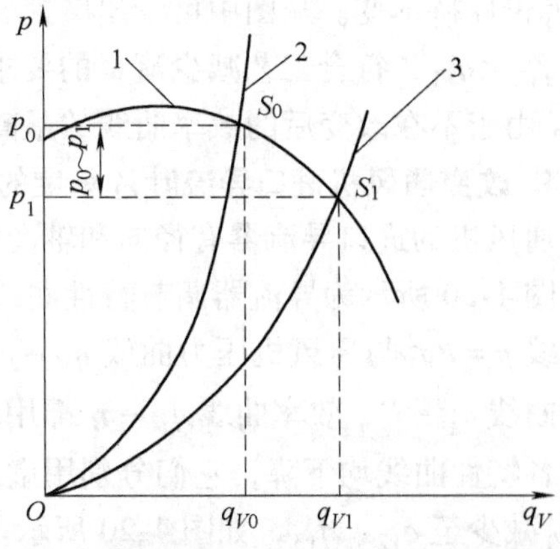

图 4-16　通风机出口节流调节的特性曲线
1—通风机特性曲线　2、3—管路特性曲线

2. 进口节流调节

进口节流调节是通过调节通风机进口节流门（或蝶阀）的开度（图 4-17），改变通风机的进口压力，使通风机特性曲线发生变化，以适应工作装置对流量或压力的特定要求。这种调节方法，和出口节流调节人为地增加管路阻力，消耗掉一部分能量的方法相比，经济性要好。

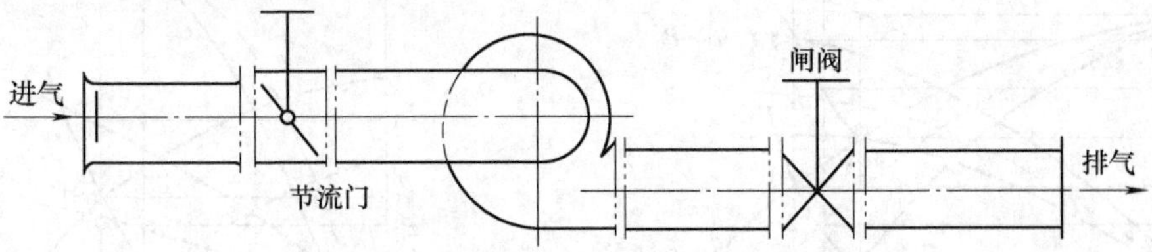

图 4-17　通风机进口节流调节系统示意图

图 4-18 所示为通风机进口节流调节的特性曲线，正常运行时工作在 S_0 点上，工况参数为 q_{V0}、p_0。当管路或装置阻力增加时，管路特性曲线 4 移到曲线 5 的位置，工况点为 S_1，工况参数为 q_{V1}、p_1。若工艺要求流量改变时压力必须稳定不变，在这种情况下对通风机进行进口节流调节，关小通风机进口节流门的开度，改变通风机进口状态参数（即进口压力）。这时通风机的特性曲线从曲线 1 移到曲线 2 的位置，工作点为 S_2，工况参数为 q_{V2}、p_0。虽然流量从 q_{V0} 减少到 q_{V2}，但压力 p_0 保持不变，满足了工艺要求，实现了等压力的条件。

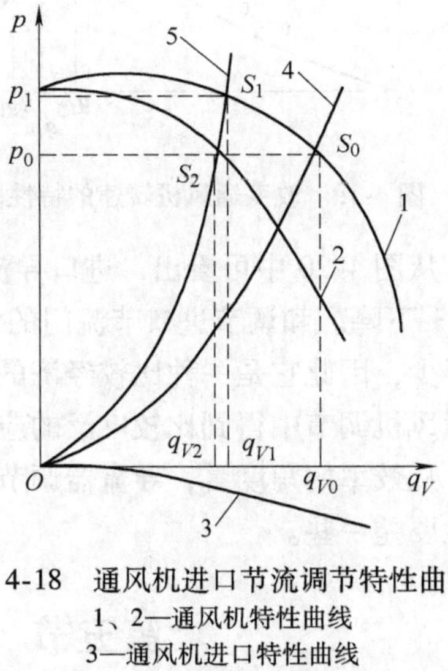

图 4-18　通风机进口节流调节特性曲线
1、2—通风机特性曲线
3—通风机进口特性曲线
4、5—管路特性曲线

3. 改变通风机转速的调节

由表 4-3 可知，通风机改变转速后，流量、压力和功率按相似定律给出的公式变化，而通风机的最高效率不变，并且不产生其他调节方法所带来的附加损失，所以改变转速的调节方法是最合理的。

如图 4-19 所示，通风机以转速 n_1 工作时，其工作点为 S_1，工况参数为流量 q_{V1}、压力 p_1、效率 η_1。若工艺要求减少流量，可将通风机的转速由 n_1 减小到 n_2，这时转速为 n_1 的特

性曲线 q_V-p、q_V-P、$q_V-\eta$（实线）变为转速为 n_2 的特性曲线（虚线），管路特性曲线 $p=Rq_V^2$仍保持不变。从图中可看出转速 n_2 时的工作点为 S_2，工况参数分别为 q_{V2}、p_2、P_2 和 η_2。$q_{V2}<q_{V1}$，符合工艺减少流量的要求，与此同时，全压下降到 p_2，功率下降到 P_2，而效率 η_2 由于不在改变后的效率曲线的最高点上而略有降低。

4. 改变通风机进口导流叶片角度的调节

通风机的进口导流器有径向和轴向两种。

图 4-20 所示为导流器调节特性曲线。导流器叶片角度为 0°时，叶片全部开启，管路特性曲线 $p=Rq_V^2$与通风机压力曲线 q_V-p 的交点即工作点，为 1 点，这时的压力曲线 q_V-p、功率曲线 q_V-P、效率曲线 $q_V-\eta$ 都用粗实线表示。当导流器叶片角度由 0°变到 30°、60°时，各特性曲线均下降，它们分别用虚线和点画线表示，工作点分别为 2 点和 3 点，流量则由 q_{V1}减少至 q_{V2}、q_{V3}，如图 4-20 所示。

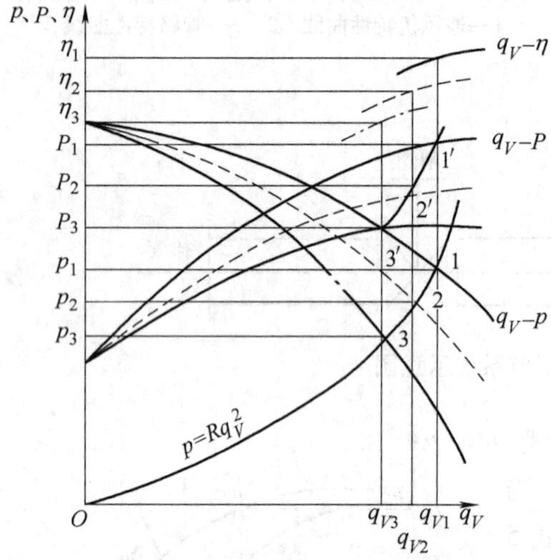

图 4-19　改变通风机转速的特性曲线

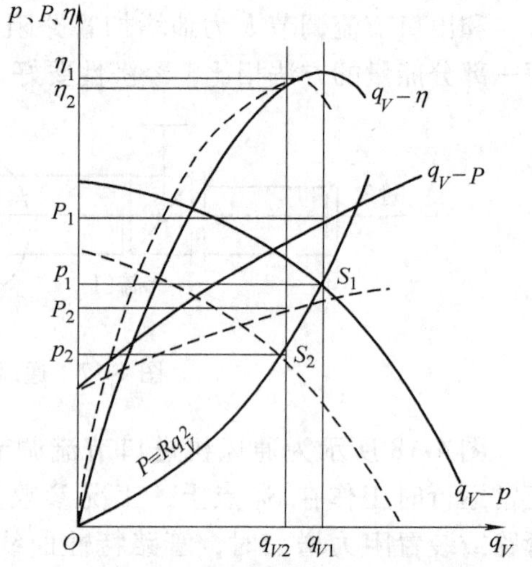

图 4-20　导流器调节特性曲线

从图 4-20 中可看出，进口导流器叶片角度这种变化，还使通风机的功率沿着曲线 1′-2′-3′下降。和调节进口节流门的增大阻力减少流量的方法相比，这种调节所消耗的功率明显要少，因此它是一种比较经济的调节方法。此外，由于导流器结构简单，使用可靠，所以在通风机调节中得到比较广泛的应用。

从效率的角度看，导流器调节会使通风机的效率降低，与改变转速的调节方法相比，经济性要差一些。

第五节　离心通风机的型号和选型

一、离心通风机的型号和全称

1. 离心通风机的型号

离心通风机系列产品的型号用形式表示，单台产品型号用形式和品种表示。型号组成的顺序见表4-4。

表4-4　型号组成的顺序

型　号	
形　式	品　种
□ □-□-□ 设计序号 比转数 压力系数乘以5后取整数 用途代号	№□ 机号

1）用途代号按表4-5规定。

2）用途代号后的数字是通风机压力系数乘以5后取整数得来的。

3）比转数采用两位整数，若采用单叶轮双吸入结构或两叶轮并联结构，则用2乘以比转数表示。

4）若通风机形式中有派生型时，则在比转数后加注罗马数字Ⅰ、Ⅱ等表示。

5）设计序号用数字1、2等表示，供对该型产品有重大修改时用。

6）机号用叶轮直径的分米（dm）数表示。

2. 离心通风机的全称

对离心通风机，平时只用压力系数、比转数和机号来表示，如4－73№8，这是一种简略的型号，但在订货时必须写出全称。离心通风机的全称包括：名称、型号（由全压系数、比转数、进风口形式、设计顺序号四个数组成）、机号、传动方式、旋转方向和出风口位置共六个部分。

表4-5　通风机用途、汉语拼音代号

用途类别	代号		用途类别	代号	
	汉字	拼音简写		汉字	拼音简写
1. 一般通用通风换气	通风	T（省略）	18. 谷物粉末输送	粉末	FM
2. 防爆气体通风换气	防爆	B	19. 热风吹吸	热风	R
3. 防腐气体通风换气	防腐	F	20. 隧道通风换气	隧道	SD
4. 排尘通风	排尘	C	21. 烧结炉通风	烧结	SJ
5. 高温气体输送	高温	W	22. 高炉鼓风	高炉	GL
6. 煤粉吹风	煤粉	M	23. 转炉鼓风	转炉	ZL
7. 锅炉通风	锅通	G	24. 空气动力用	动力	DL
8. 锅炉引风	锅引	Y	25. 柴油机增压用	增压	ZY
9. 矿井主体通风	矿井	K	26. 煤气输送	煤气	MQ
10. 矿井局部通风	矿局	KJ	27. 化工气体输送	化气	HQ
11. 纺织工业通风换气	纺织	FZ	28. 石油炼厂气体输送	油气	YQ
12. 船舶用通风换气	船通	CT	29. 天然气输送	天气	TQ
13. 船舶锅炉通风	船锅	CG	30. 降温凉风用	凉风	LF
14. 船舶锅炉引风	船引	CY	31. 冷冻用	冷冻	LD
15. 工业用炉通风	工业	GY	32. 空气调节用	空调	KT
16. 工业冷却水通风	冷却	L	33. 电影机械冷却烘干	影机	YJ
17. 微型电动吹风	电动	DD	34. 特殊场所通风换气	特殊	TE

1）传动方式有六种，简图如图 4-21 所示。

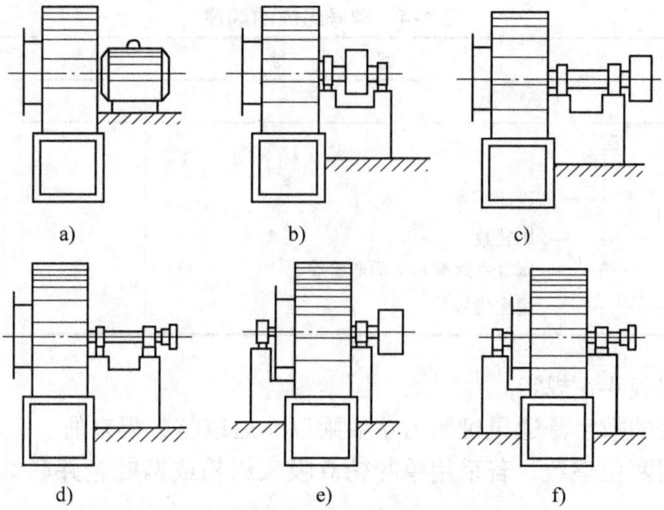

图 4-21 离心通风机的传动方式

a）直联传动 b）、c）悬臂支承带传动 d）悬臂支承联轴器传动 e）双支承带传动 f）双支承联轴器传动

2）旋转方向的规定为，从电动机的位置看风机叶轮的旋转方向，顺时针方向旋转的称为右旋，用“右”表示；逆时针方向旋转的称为左旋，用“左”表示。

3）风口位置是指出风口的位置，结合旋转方向用右或左若干角度表示，如图 4-22 所示。

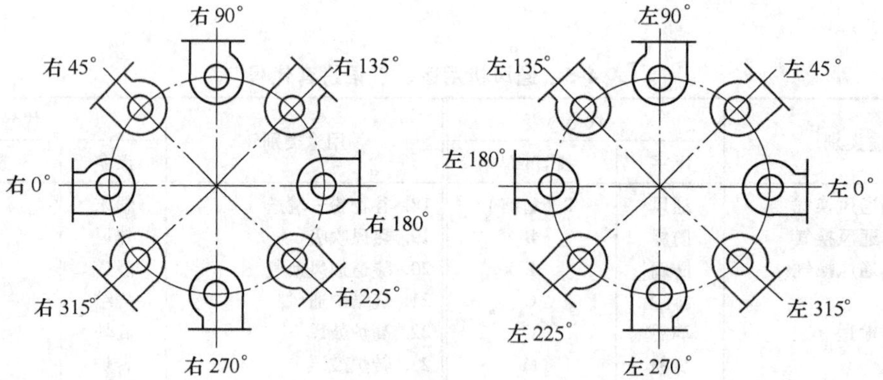

图 4-22 通风机机壳出口位置表示法

例如有一风机，其全称为 4 – 72№10C 右 90°，它表示的内容是：该风机是一般通风的离心通风机；压力系数为 0.8；比转数为 72；机号为 10 号，指风机叶轮直径为 1m（10dm）；传动方式为 C 型，说明风机为悬臂支承，带轮在轴承外侧；叶轮旋转方向指从电动机一端看去为顺时针方向，即右旋；出风口位置在 90°处。

此外，为了方便用户使用，每台风机的机壳上都钉有一块铭牌，铭牌上简明地列出了该风机在设计转速下运转时，效率为最高时的流量、扬程、转速和电动机功率等。如 4 – 68 型离心通风机的铭牌：

离心通风机	
型号：4－68	№ 4.5
流量：5790～1048m³/h	电动机功率：7.5kW
全压：1884～2658Pa	转速：2900r/min
出厂编号：	出厂： 年 月 日

铭牌上风机型号为4－68№ 4.5型，其中4表示风机在最高效率点时全压系数乘以10后的化整数，本例风机的全压系数为0.4；68表示比转数；№ 4.5代表风机的机号，以风机叶轮外径的分米数（c/m）表示，№ 4.5表示叶轮外径为0.45m。

二、离心通风机的选型

正确和合理地选择通风机，是保证通风与气力输送系统正常而又经济运转的一个十分重要的步骤，选择的通风机不但要满足管道系统在工作时所必需的风量和风压，而且要使通风机在这样的风量与压力下工作，效率为最高或在它的经济使用范围之内。

通风机的流量和全压通常是由专业人员进行实测或理论计算求得的。但考虑到测试和计算的误差及运行时工况的变化等，所以选型的计算流量、计算全压比最大所需流量、全压还应大些，以留有一定的储备。一般取

$$q_V=(1.05\sim1.10)\,q_{\max} \tag{4-21}$$

$$p=(1.10\sim1.15)\,p_{\max}$$

式中 q_V、p——计算流量（m³/s）、计算全压（Pa）；

$q_{\max}$、$p_{\max}$——最大所需流量（m³/s）、最大所需全压（Pa）。

通风机产品样本上的参数是指标准状态即干净空气在 $T=293\text{K}$（20℃），大气压 $p_a=101\,325\text{Pa}$，相对湿度为50%，空气密度 $\rho=1.2\text{kg/m}^3$ 时的值；引风机（工业锅炉抽引烟气用）的参数指的是烟气在 $T=473\text{K}$（200℃），大气压力 $p_a=101\,325\text{Pa}$，相对湿度为50%和烟气密度 $\rho=0.745\text{kg/m}^3$ 时的值。若输送的气体温度、密度及使用地点的大气压与标准状态不同，必须把实际的流量、压力和功率等参数，都换算成标准状态时的值，才能进行选型。

换算公式如下

对于通风机

$$\left.\begin{aligned} q_1&=q_2\\ p_1&=p_2\,\frac{101\,325}{p_b}\cdot\frac{t+273}{293}\\ P_1&=P_2\,\frac{101\,325}{p_b}\cdot\frac{t+273}{293}\end{aligned}\right\} \tag{4-22}$$

对于引风机

$$\left.\begin{aligned} q_1&=q_2\\ p_1&=p_2\,\frac{101\,325}{p_b}\cdot\frac{t+273}{473}\\ P_1&=P_2\,\frac{101\,325}{p_b}\cdot\frac{t+273}{473}\end{aligned}\right\} \tag{4-23}$$

式中 q_1、p_1、P_1——样本中标准状态下的流量（m^3/s）、风压（Pa）和轴功率（kW）；

q_2、p_2、P_2——风机在使用条件下（通风、引风）的风量（m^3/s）、风压（Pa）和轴功率（kW）；

p_b——当地大气压（Pa）；

t——使用条件下风机进口处气温（℃）。

在引风机选型时，烟气密度（单位为 kg/m^3）的计算可用下式

$$\rho = 1.339\frac{273}{T} \tag{4-24}$$

式中 1.339——温度在273K（0℃）时烟气的平均密度（kg/m^3）；

T——烟气温度（K）。

目前，通风与气力输送所常用的一些通风机在国内都有生产，可直接从国家产品样本中找到，为了用户选择方便，样本上载有各种形式风机的性能曲线和选择曲线，并对不同形式和机号的风机用一定的符号和参数进行了编制。因此在进行风机选择前，必须熟悉产品样本。

离心通风机的选型可用如下几种方法：

1. 用风机性能表选择风机

1）按式（4-22）或式（4-23）和式（4-21）确定计算流量和计算全压。

2）根据用途，查风机性能表选出合适型号的风机和它的参数（包括叶轮直径、转速、功率等）。

2. 用风机选择曲线选择风机

图4-23所示为锅炉离心通风机G4-73系列性能选择曲线。它把相似的有着不同叶轮直径 D_2 的风机的流量、全压、转速和功率都绘于一张图纸上，图中的曲线为风机特性曲线的工作范围，一般规定为最高效率的90%的一段。图中还有三组等值线，即等 D_2（外径）线、等 n（转速）线和等 P（功率）线。由于采用对数坐标，所以三组等值线均为直线。等 D_2 线和等 n 线通过每条性能曲线的效率最高点。等 D_2 线所通过的几条性能曲线表示同一机号但不同转速时的性能曲线。图中任意一条性能曲线上的各点，其转速和叶轮外径都相等，可以通过效率最高点的等 D_2 线和等 n 线查出它的叶轮直径和转速。等 P 线上的各点功率都相等，但它不一定都刚好通过性能曲线的效率最高点。性能曲线上每一点的功率都不相等，可在两条等 P 线之间估算出该点位置的功率，并经过密度换算，得出工作状况下的功率。

用选择曲线选择风机的步骤：

1）确定计算流量和计算全压。

2）根据已定的流量和压力参数的坐标点，即可选择风机的机号、转速和功率。但往往坐标点不刚好落在性能曲线上，如图4-24中的1点。此时可采取保持流量不变的做法，通过点1，在对数坐标图上垂直向上找到最接近的性能曲线上的点2或点3。选得两台通风机，校核风机的工作点是否处于高效率工作区，一般应选取转速较高、叶轮直径小、运行经济性好的点3所在特性曲线确定的风机。这是因为风机的流量向小的方向调节时（由于计算流量已超过所需最大流量，风机的流量不可能再向大的方向调节，只可能向小的方向调节），其工作点将由点3沿特性曲线向左移动，仍能落在特性曲线3的高效率工作区的线段范围内。而工作在曲线2时，当流量稍有减小，工作点便落到特性曲线线段之外，说明效率低，不在

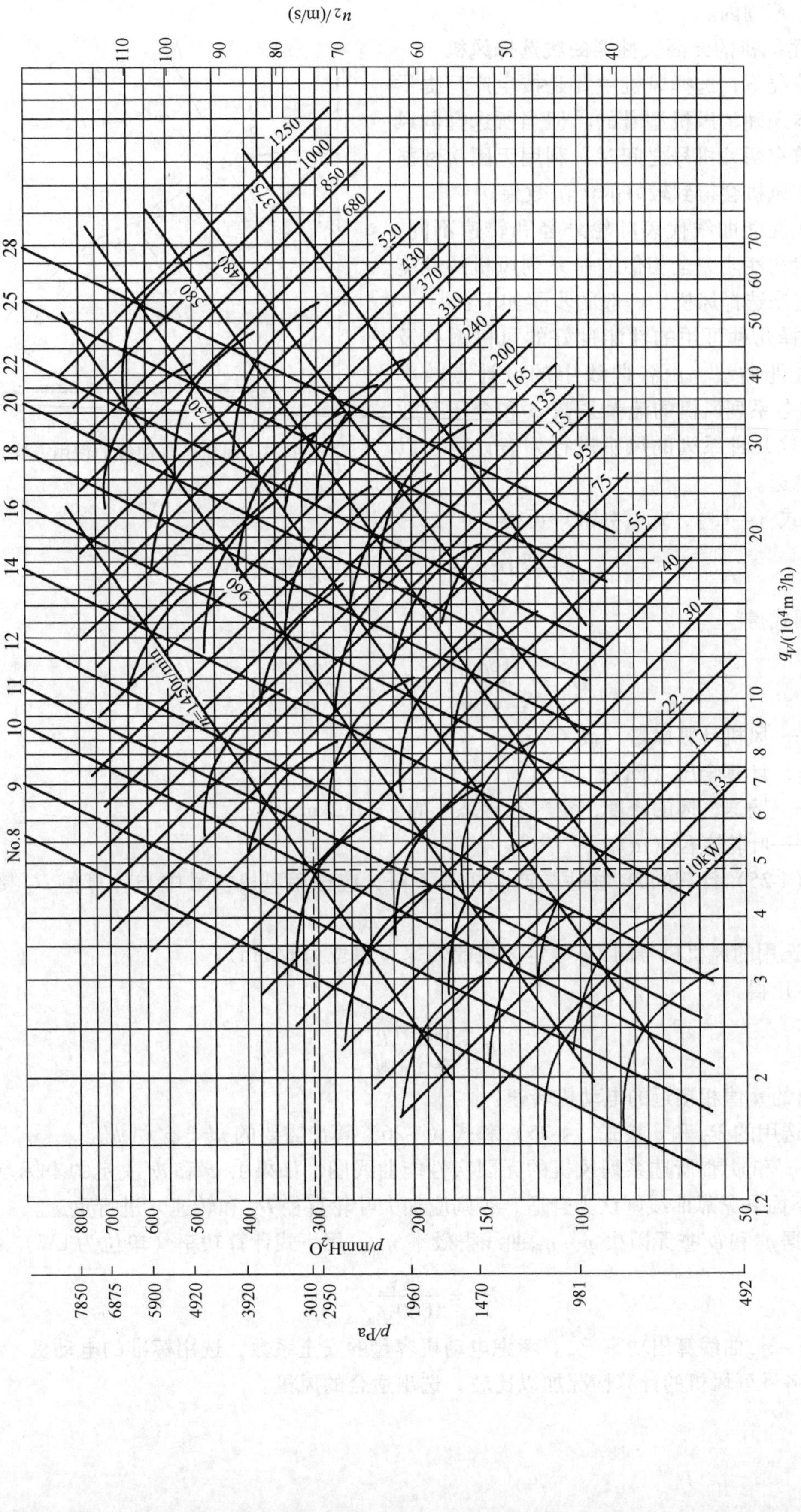

图4-23 锅炉离心通风机G4-73系列性能选择曲线

高效率工作范围内。

3. 利用风机的无因次性能曲线选择风机

一般情况下，选择风机主要是按生产厂提供的产品样本来确定风机型号的。但当所选择的风机性能参数在两种机号之间时，利用无因次性能曲线来确定风机会得到较好的经济效果。

无因次性能曲线代表叶轮外径和转速不同，但几何形状和性能完全相似的一系列风机的性能曲线。用它来选择风机，一般的步骤如下：

1）选择几种可用的性能良好的风机系列及其无因次性能曲线，由各曲线中的设计点效率 η_{max}，查出各系列风机的流量系数 φ 和全压系数 ψ，然后对这几种系列的风机进行列表计算，以便比较和挑选。

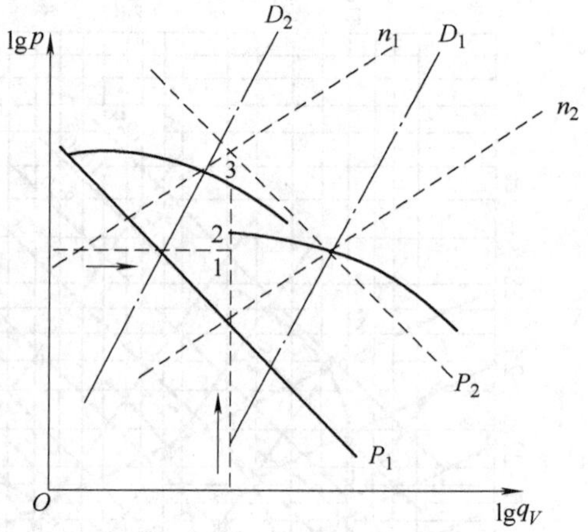

图 4-24　风机选择曲线的使用方法

2）由式（4-13）、式（4-14）可得

$$q_V = \frac{\pi}{4}D_2^2 u_2 \varphi \qquad p = \rho u_2^2 \psi$$

联立以上两式得

$$D_2 = \sqrt[4]{\frac{16\rho q_V^2 \psi}{\pi^2 p \varphi^2}} = 1.128\sqrt[4]{\frac{\rho q_V^2 \psi}{p\varphi^2}} \tag{4-25}$$

式中　q_V——风机计算风量（m^3/s）；

p——计算全压（Pa）；

ρ——输送气体的密度，空气在常态下的 $\rho = 1.2kg/m^3$；

D_2——叶轮直径（m）。

由式（4-25）计算的 D_2 往往与产品机号不符，应选用风机机号中与计算值 D_2 接近的机号。

3）按选用的风机机号的 D_2 确定风机的转速（单位为 r/min）

由式（4-18）得

$$n = \frac{60}{\pi D_2}\sqrt{\frac{p}{\rho\psi}} \tag{4-26}$$

选取与算出的 n 值相接近的电动机转速。

4）由选用的 D_2 和 n 按式（4-25）和式（4-26）算出需要的 n_2'、φ' 和 ψ'。

5）由 φ' 和 ψ' 查所选系列风机的无因次性能曲线图，如果由 φ' 和 ψ' 决定的坐标点落在 $\varphi - \psi$ 曲线下面并紧靠曲线则认为合适，否则应加大叶轮直径 D_2 和转速 n 进行重选。

6）根据 φ' 和 ψ' 查无因次 $\varphi - \eta_{in}$ 曲线得效率 η_{in}。用下式计算功率（单位为 kW）

$$P_{in} = \frac{p q_V}{1000\eta_{in}}$$

或直接查 $\varphi - \eta_{in}$ 曲线算出功率 P_{in}。考虑电动机容量的安全系数，选用标准的电动机。

7）将各系列风机的计算情况加以比较，选出适合的风机。

在离心通风机选型时，应注意以下几点：

1）在选用风机时，应尽量避免采用串联或并联的工作方式；当不可避免地需要采用串联时，第一级风机到第二级风机间应有一定的管长。

2）应使风机的工作点处于 q_V-p 曲线最高效率点或稍偏右的下降段的高效区域，也就是最高效率点的 ±10% 区间内，以保证工作点的稳定和高效运转。

3）风机样本上的参数是在特定标准状态下实测得到的，当实际条件与标准状态不相符时，要将使用工况状态下的流量和扬程换算为标准状态下的流量和扬程，再根据换算后的参数查样本或手册选用设备。

4）选用风机时，应根据管路布置及连接要求确定风机叶轮的旋转方向及出风口位置；对于有噪声要求的系统，应选用高效低噪声风机，并根据需要采用相应的消声和减振措施。

5）进行工程改造选用风机时，新选的风机应考虑充分利用原有设备、适合现场制作安装及安全运行等问题。

6）当选出的风机有多种型号时，可选择效率最高、制作工艺简单、调节性能较好、维修方便，且叶轮直径又小的风机。

7）如果选不到较满意的标准型风机型号时，可用修正叶轮、机壳宽度的办法来解决。

第六节 离心通风机的故障及排除方法

中小型离心通风机结构较简单，只要加强管理，执行操作规程，一般不易出现故障。而对于有油泵润滑和采用冷却水系统冷却轴承的大型通风机应重视日常的检查和维护工作。润滑油的温度和压力、轴承的径向振幅、通风机工作介质的温度和压力、电动机的电流、电压及通风机前的除尘设备和运行情况等都是应特别给予关注的。

离心通风机的常见故障可分为机械故障和性能故障两类。表4-6和表4-7分别列出了这两类故障及其产生原因和排除故障的方法。

表4-6 风机机械故障排除方法

故障	原因分析	排除方法
振动	风机轴与电动机轴不同轴，造成联轴器歪斜	将风机轴与电动机轴进行调整，重新找正
	电动机与风机通过联轴器相互传递振动，尤以刚性联轴器最为严重	使联轴器同轴
	轮盘与叶轮松动；联轴器螺栓松动	拧紧或更换固定螺栓
	机壳与支架，轴承箱与轴承座等连接螺栓松动	拧紧或更换固定螺栓
	叶轮铆钉松动或叶轮变形	冲紧铆钉或更换铆钉，用铁锤矫正叶轮或更换叶轮
	主轴弯曲	矫正主轴或修磨主轴
	机壳或进风口与叶轮摩擦	调整装配间隙，达到装配要求；改进安装
	风机进气管道的安装不良，产生共振	改进安装
	基础的刚度不够或不牢固；当用弹性基础时，弹性不均等	加强或更换基础

（续）

故障	原因分析	排除方法
振动	叶轮不平衡（磨损、积灰、生锈、结垢、质量不均，其中以静不平衡为主）	清扫、修理叶轮，重新做静或动平衡
	轴承损坏或间隙过大	更换轴承
	由于烟、风道设计不合理引起低负荷时发生振动	增加管网阻力或重新设计计算，更换新风机
	共振（系统共振、工况性共振、基础性共振）	对系统进行运行工况调节
轴承温升过高	润滑油质量不良、变质，油量过少或过多，油内含杂质	更换润滑油，调整和修理管路故障
	冷却水过少或中断	使冷却水供应正常
	轴承箱盖、座连接螺栓拧紧力过大或过小	修理或调整
	轴与滚动轴承安装歪斜，前后两轴承不同轴	修理或调整
	轴承损坏	更换轴承
	轴颈配合过紧	修磨轴颈，符合配合要求
电动机温升过高	起动负荷过大	起动时关闭起动阀门，更换风机
	风机流量超过规定值或风道漏气	修理管道
	风机所输送气体的密度过大，造成压力过高	检查输送气体密度与设计参数是否符合
	电动机输入电压过低或电路单相断电	检查电源故障并进行修理
	联轴器连接不正，皮圈过紧或间隙不对	重新调整
	因轴承磨损致使轴承箱剧烈振动	修理轴承箱
	并联工作的风机工作情况恶化或发生故障	检修并联工作系统
	传动带过紧	调整

表 4-7　风机性能故障排除方法

故障	原因分析	排除方法
出口压力过高、流量减少	气体成分改变、气体温度过低或气体所含固体杂质增加，使气体的密度增大	测定气体密度，消除密度增大的原因
	出气管道或风门被尘土、烟尘和杂物堵塞	进行清扫
	进气管道、风门或网罩被尘土、烟尘和杂物堵塞	进行清扫
	出气管道破裂或管道法兰不严密	修理管道
	叶轮入口间隙过大或叶轮严重磨损	调整间隙；修理或更换叶片或叶轮
	简易导向器装反	重新装配
压力过低、排出流量增大	气体密度减小，气体温度过高	测定气体密度，消除减小的原因
	进气管破裂或法兰不密封	更换法兰垫料，修复管道
风机系统调节失误	阀门失灵或卡住，以至于不能根据需要对流量和压力进行调节	修复阀门或更换新的阀门
	风机磨损严重或制造工艺不良	更换风机
	转速降低	检查并消除转速降低的原因
	当需要流量减少时，由于管道堵塞流量急剧减少或停止，使风机在不稳定区工作产生逆流反击风机转子的现象	如需流量减少时，应开启旁通阀门或降低转速

第七节 其他风机

风机的种类很多，本节只介绍轴流通风机和罗茨鼓风机。

一、轴流通风机

一般的轴流通风机如图 4-25 所示。在圆筒形的机壳中安装着电动机的叶轮，当叶轮旋转时，空气由集流器进入，通过叶轮叶片的作用使空气压力增加，并做接近于沿轴向的流动，而后由排出口排出。轴流通风机在通风系统中往往成为通风管道的一部分。有的系列风机还可反转返风，返风量达 60% 以上，可作为抽出式也可作为压出式通风机使用。

轴流通风机的叶片通常采用飞机机翼型，有的为机翼形扭曲面叶片，叶片的安装角度做成固定的或可调的。

图 4-26 所示为装有优良集流器和流线罩的轴流通风机。集流器对轴流通风机有着重要的影响，有优良集流器的通风机比无集流器的通风机全压和效率高 10% 以上。集流器的型线多为圆弧或双曲线。有的为方便制造，采用了由两个或多个截圆锥所组成的简化集流器。使用流线罩可使轴流通风机增加 10% 的流量，流线罩通常为半球形或流线型。流线罩与集流器一起，组成了光滑的渐缩形流道，其作用是减小对气流的阻力，使气体在其中得到加速并以均匀的速度进入通风机。

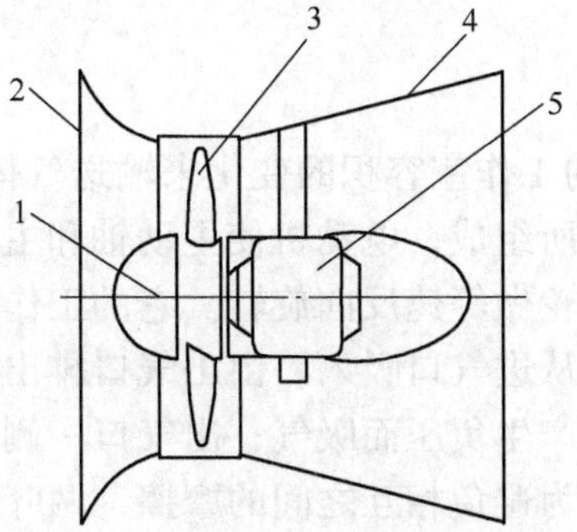

图 4-25 轴流通风机的一般构造
1—流线罩 2—集流器 3—叶片
4—扩散器 5—电动机

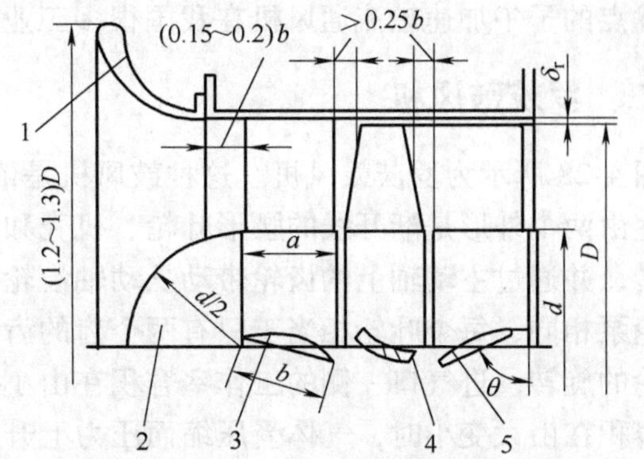

图 4-26 集流器与流线罩在轴流通风机中的配置
1—集流器 2—流线罩 3—前导流器
4—叶轮 5—后导流器

一般轴流通风机的动压在全压中所占比例为 30% ~50%，而离心通风机只占 5% ~10%。为提高轴流通风机的静压，可在叶轮出口处设置扩散器，如图 4-27 所示。对于抽出式风机来说，它还有明显的降低排气噪声的作用。图 4-27a、b 所示两型扩散器芯筒是减缩的，外壳分别为圆筒形及锥形；图 4-27c 所示扩散器的芯筒是渐扩的，外壳是锥形的；图 4-27d所示扩散器是在图 4-27c 的基础上又增加了一段圆柱形芯筒和方形的外壳。

轴流通风机可以是单级的或二级的，3 ~4 级的很少。单级的形式常见的有叶轮级（R 级）、叶轮加后导流器级（R + S 级）、前导流器加叶轮加后导流器级（P + R + S 级），如图 4-26所示。多级轴流通风机实质上是不同形式单级轴流通风机的组合。二级轴流通风机的组合有 R + S + R + S 级、P + R + S + R + S 级和 R + R 级等形式。导流器的导叶与外壳固定

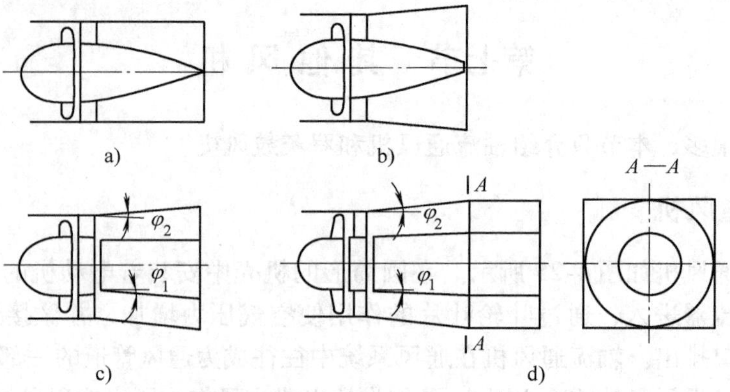

图 4-27　常用的扩散器形式

在一起，但有的为了对风机进行调节，改变风机的特性曲线和工作点，把前导流器的导叶做成角度可调式。

轴流通风机是一种流量大、风压低的风机，并且从性能曲线图上看，它还有一个不小的不稳定工况区。因此，在考虑运行中的调节方法时应特别注意力求避开这个区域。

轴流通风机主要用于工厂、仓库、办公室、大型建筑物、矿井的通风换气、高温作业场所的吹风降温或电站、制氧站及各种冷却塔的抽风。

轴流通风机的类型很多，近年来，一种结构简单、检修方便的兼有轴流通风机和离心通风机优点的子午加速轴流通风机在我国很多工业部门得到了应用。

二、罗茨鼓风机

图 4-28 所示为罗茨鼓风机。这种鼓风机是依靠密封的工作室容积的变化来输送气体的，工作室由两个外形是渐开线的腰形叶轮、机壳和两块墙板所组成，电动机使主动轴和主动叶轮旋转，并通过主动轴上的齿轮带动从动轴齿轮和从动叶轮做等速反向旋转。它的工作原理与齿轮泵相同，每个叶轮相当于只有两个齿的齿轮。气体从进气口吸入，由出气口排出。随着叶轮的旋转，进气口一侧的工作室容积在由小变大时，产生负压而吸气；出气口一侧的工作室容积在由大变小时，气体受压缩而压力上升被排出。为避免相互之间的摩擦，两叶轮之

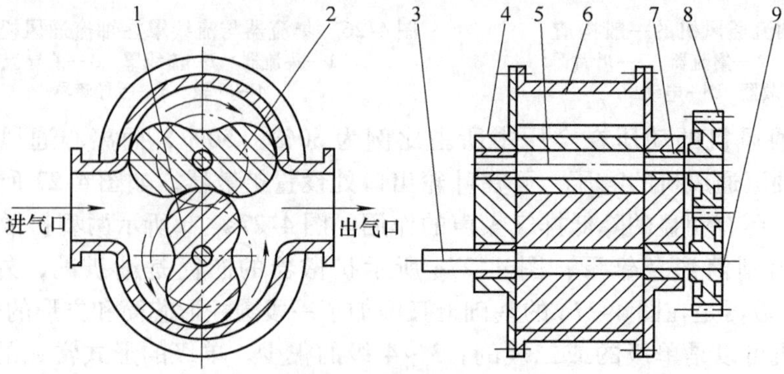

图 4-28　罗茨鼓风机

1—主动叶轮　2—从动叶轮　3—主动轴　4、7—墙板　5—从动轴
6—机壳　8—从动轴齿轮　9—主动轴齿轮

间以及叶轮与机壳、墙板之间都留有一定的间隙。但为了减少泄漏，这个间隙又应尽可能地小些，一般这个间隙为 0.3 ~ 0.5mm。此外，传动轴从墙板穿过，两者之间也有一定间隙，为防止气体从此缝隙吸入或漏出，在罗茨鼓风机上安装了不同类型的轴密封装置，如迷宫式轴密封和填料式轴密封装置。

迷宫式轴密封装置如图 4-29 所示，流体流经该装置的曲折通道，犹如进入“迷宫”一样，经多次节流产生很大阻力，压力损失较大，由于“迷宫”末端与外界的压差很小，流体泄漏少，从而达到了密封的目的。迷宫密封的密封座安装在墙板上，密封座齿数越多，密封效果越好，各个齿的密封处应保持锐边，不应倒圆，目的是增大流体流动时的压力损失，以保持较好的密封效果。迷宫密封的结构多种多样，但原理都是相同的。它是一种密封件与旋转轴互不接触的非接触式密封，不受转速和温度的限制。

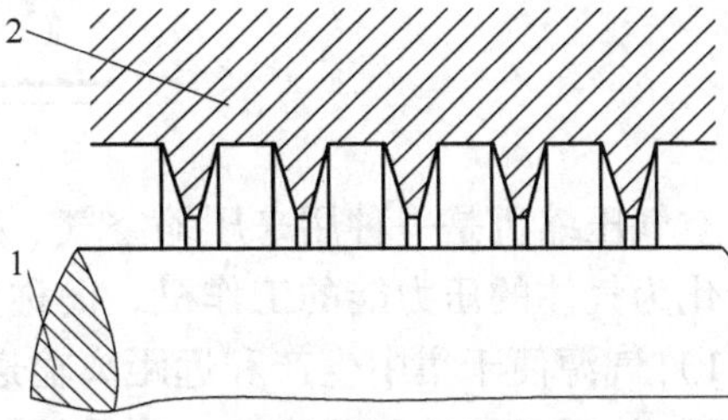

图 4-29　迷宫式轴密封装置
1—轴　2—密封座

罗茨鼓风机的结构简单，运行稳定，效率高，整机振动小，压力的选择范围很宽，而流量变化甚微，具有强制输气的特征。适用于要求流量稳定的场合，它不仅用于鼓风输气，也可作为抽气机械使用。但这种风机的叶轮和机壳的内壁加工精度要求高，各部分间隙调整困难，检修工艺比较复杂，且运行中噪声大。

复习思考题

1. 离心通风机是怎样工作的？
2. 通风机的主要性能参数有哪些？通风机的全压、静压、动压指的是什么？内功率和轴功率有什么不同？全压效率和全压内效率有什么不同？
3. 离心通风机叶片出口安装角对风机全压、叶轮外径和效率的影响如何？机翼型叶片在应用上有什么优缺点？
4. 离心通风机的集流器、进气箱和进口导流器有何作用？
5. 离心通风机的特性曲线图中有哪几条特性曲线？
6. 请说明相似理论中相似条件的具体内容。
7. 什么是无因次性能参数？风机有哪些主要的无因次性能参数？为什么说它们是衡量各类风机主要性能参数的特性值？
8. 无因次性能曲线有什么用途？
9. 请指出通风机特性曲线图上的稳定工作区和非稳定工作区的范围。
10. 离心通风机有几种调节方法？试从应用角度对它们做一比较。
11. 风机全称为 Y4 – 73№12D 右 90°，请说明它所表示的内容。
12. 怎样用风机选择曲线来选择风机？
13. 请说明用风机的无因次性能曲线来选择风机要经过哪些步骤？
14. 轴流通风机是怎样工作的？在结构上它有哪些特点？
15. 请说明罗茨鼓风机的工作原理，并说明迷宫式密封装置的密封原理。

第五章

空气压缩机

空气压缩机是一种用来压缩空气、提高气体压力或输送气体的机械，是将原动机的机械能转化为气体的压力能的工作机，简称为空压机。空气压缩机提供的能源具有如下特点：

1）气源便于集中生产和远距离输送。

2）执行机构动作速度快，容易控制。

3）无污染，安全性好。

空气压缩机的种类很多，结构及工作特点各有不同，用途极广。可按工作原理、输出压力高低、输出流量大小以及结构形式、性能参数、原动机类型等进行分类。

1）按工作原理不同，空气压缩机可分为容积式和速度式空气压缩机两类。在容积式空气压缩机中，气体压力的提高是由于压缩机内部的工作容积被缩小，使单位体积内的气体分子密度增加而形成的；在速度式空气压缩机中，气体压力的提高是由于气体分子在高速流动时突然受阻而停滞下来，使动能转化为压力能而达到的。容积式空气压缩机又因其结构的不同可分为活塞式、膜片式和螺杆式等；速度式空气压缩机按其结构不同可分为离心式和轴流式等。一般常用的是活塞式空气压缩机（容积式空气压缩机）。

2）按输出压力不同，空气压缩机可分为低压（$0.2\text{MPa} < p \leqslant 1.0\text{MPa}$）、中压（$1.0\text{MPa} < p \leqslant 10\text{MPa}$）、高压（$10\text{MPa} < p \leqslant 100\text{MPa}$）和超高压空气压缩机（$p > 100\text{MPa}$）。

3）按输出流量不同，空气压缩机可分为微型（$q \leqslant 1\text{m}^3/\text{min}$）、小型（$1\text{m}^3/\text{min} < q \leqslant 10\text{m}^3/\text{min}$）、中型（$10\text{m}^3/\text{min} < q \leqslant 100\text{m}^3/\text{min}$）和大型（$q > 100\text{m}^3/\text{min}$）四种空气压缩机。

4）按冷却方式不同，空气压缩机可分为风冷式、水冷式以及内冷式、外冷式等多种。其中以风冷式和水冷式应用最广。

5）按固定方式不同，空气压缩机可分为固定式和移动式。

第一节　活塞式空气压缩机的特点、类型和主要参数

一、活塞式空气压缩机的特点

活塞式空气压缩机较其他类型压缩机而言，具有以下特点：

1）适应性强，适用压力范围广，目前在工业上使用的活塞式空气压缩机最高工作压力已达到350MPa，实验室压力可达1000MPa。

2）气流黏度低，损失小，效率高。

3）适应性较强，即排气量范围较广，且不受压力高低的影响。例如，单机的排气量最大可达$500\text{m}^3/\text{min}$，排气量小的很小，且在气量调节时，排气压力几乎不变。

4）转速不高，机器体积大而重。

5）结构复杂，易损件多，维修量大（但对维修工的技术要求相应较低）。

6）排气不连续，气流脉动，且气体中常混有润滑油。

二、活塞式空气压缩机的类型

（1）按气缸排列方式分　按气缸排列方式分有立式、卧式、角度式。卧式又分为一般卧式、对称平衡型和对置型，分类详见表5-1。

1）立式压缩机。其气缸轴线与地面垂直，特点是：①气缸表面不承受活塞重力，活塞与气缸的摩擦和润滑均匀，活塞环的工作条件较好，磨损小且均匀；②活塞的重力及往复运动时的惯性力垂直作用到基础，振动小，基础面积较小，结构简单；③机身形状简单，结构紧凑，质量轻，活塞拆装和调整方便。

2）卧式压缩机。其气缸轴线与地面平行，按气缸与曲轴相对位置的不同，又分为两种：①一般卧式，气缸位于曲轴一侧，运转时惯性力不易平衡，转速低，效率较低，适用于小型压缩机；②对称平衡型，如表5-1中M型和H型，气缸水平布置并分布在曲轴两侧，因而惯性力小，受力平衡，转速高，多用于大型压缩机。

3）角度式压缩机。其相邻两气缸的轴线保持一定的角度，根据夹角的不同，可分为L型、V型和W型。其特点是：机身受力均匀，运转平稳，转速较高，结构紧凑，制造容易，维修方便，效率较高。

（2）按气缸容积的利用方式分　按气缸容积的利用方式分有单作用式、双作用式和级差式压缩机。

当单作用式压缩机活塞往复运动时，吸、排气只在活塞一侧进行，在一个工作循环中完成一次吸、排气，如图5-1a所示。

当双作用式压缩机活塞往复运动时，其两侧均能吸、排气，在一个工作循环中完成两次吸、排气，如图5-1b所示。

级差式压缩机是大小活塞组合在一起，构成不同级次的气缸容积。

（3）按排气量分　按排气量分有微型、小型、中型和大型空气压缩机。

（4）按工作压力分　按工作压力分有低压、中压、高压和超高压压缩机。

三、活塞式压缩机的主要参数

1. 热力性能参数

活塞式压缩机的热力性能参数主要指排气量、排气压力、排气温度以及功率和效率。

（1）排气量　排气量是指单位时间内，压缩机最后一级排出的气体容积换算成压缩机在吸气条件下的气体容积量，单位为m^3/min。

（2）排气压力　排气压力是指最终排出压缩机的气体压力，单位为Pa或MPa。排气压力一般在压缩机气体最终排出处（即气罐处）测量。多级压缩机末级以前各级的排气压力，称为级间压力，或称该级的排气压力。前一级的排气压力就是下一级的进气压力。

（3）排气温度　排气温度是指每一级排出气体的温度，通常在各级排气管或阀室内测量。排气温度不同于气缸中压缩终了温度，因为在排气过程中有节流和热传导，排气温度要比压缩终了温度低。

表 5-1 活塞式空气压缩机的基本类型

分类方法	基本形式	简图	说明
按气缸的排列	立式	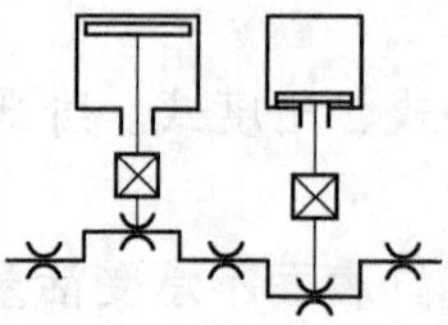	气缸均为竖立布置
	卧式	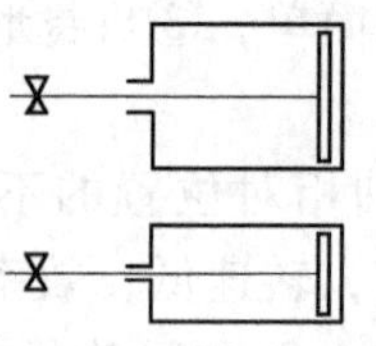	气缸均为横卧布置
	角度式 L型	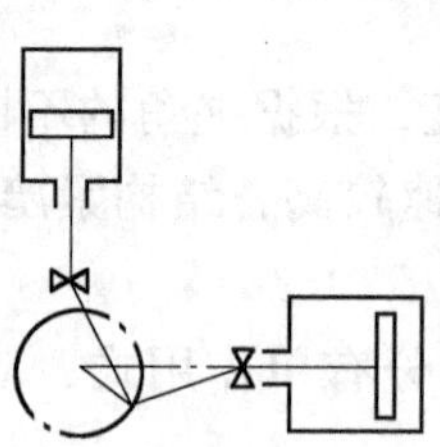	相邻两气缸轴线夹角为 90°，而且分别为垂直与水平布置
	角度式 V型	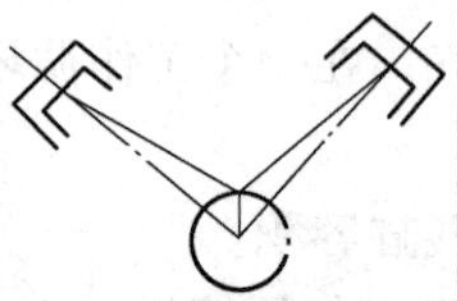	同一曲拐上两列的气缸轴线夹角可为 90°、75°和 60°等
	角度式 W型	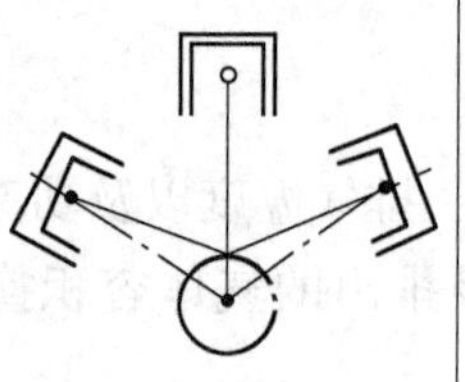	同一曲拐上相邻的气缸轴线夹角为 60°

分类方法	基本形式	简图	说明
按气缸的排列	对称平衡式 M型	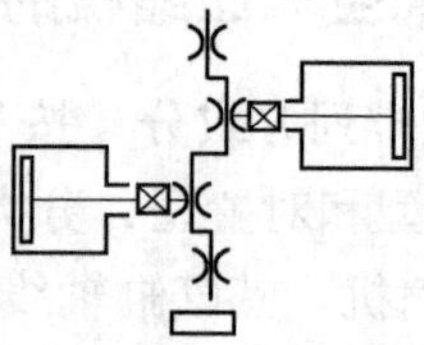	电动机置于机身一侧
	对称平衡式 H型	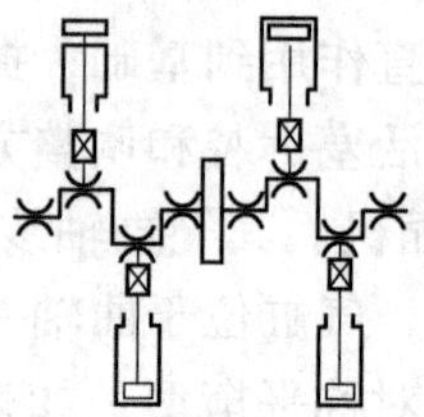	气缸水平布置并分布在曲轴两侧，相邻两列的曲拐轴为 180°，电动机在机身中间
按活塞动作	单作用(单动)式		气体在活塞的一侧进行压缩(多为移动式空气压缩机)
	双作用(复动)式		气体在活塞的两侧均能进行压缩
按排气量	微型		排气量小于 $1m^3/min$
	小型		排气量在 $1\sim10m^3/min$
	中型		排气量在 $10\sim100m^3/min$
	大型		排气量在 $100m^3/min$ 以上
按工作压力	低压		工作压力在 0.2～1MPa
	中压		工作压力在 1～10MPa
	高压		工作压力在 10～100MPa
	超高压		工作压力在 100MPa 以上

(4) 功率　功率是指压缩机在单位时间内所消耗的功，单位为 W 或 kW。功率有理论功率和实际功率之分，理论功率为压缩机理想工作循环周期所消耗的功，实际功率是理论功率与各种阻力损失功率之和。轴功率指压缩机驱动轴所消耗的实际功率，驱动功率指原动机输出的功率，考虑空气压缩机实际工作中其他原因引起的负荷增加，驱动功率应留有

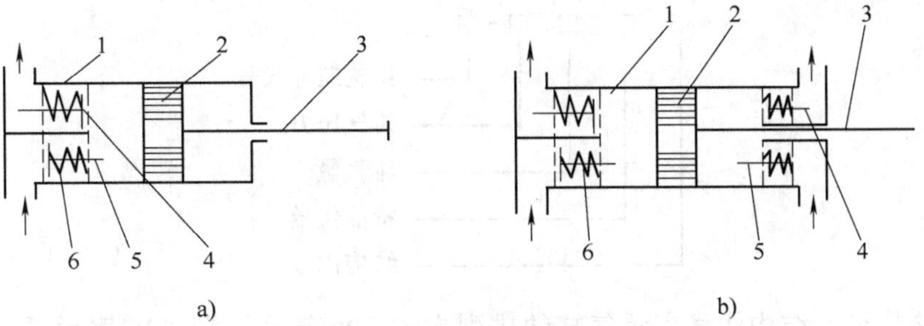

图 5-1 活塞式空气压缩机
a) 单作用式 b) 双作用式
1—气缸 2—活塞 3—活塞杆 4—排气阀 5—进气阀 6—弹簧

10%～20%的储备量，称为储备功率。

(5) 效率 压缩机的效率是压缩机理想功率和实际功率之比，是衡量压缩机经济性的指标之一。

(6) 容积比能 容积比能是指排气压力一定时，单位排气量所消耗的功率，其值等于压缩机的轴功率与排气量之比。

2. 结构参数

活塞式空气压缩机的主要结构参数是指活塞的平均速度、活塞行程与缸径比、曲轴转速，三者是空气压缩机结构及工作完善程度的标志。

(1) 活塞的平均速度 活塞的平均速度单位为 m/s。它可以反映活塞环、十字头等的磨损情况和气流流动损失的情况，它关系到压缩机经济性及可靠性。

(2) 曲轴转速 n 曲轴转速是指压缩机工作时曲轴的额定转速，单位为 r/min。它不仅决定压缩机的几何尺寸、重量、制造的难易、成本，并对磨损、动力特性以及驱动机的经济性及成本等产生影响。

(3) 活塞行程 活塞行程是指活塞在往复运动中，上、下止点之间的距离，单位为 mm。

(4) 活塞行程与缸径比 活塞行程与缸径比是指活塞行程与第一级气缸直径之比。它直接影响压缩机外形尺寸、重量，机件的应力和变形，气阀在气缸的安装位置及气缸中进行的工作过程。

(5) 气缸缸数 N 气缸缸数是指同一级压缩缸的个数。空气压缩机的排气量与同级缸数成正比。

(6) 级数 级数是指空气在排出压缩机之前受到压缩的次数，级数影响排气压力和空气压缩机的效率。只受一次压缩的称为单级压缩，受到两次压缩的称为两级压缩，两级以上的称为多级压缩。

四、活塞式压缩机的型号

活塞式压缩机的型号反映了它的主要结构特点、结构及性能参数，型号由大写汉语拼音字母和阿拉伯数字组成，其表述如下：

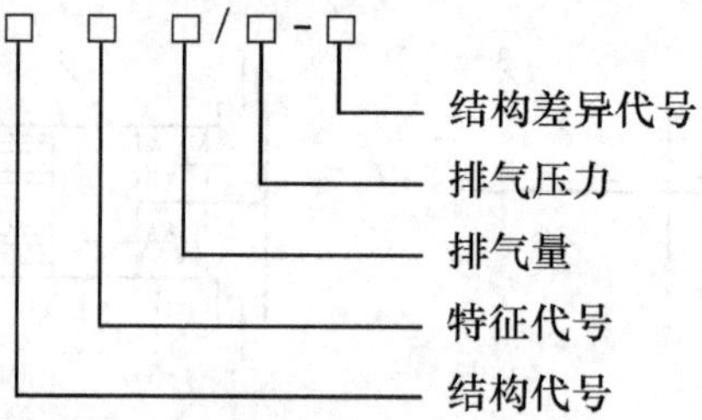

(1) 结构代号　结构代号表示气缸的排列方式。V 表示 V 型，W 表示 W 型，L 表示 L 型，X 表示星形，Z 表示立式，P 表示卧式，M 表示 M 型，H 表示 H 型，D 表示两列对称平衡型。

(2) 特征代号　特征代号表示具有附加特点。F 表示风冷固定式，Y 表示移动式，W 表示无润滑，WJ 表示无基础，D 表示低噪声罩式。

(3) 排气量　排气量单位为 m^3/min。

(4) 排气压力　排气压力单位为 10^5Pa。

(5) 结构差异代号　结构差异代号的作用是区别改型，必要时才标注，用阿拉伯数字、小写拼音字母或二者并用。

型号举例：

1) $L_2-10/8$ 表示气缸排列呈 L 型立卧结合的结构，排气量为 $10m^3/min$，排气压力为 0.8MPa，往复活塞式压缩机。

2) $H_{22}-165/320$ 表示气缸排列呈 H 型对称平衡型结构，排气量为 $165m^3/min$，排气压力为 32MPa，往复活塞式压缩机。

3) VY-6/7　表示气缸排列呈 V 型立卧结合的结构，移动式，排气量为 $6m^3/min$，排气压力为 0.7MPa，往复活塞式压缩机。

第二节　活塞式空气压缩机的原理

一、活塞式空气压缩机的工作过程

活塞式空气压缩机（简称活塞式空压机）压缩空气的过程，是通过活塞在气缸内不断往复运动，使气缸工作容积产生变化实现的。活塞在气缸内每往复移动一次，依次完成吸气、压缩和排气三个过程，即完成一次工作循环，如图 5-2 所示。

(1) 吸气过程　当活塞向右边移动时气缸左边的容积增大，压力下降；当压力降到稍低于进气管中空气压力（即大气压力）时，管内空气顶开进气阀 3 进入气缸，并随着活塞的向右移动继续进入气缸，直到活塞移至右端为止。该端点称为内止点，根据气缸排列形式的不同，又可称为后止点或下止点。

(2) 压缩过程　当活塞向左边移动时，气缸左边容积开始缩小，空气被压缩，压力随之上升。由于进气阀的止逆作用，使缸内空气不能倒流回进气管中。同时，因排气管内空气压力又高于缸内空气压力，空气无法从排气阀口排出缸外，排气管中空气也因排气阀的止逆作用而不能流回缸内，所以，这时气缸内形成一个封闭容积。当活塞继续向左移动，缸内容积缩小，空气体积也随之缩小，压力不断提高。

（3）排气过程　随着活塞的不断左移并压缩缸内空气，使压力继续升高。当压力稍高于排气管中空气压力时，缸内空气顶开排气阀而排入排气管中，这个过程直到活塞移至最左端为止。该端点称为外止点，又可称为前止点或上止点。此后，活塞又向右移动，重复上述的吸气、压缩和排气这三个连续的工作过程。

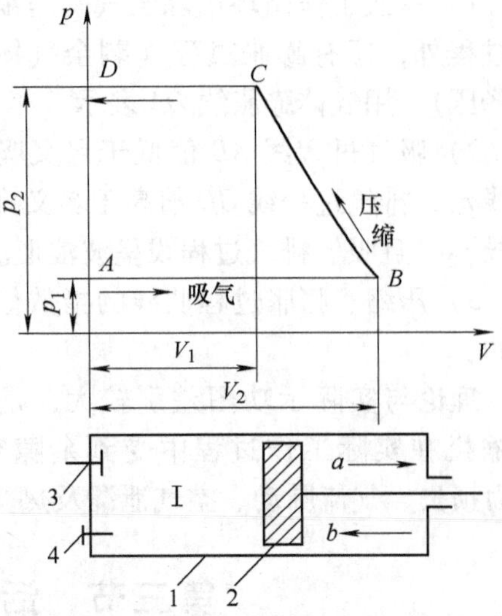

图 5-2　单作用空压机工作过程
1—气缸　2—活塞　3—进气阀　4—排气阀

二、空气压缩机理论工作循环

1. 理论工作循环

空气压缩机的理论工作循环是指在理想条件下进行的循环：气缸中没有余隙容积，被压缩气体能全部排出气缸；进、排气管中气体状态相同（即无阻力、脉动和热交换）；气阀启闭及时，气体无阻力损失；压缩容积绝对密封、无泄漏。

2. 理论工作循环示功图

在上述假设前提下空气压缩机的工作循环，称为理论工作循环，下面用理论工作循环示功图加以说明。

如图 5-2 所示，当活塞 2 按 a 方向向右移动时，缸内 I 内的容积增大，压力稍低于进气管中空气压力时，进气阀 3 打开，吸气过程开始。设进入气缸的空气压力为 p_1，则活塞由外止点移至内止点时所进行的吸气过程，在示功图中，可用直线 AB 来表示。线段 AB 称为吸气线，它说明：在整个吸气过程中，缸内空气的压力 p_1 保持不变，体积 V_1 不断地增加，V_2 为吸气终了时的体积。

当活塞按 b 方向向左移动时，缸内 I 的容积缩小，同时进气阀关闭，空气开始被压缩，随着活塞的左移，压力逐渐升高，此过程为压缩过程，在示功图中用曲线 BC 表示，称为压缩曲线，在压缩过程中，随着空气压力的提高，其体积逐渐缩小。

当缸内空气的压力升高到稍大于排气管中空气的压力 p_2 时，排气阀 4 被顶开，排气过程开始，在示功图中用直线段 CD（称为排气线）表示。在排气过程中，缸内压力一直保持不变，容积逐渐缩小。当活塞移到气缸外止点时，排气过程便结束，此时，压缩机完成一个工作循环。

当活塞在外止点改向右移时，缸内压力下降，吸气过程又重新开始，缸内空气压力从 p_2 降到 p_1 的过程，在示功图中以垂直于 V 轴的直线段 DA 来表示。

在理论示功图中，以 AB、BC、CD、DA 线为界的 $ABCD$ 图形的面积，表示完成一个工作循环过程所消耗的功，也就是推动活塞所必需的理论压缩功，其面积越小，则所消耗的理论功就越少。

三、空气压缩机实际工作循环示功图

空气压缩机实际工作循环所测的示功图（图 5-3），与理论示功图有很大的差异，其特征为：

1）一次工作循环中除吸气、压缩和排气过程外，还有膨胀过程（剩余气体的膨胀降压），用气体膨胀线 DA 表示。

2）吸气过程线 AB 值低于名义吸气压力线 p_1，排气过程线 CD 值高于名义排气压力线 p_2，且吸、排气过程线呈波浪形。

3）压缩、膨胀过程曲线的指数值是变化的。

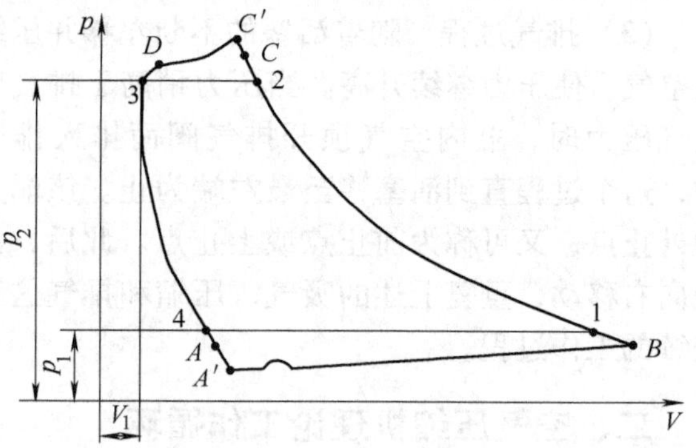

图 5-3　单作用空压机实际示功图

理论与实际示功图差别较大，是因为压缩机在实际工作过程中受到余隙容积、压力损失、气流脉动、空气泄漏及热交换等多种因素的影响。

第三节　活塞式空气压缩机的结构

一、基本结构

空气压缩机由主机和附属装置组成，主机一般有以下几大部分：

（1）机体　它是空气压缩机的定位基础构件，由机身和曲轴箱等部分构成。

（2）传动机构　传动机构由离合器、带轮或联轴器等传动装置以及曲轴、连杆和十字头等运动部件组成。其作用是将原动机的旋转运动转变为活塞的往复直线运动。

（3）压缩机构　压缩机构由气缸，活塞组件和进、排气阀等组成。活塞往复运动完成工作过程。

（4）润滑机构　润滑机构由泵、注油器、油过滤器和冷却器等组成。泵由曲轴驱动，向运动部件提供低压润滑油。注油器由曲轴或单独小电动机驱动，通过柱塞或滑阀的压油作用，为各级气缸及填料箱提供所需的高压气缸油，供油量和压力均可调节。

（5）冷却系统　风冷式的冷却系统主要由散热风扇（由曲轴经带轮驱动）和中间冷却器等组成。水冷式的冷却系统由各级气缸水套、中间冷却器和阀门等组成。系统中通以压力冷却水，水流带走压缩空气和运动部件所产生的热量。

（6）操纵控制系统　它包括减荷阀、卸荷阀、负荷（压力）调节器等调节装置；安全阀、仪表；润滑油、冷却水与排气的压力和温度等声光报警与自动停机的保护装置；自动排油水装置等。

附属装置主要包括：空气过滤器、盘车装置、冷却器、缓冲器、油水分离器、气罐、冷却水泵、冷却塔、各种管路、阀门、电气设备及保护装置等，有的还设有压缩机轻载起动和控制冷却水通断的电磁阀，以及压缩空气的净化装置和干燥装置等。

二、L 型空气压缩机

L 型空气压缩机是最常用的空气压缩机之一，按排气量和排气压力，大多数属于中型压缩机。其动力平衡性能好，运行可靠，产品标准化、系列化，安装、使用与维修较简单和方便。

常见L型空气压缩机有$L_2-10/8$、$L_{3.5}-20/8$、$L_{5.5}-40/8$、$L_8-60/8$和$L_{12}-100/8$型等定型系列。通常为二级双缸、双作用水冷固定式，有十字头结构，一般都设有润滑油冷却器。排气量在$20m^3/min$以下的通常为带传动，$40m^3/min$以上的采用直接传动，即电动机转子直接装在曲轴端部或与联轴器连接。

图5-4所示为$L_{3.5}-20/8$型空气压缩机的剖面图。从图中可以看出：一级气缸为立列，二级气缸为卧列，两气缸成“L”型布置。一级吸气口前部装有减荷阀，开机前将其关闭，可做无负荷起动。活塞为整体空心锥盘形，其内外侧同时工作。在一、二级气缸内，各对称配置进、排气阀两组，气阀室外和气缸壁外为冷却水套，气阀均为环状阀，十字头为整体闭式结构，用螺纹同活塞杆连接，由调节螺纹调整活塞与气缸的止点间隙。曲轴支承在两个调

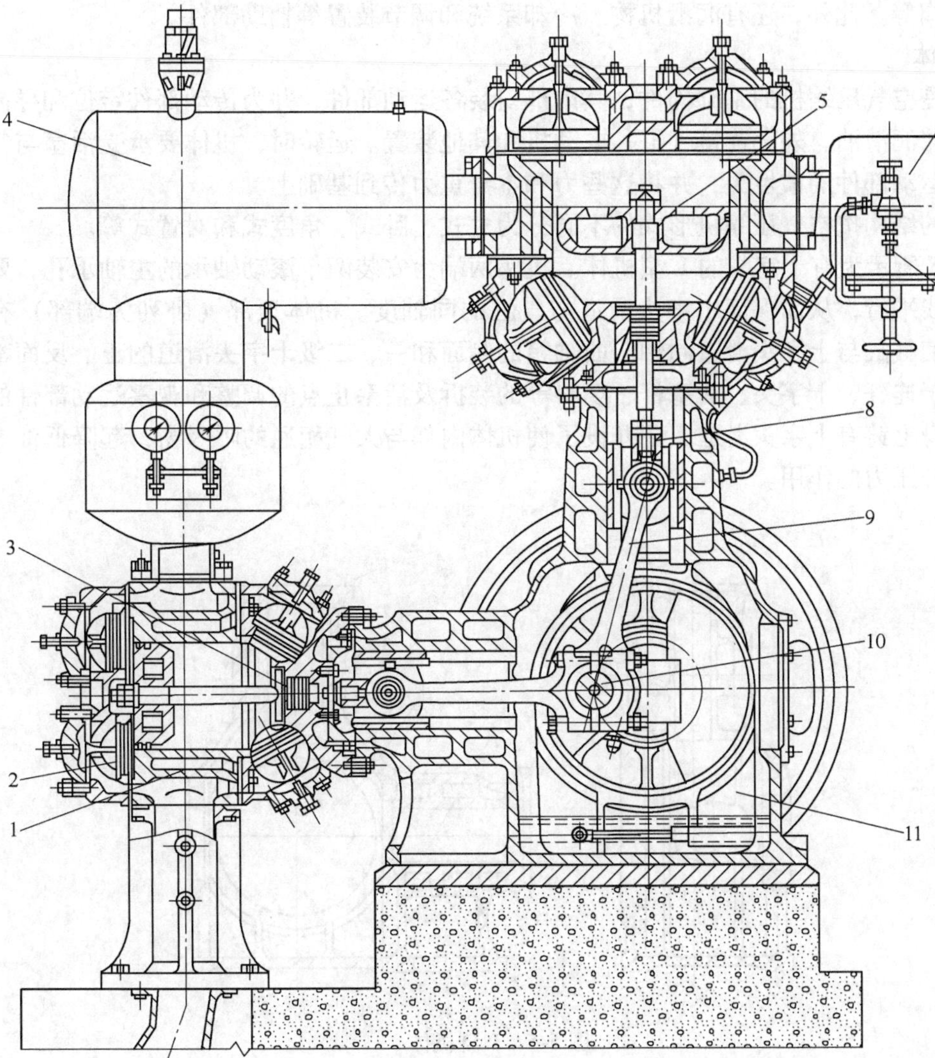

图5-4　L型空压机剖面图

1—气缸　2—气阀　3—填料箱　4—中间冷却器　5—活塞　6—减荷阀
7—负荷调节器　8—十字头　9—连杆　10—曲轴　11—机身

心滚子轴承上，由电动机经 V 带和装在曲轴上的带轮（兼作飞轮）来间接驱动。齿轮泵是靠装在曲轴前端的泵轴直接驱动，同时通过泵轴上的蜗杆和轴承盖上的蜗轮驱动注油器。中间冷却器为列管式，安装在水平气缸之上。为了保证空气压缩机不因过载而引起事故，在中间冷却器上装有一级安全阀，在气罐上装有二级安全阀，它们的启闭压力可根据实际需要调整。

当出现气压、气温高于规定值；油压、油温过低或过高；冷却水中断或流量不足；气罐压力过高或偏低等情况时，空气压缩机一般都分别配备有能发出声光信号报警与停机的自动保护装置。

三、空气压缩机主要零、部件结构

空气压缩机的主要零、部件有机体、气缸、活塞组件、曲轴、轴承、连杆、十字头、填料箱和气阀等。此外，还有润滑机构、冷却系统和调节装置等辅助部件。

1. 机体

机体是空气压缩机的基础构件，其内部安装各运动部件，并为传动部件定位和导向。曲轴箱内存储润滑油，外部连接气缸、电动机和其他装置。运转时，机体要承受活塞与气体的作用力和运动部件的惯性力，并将这些力和本身重力传到基础上。

机体的结构按空气压缩机形式的不同分为立式、卧式、角度式和对置式等。

图 5-5 所示为有十字头的 L 型机体。机座两端为安装两个滚动轴承的主轴承孔，要求与曲轴的轴线平行，从而保证十字头滑道与气缸的同轴度。机体顶部（卧列为端部）有气缸定位孔，使气缸与十字头滑道同轴。曲轴箱的侧面和一、二级十字头滑道的正、反面都开有窗口，便于连杆、十字头、活塞杆、填料等的装拆及活塞止点的调整和观察运动部件的运转情况。机身上铸有十字头滑道，还开设了使机体内部与大气相通的呼吸窗，起降低油温、平衡机身内外压力的作用。

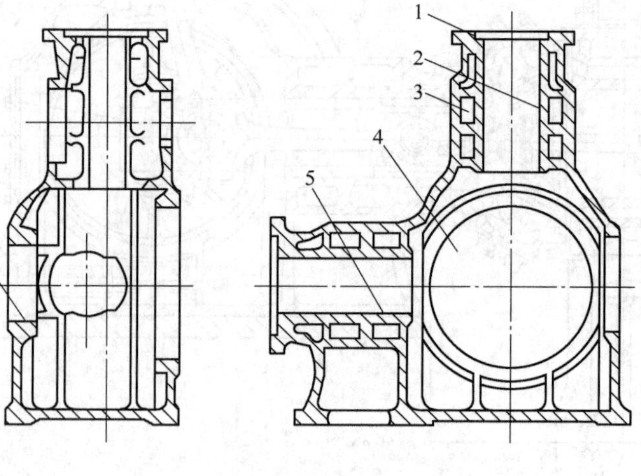

图 5-5　L 型机体

1—立列结合面　2、5—十字头滑道　3—冷却水套　4—曲轴箱　6—滚动轴承孔

2. 气缸

气缸是空气压缩机产生压缩空气的重要部件，由于承受气体压力大、热交换方向多变、

结构较复杂，故对其技术要求也较高。

根据冷却方式，气缸一般分为风冷式和水冷式两种。

风冷式气缸的结构简单，由曲轴带动风扇向铸有散热片的气缸外壁扇风，故冷却效果较差，排气温度很高，设备效率较低，一般只用于低压、小型或微型移动式空气压缩机。

水冷式气缸的结构较复杂，制造难度大，但冷却效果好，能降低排气温度和提高设备效率，故大、中型空气压缩机都采用这种气缸。

气缸由缸盖、缸体和缸座三部分组成。大、中型气缸为分段铸造，小型气缸一般为整体铸造。

图 5-6 所示为排气量为 $10m^3/min$ 或 $20m^3/min$ 的 L 型空气压缩机一级气缸结构图。气缸由三个铸铁件缸盖 1、缸体 4 和缸座 6 用双头长螺栓连接而成。缸盖和缸座上设气阀室，缸体中部设注油孔，孔外装止回阀和注油管。紧贴气缸工作面有冷却水套 5，水套外有暗气道，三个铸铁件的水、气道各自相通，水套壁将进、排气阀室隔开，缸座与机身的贴合面有定位凸肩，为保证密封，各接合面上垫有橡胶石棉垫片。

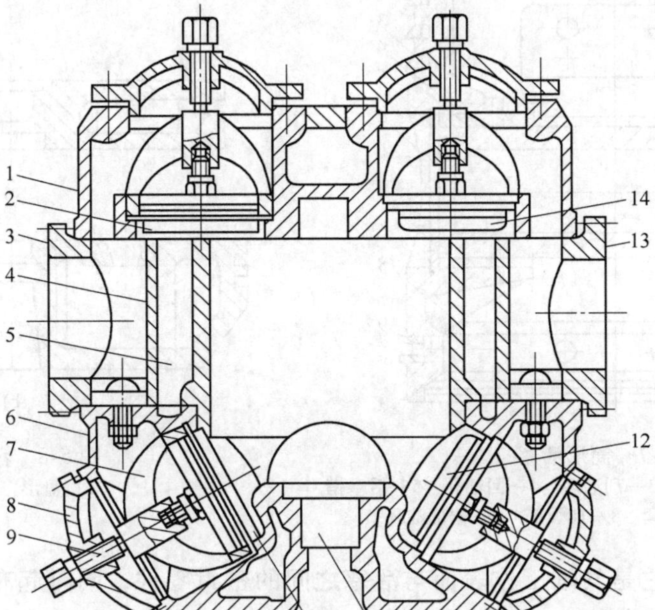

图 5-6　L 型空气压缩机一级气缸结构图

1—缸盖　2、10—排气阀　3—排气口法兰　4—缸体　5—冷却水套　6—缸座　7—制动器
8—气阀盖　9—气阀压紧螺钉　11—填料室　12、14—进气阀　13—进气口法兰

为了避免缸体内壁即气缸工作面（要求为镜面）的磨损和便于修理，通常在气缸中镶入缸套。

为了保证气缸的冷却，气缸水套内必须有足够的冷却水流通，冷却水一般从下部进，上部出。

3. 活塞组件

活塞组件由活塞、活塞环和活塞杆等部分组成。

（1）活塞　按气缸的形式，活塞可分为筒形活塞、盘形活塞和级差活塞等。

图5-7所示为小型空气压缩机常用的筒形活塞。顶部装有活塞环2，靠曲轴箱一端装刮油环3。活塞的下部称为裙部，与气缸壁紧贴，起导向和将侧向力传给气缸的作用。在裙部有活塞销孔，用来安装活塞销和传递作用力。活塞销在销孔内和连杆小头孔内部不固定，称浮动销，通常用弹簧圈6将活塞销卡在销孔内，以防止它的轴向位移。

图5-8所示为盘形活塞，用于中、低压气缸中与十字头相连而不承受侧向力的盘形活塞，这种活塞除铝质外，一般铸成空心以减轻重量；两端面用加强筋连接来增加刚度，为避免受热变形，加强筋不应与四壁相连。两筋之间开清砂孔，清砂后须采取能防漏、防松的封闭措施，并做水压试验。

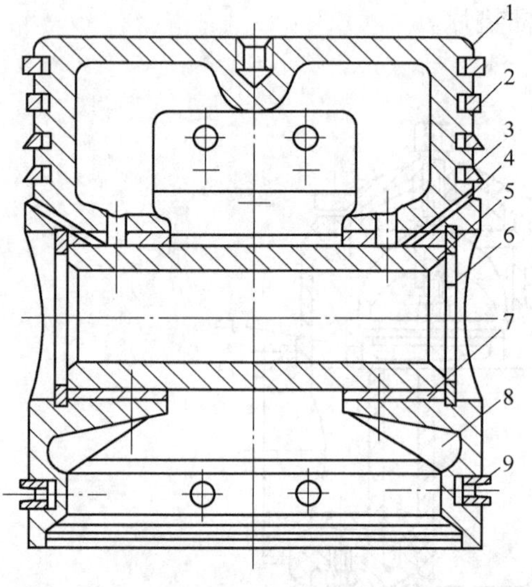

图5-7　筒形活塞

1—活塞体　2—活塞环　3—刮油环　4—回油孔　5—活塞销　6—弹簧圈　7—衬套　8—加强筋　9—裙部油环

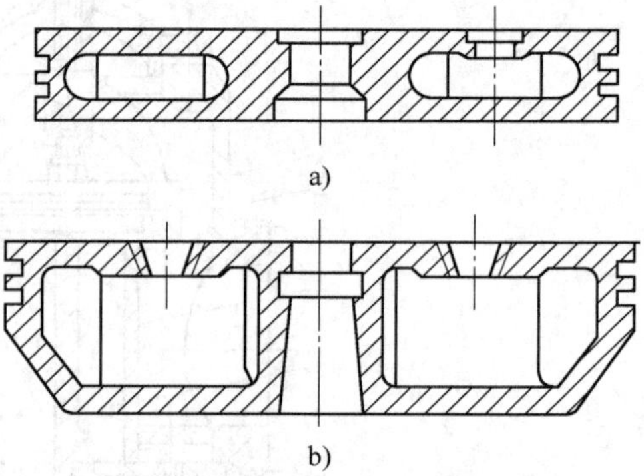

图5-8　盘形活塞

a）盘形　b）锥形

（2）活塞环　它是气缸工作表面与活塞之间的密封零件，同时起布油和散热的作用。活塞环上有一开口，称为切口。自由状态下，活塞环的外径大于气缸的内径，环的内径小于活塞外径。当套在活塞环槽上装入气缸后，环体收缩，切口处留有供环热膨胀的间隙。活塞环有一定的张力，靠此张力使环的外圆能紧压在气缸工作表面上。切口的形式有直切口、斜切口（成45°或60°）和搭接口三种，以45°的斜切口用得较多。

每个活塞需装活塞环的数量与气体压力成正比。

活塞环一般用铸铁制成。但在高压活塞上，为了延长环的使用寿命和防止气缸被“拉毛”，常在铸铁环上镶嵌青铜或轴承合金，或者镶嵌聚四氟乙烯。在单作用的活塞上，为了防止窜油，均装有锋口朝向曲轴箱的刮油环，并在活塞上设有回油孔，如图5-7所示。

（3）活塞杆　活塞杆一般采用优质碳素钢或合金钢制成，其一端与十字头连接，另一端与活塞连接。活塞杆与活塞的连接方式有两种：

1）圆柱凸肩连接。运转时，活塞杆的圆柱凸肩和锁紧螺母同时传递活塞力，因此，活塞螺母的连接要紧密牢固并有防松装置，活塞轴线与活塞杆轴线的同轴度，靠圆柱面的加工精度来保证，故活塞与凸肩的支承表面在加工时要配磨，以保证接触良好。

2）锥面连接。如图5-9所示，这种连接形式的特点是拆装方便，连接处的接触面积大，摩擦力增大而使连接更可靠，但锥度的配合要求高，加工难度也较大。

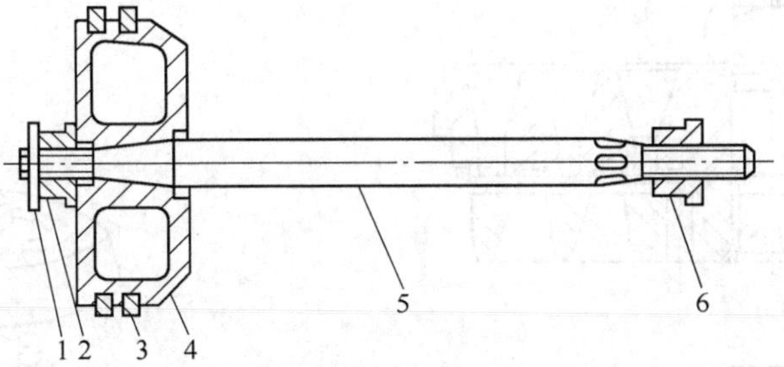

图5-9　活塞组件

1—开口销　2、6—螺母　3—活塞环　4—活塞　5—活塞杆

4. 十字头

十字头是连接连杆与活塞杆的零件，按其与连杆的连接方式的不同，可分为开式和闭式两种。

（1）开式　连杆小头的叉形位于十字头体的两侧。该结构常用于立式空气压缩机。

（2）闭式　连杆小头位于十字头体内。十字头与滑履的连接有整体式和剖分式（图5-10）。整体式结构简单，重量轻，用于高速小型空气压缩机；剖分式可调整十字头和活塞杆的同轴度，也可调整十字头和滑道的径向间隙，用于大型空气压缩机。

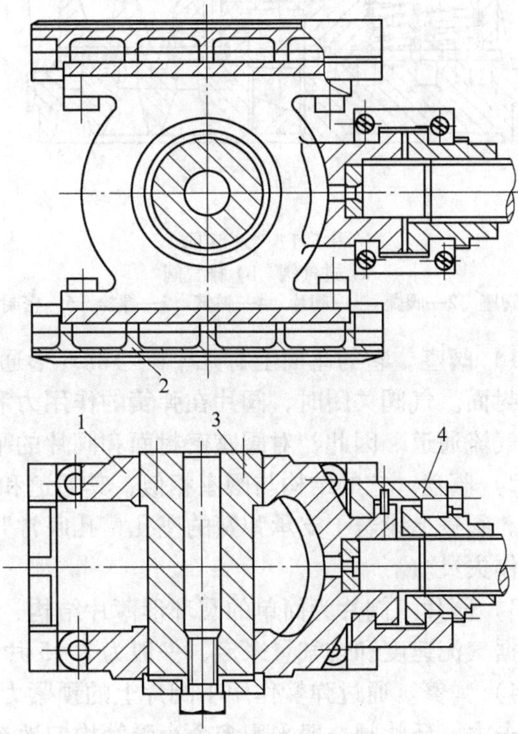

图5-10　剖分式十字头

1—十字头体　2—滑履　3—十字头销　4—连接器

5. 气阀

气阀是利用气阀两侧的气压差，加上弹簧的作用力使阀片及时地开启和关闭，让空气能顺利地吸入和排出气缸。因此，气阀应达到如下要求：密封性能好，阻力小，阀片的启闭要及时、迅速和完全，气阀所造成的余隙容积要小，结构简单。

气阀的种类很多，但按其功能只有进气阀和排气阀两种，按气流特点又分为回流阀和直流阀两大类。回流阀中，以环状阀的应用最为普遍。

（1）环状阀　如图 5-11 所示，它由阀座、阀片、弹簧、阀盖、连接螺栓和螺母等组成。进、排气阀结构的不同在于进气阀只能向气缸内开启，排气阀只能向气缸外开启。

图 5-12 所示为单阀片环状排气阀的分解立体图。

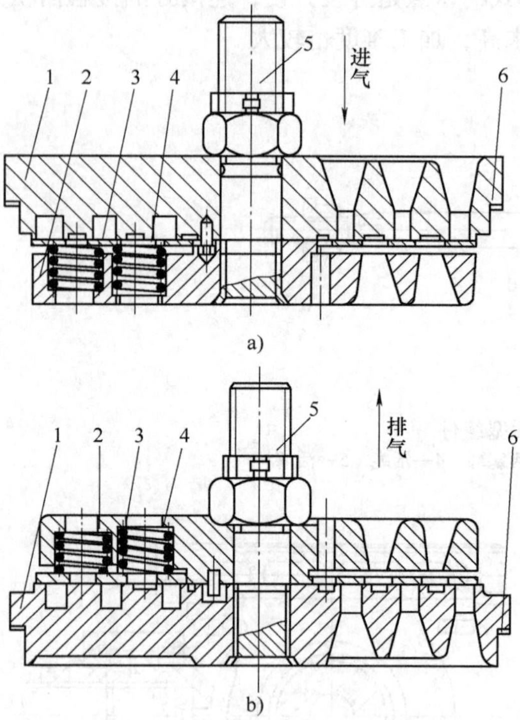

图 5-11　环状阀

a）进气阀　b）排气阀

1—阀座　2—阀盖　3—阀片　4—弹簧　5—螺栓　6—密封圈

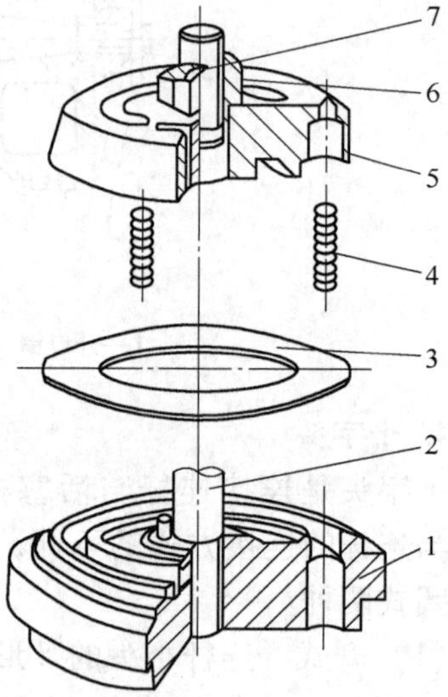

图 5-12　单阀片环状排气阀的分解立体图

1—阀座　2—螺栓　3—阀片　4—弹簧

5—阀盖　6—螺母　7—开口销

1）阀座。它的座面上有几个同心的环形通道组成的圆盘形，及对应于阀片数目的圆环形密封面。气阀关闭时，阀片在弹簧的作用力和气体的压力差作用下紧贴在阀座密封面上，截断气流通道。因此，对阀座密封面和阀片的平面度，相互贴合的密切程度的要求很高。

2）阀盖。它的结构与阀座相似，其通道和阀座是错开的。主要作用是控制阀片升起的高度。阀盖上设若干支承弹簧的座孔，孔底常开有便于润滑油排出的小孔，防止阀片被黏附而动作失灵。

3）阀片。阀片为简单的圆环形薄片结构，加工容易，便于标准化。每组阀上的阀片数目根据气流速度和排气量来定，一般为 1 ~ 5 片，多的可达 8 ~ 10 片。

4）弹簧。通过弹簧作用于阀片上的预紧力，使阀片与阀座密封，并减缓阀片在启闭时的冲击力。环状阀一般采用多个小弹簧均匀地布置在阀片上，在安装和维修时要注意同组阀乃至于同级阀上所有弹簧的自由高度和弹力应一致。

5）连接螺栓和螺母。气阀的各零件是用螺栓来连接的，拧紧螺母后应采取防松措施，进气阀的螺母在阀座一侧，排气阀的螺母在阀盖一侧，这是识别和安装进、排气阀时的标志之一；另一标志是进气阀只能向气缸内开启，排气阀只能向气缸外开启。

环状阀的特点是结构简单，制造容易，安装方便，工作可靠。改变阀片环数目，就能改变排气量，而不受压力和转速的限制。但由于阀片是分开的，各弹簧的弹力不一致，阀片启闭时就不易同步、及时和迅速，从而降低气体流量，影响压缩机的工作效率。同时，阀片的缓冲作用较差，冲击力大，弹簧在阀片上只有几个作用点，使阀片在气体作用力下产生附加弯曲应力，这都将加快阀片和凸台的磨损。

（2）组合阀　其结构是将进、排气阀制成一个整体，这样就能增大气体的流通面积和扩大气阀的通用性。它分为低压和高压两种组合阀。

低压组合阀的进气与排气容积之间为无冷却的结构，排出的高温气体会加热吸进的气体，使吸气量减少，故多用于小型单作用式压缩机。

高压组合阀通常将高压排气通道设在气缸容积外或缸盖中，不但减小了气流波动，还能改善气缸受力和简化气缸结构。

（3）直流阀　图 5-13 所示为直流阀示意图，它由阀片和兼有阀座与升程限制作用的阀体组成。气阀关闭时，阀片紧贴阀座上，开启时，阀片反贴到升程限制的圆弧面上。由于阀片重量轻，阻力小，气体流速较高，故适宜高转速、高活塞速度的低压压缩机。但该阀结构复杂，精度要求高，阀片密封性差，故应用不多。

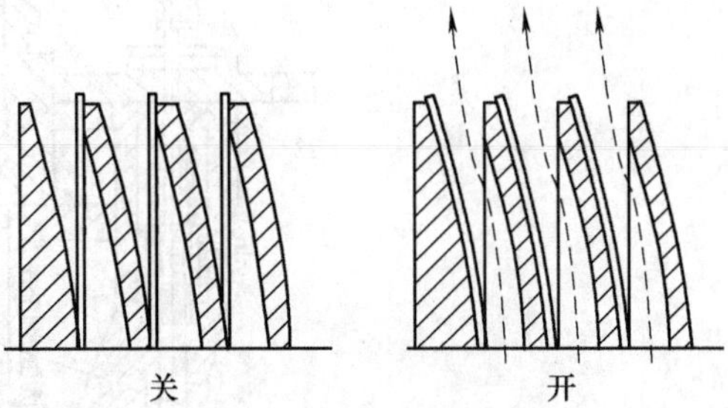

图 5-13　直流阀示意图

6. 安全阀

安全阀是空气压缩机上最重要的安全保护装置之一。当负荷调节器失灵，排气压力超过规定的安全压力时，安全阀就自动开启，排出过量气体而释压，当压力降到规定值时，则自动关闭，保证了空气压缩机的正常运行。

安全阀的种类很多，常用的有弹簧式、重锤式和脉冲式三种。

图 5-14 所示为弹簧式安全阀。弹簧式安全阀的阀瓣与阀座的密封是靠弹簧力的作用。当气体压力超过弹簧作用力时，阀自动开启，卸压后，阀瓣在弹簧力的作用下落座为关闭状态。弹簧式安全阀的结构简单，调整方便，可直立安装在任何场合，应用较广，低压空气压缩机多采用弹簧式安全阀。

通常规定安全阀的开启压力值不得大于空气压缩机工作压力值的 110%，允许偏差 ±3%，关闭压力值为工作压力值的 90% ~100%，启闭压差一般应小于或等于 15% 工作压力值。实际应用中，常将两级空气压缩机安全阀的开启压力规定为：一级在排气压力值上加 20%，二级

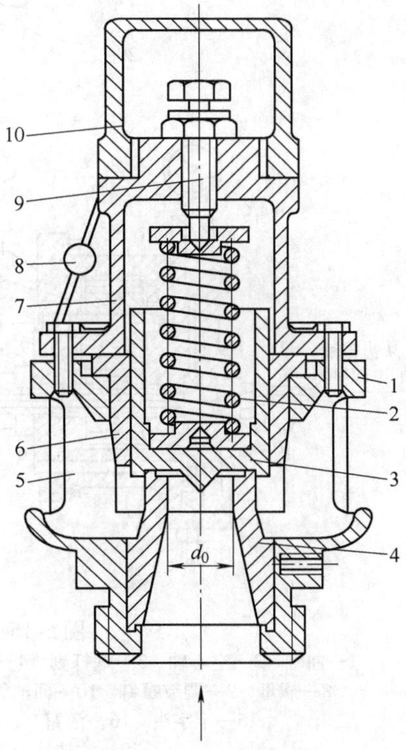

图 5-14　弹簧式安全阀

1—阀体　2—弹簧　3—阀瓣　4—阀座
5—排气口　6—阀套　7—上体　8—铅封
9—压力调节螺钉　10—上盖

在排气压力值上加10%，一、二级的关闭压力都为额定排气压力值。

四、空气压缩机的附属装置

空气压缩机的附属装置有润滑系统、冷却系统、空气过滤器和气罐等。

1. 润滑系统

空气压缩机需要润滑的部位有气缸、填料箱、曲轴轴颈、连杆大小头以及十字头滑道等。图5-15所示为L型空气压缩机润滑系统。

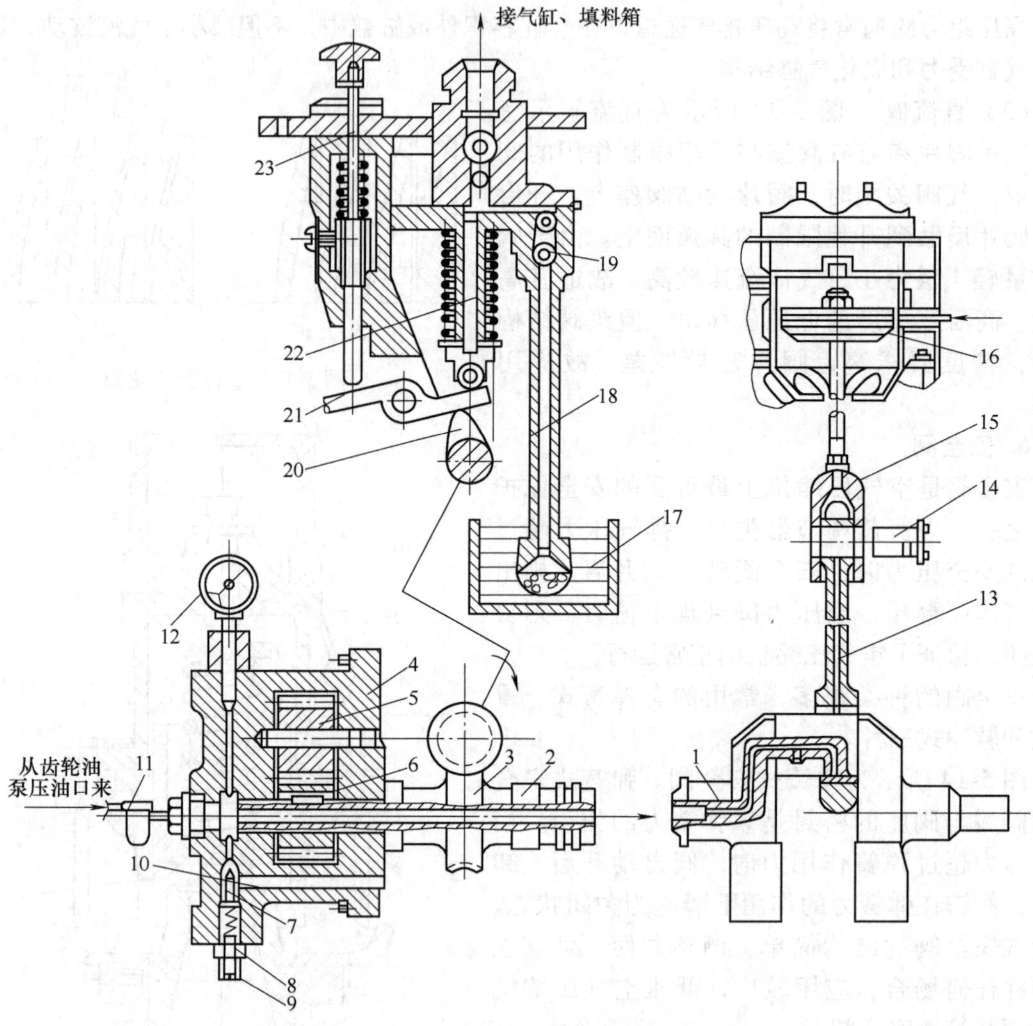

图5-15　L型空气压缩机润滑系统

1—曲轴　2—空心轴　3—蜗杆副　4—齿轮泵外壳　5—从动齿轮　6—主动齿轮　7—压力调节阀　8—螺母　9—调节螺钉　10—回油管　11—过滤器　12—压力表　13—连杆　14—十字头销　15—十字头　16—活塞　17—注油器油池　18—注油器吸油管　19—单向阀　20—注油器凸轮　21—杠杆　22—柱塞　23—顶杆

（1）气缸和填料箱的润滑　气缸和填料箱是用注油器进行润滑的，柱塞22由注油器凸轮20带动上下运动，将润滑油从注油器油池17中吸入，经过吸入口和排出口两个单向阀19

后，送入气缸和填料箱。油量多少可旋转顶杆 23 改变柱塞行程来调节。顶杆还可以作为空气压缩机起动前的手动供油把手。

（2）运动机构的润滑　齿轮泵由曲轴 1 通过空心轴 2 驱动，将润滑油从油池中吸入，并按齿轮泵压油口→过滤器 11→空心轴 2 中心孔→曲轴中心孔→曲轴轴颈→连杆大头→连杆小头→十字头销→十字头滑道的油路压送至各运动部分进行润滑。油压大小可用压力调节阀 7 调节。

（3）润滑油　空气压缩机对润滑油性能要求比较高，可选用 GB/T 3141—1994 规定的几种牌号的润滑油，轻载用 L－TSA 和 L－DAA；中载用 L－DAB；重载用 L－DAC。润滑油选用的黏度等级夏季与冬季有所不同，气缸润滑油：夏季选用 150 牌号润滑油，冬季选用 100 牌号润滑油。运动部件润滑油：夏季选用 68 牌号润滑油，冬季选用 46 牌号润滑油。

2. 冷却系统

空气压缩机中的压缩空气、润滑油都需要进行冷却，L 型空气压缩机要求各级排气温度不超过 160℃，曲轴箱油温不超过 60℃，冷却水最高排水温度不超过 40℃。

空气压缩机的冷却系统由水池、水泵、中间冷却器、后冷却器、润滑油冷却器、气缸水套、冷却塔和管路组成，如图 5-16 所示。当水温过高时，可起动备用泵，增加冷却水流量，降低冷却水温度。

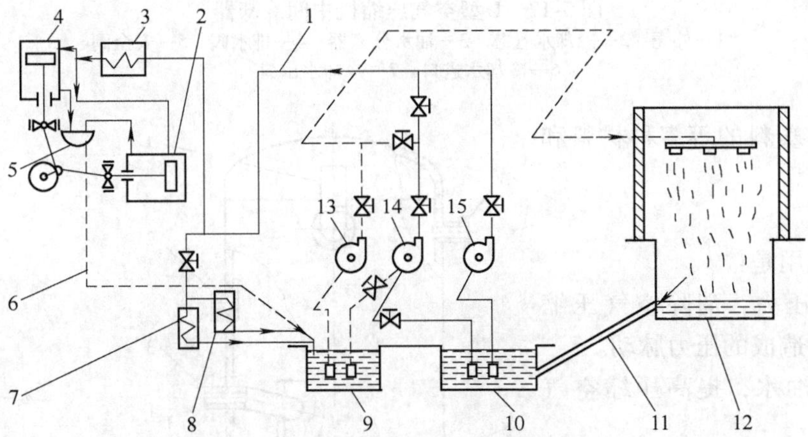

图 5-16　空压机的冷却系统

1—总进水管　2、4—一、二级气缸　3—中间冷却器　5—回水漏斗　6—回水管　7—后冷却器　8—润滑油冷却器　9—热水池　10—水池　11—水管　12—冷却塔　13—热水泵　14—备用泵　15—冷水泵

冷却器是冷却系统中的重要部件，按其在系统中的位置分为中间冷却器和后冷却器。L 型空气压缩机中间冷却器如图 5-17 所示，它由外壳、冷却水管芯和油水分离器等组成。冷却水管芯 2 由无缝钢管与散热片组成。冷却水在管内流动，压缩空气在管外沿垂直管芯方向冲刷，进行热交换，使高温的压缩空气冷却下来，冷却后的压缩空气经油水分离器 3 分离油水后，再进入二级气缸压缩，分离出来的油水可定期由排水阀 4 排出。

3. 空气过滤器

空气过滤器的作用是清除空气中的灰尘和杂质，以保护气缸和阀门。

空气由空气过滤器进气口吸入后经过滤芯的过滤再进入气缸。滤芯有金属网状的、纸质

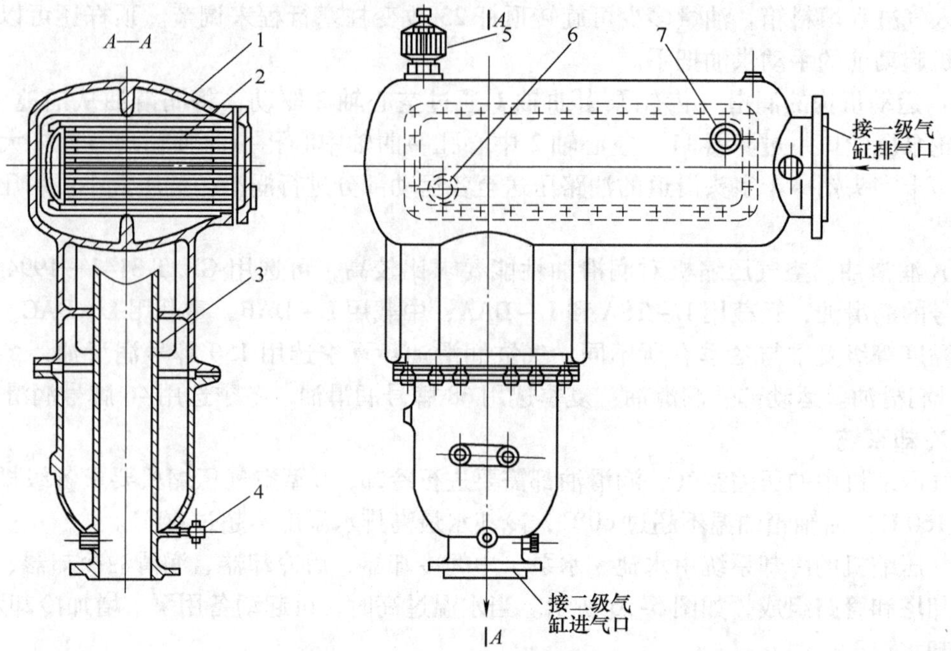

图 5-17　L 型空气压缩机中间冷却器

1—外壳　2—冷却水管芯　3—油水分离器　4—排水阀　5—安全阀　6—冷却水进口　7—冷却水出口

的、织物的、塑料的等多种材料和不同结构。

4. 气罐

气罐的作用是：

1）稳定压力，消除空气压缩机周期性排气造成的压力脉动。

2）分离油水，提高压缩空气的质量。

3）储备压缩空气，维持供需平衡。

空气压缩机的气罐一般为立式圆筒形结构，如图 5-18 所示。它占地面积小，安装简单，操作容易。气罐上开有进气口 3、排气口 6、安全阀接口 1、压力表接口 2、油水排泄阀 4 和检修孔 5。进气口内接有一段呈弧形而出口倾斜并弯向罐壁的进气管，使空气进入罐内沿罐壁旋转，利用离心和重力分离压缩空

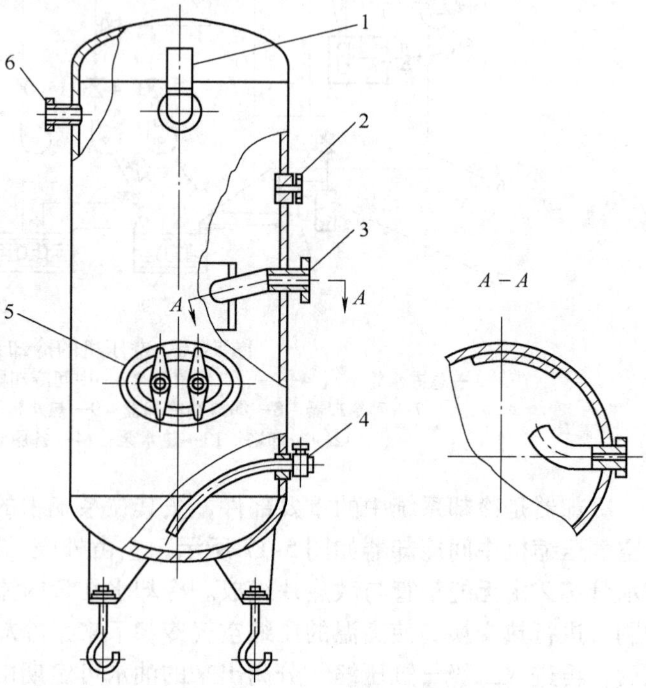

图 5-18　气罐

1—安全阀接口　2—压力表接口　3—进气口　4—油水排泄阀　5—检修孔　6—排气口

气中的油和水。分离出来的油和水落入罐的底部，借助压缩空气中的压力，由伸入罐底的油水排泄管经油水排泄阀4排出。检修孔是供内部检查和清扫修理用的。底部短支脚放在水泥基础上，用地脚螺栓固定。

第四节　空气压缩机工作的调节

活塞式空气压缩机在运行中常见排气量、进排气压力与设计的额定值不符的情况，称为压缩机的非额定工况。本节就单级压缩机排气量调节方法加以说明。

空气压缩机的选用一般是根据最大耗气量来决定的，然而在使用中所消耗的气量是变化的，用气量多于空气压缩机的排气量时，系统中的压力就会降低；用气量少于空气压缩机的排气量时，系统中的压力就会升高。要使系统中压力基本保持不变，必须调节空气压缩机的排气量，使排气量与用气量相对平衡。

空气压缩机排气量调节有以下几种方法：

一、转速调节法

空气压缩机的排气量与转速成正比。故改变空气压缩机的转速，就可达到调节排气量的目的。当转速调节时，排气量按转速成比例地下降，功率也成比例地下降，当压缩机停转时，排气量为零，压缩机轴功率也为零。因此，在调节幅度不大时，转速调节的经济性是好的。结构上，转速调节法不需设专门的调节机构，但其驱动变速机构复杂。

转速调节一般是利用气罐压力的变化，操纵原动机（主要为内燃机）的油门以改变压缩机的转速。转速调节也可用变速电动机来实现。此法操作简单，使用方便。当转速降低时，能减少机械磨损，降低功率消耗。但调节粗糙，转速只能在60%～100%范围内变动，多用于小型、微型移动式，内燃机驱动的空气压缩机。

二、空气压缩机停转调节法

空气压缩机采用图5-19所示的压力调节继电器实现停转调节。压力调节继电器与气罐相连，并控制放气阀的开闭。当罐压升到额定值时，膜片11变形内凹推动推杆13带动杠杆10顺时针方向摆动，微动开关9常闭触点断开，切断电动机电路而自动停机，并使放气阀打开。当罐压降低到一定值时，弹簧力使触点闭合，接通电路关闭放气阀。空气压缩机停转时的压力通过调节螺钉8调整弹簧的预紧力来控制。

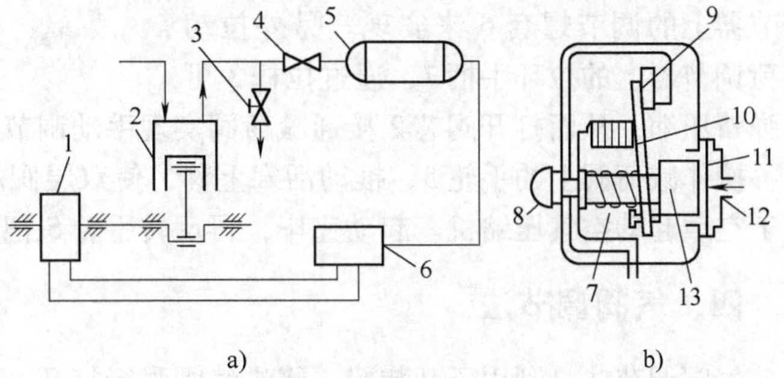

图5-19　停转调节装置
a）调节系统　b）压力继电器
1—电动机　2—压缩机　3—放气阀　4—止回阀　5—气罐
6—压力继电器　7—弹簧　8—螺钉　9—微动开关
10—杠杆　11—膜片　12—进气口　13—推杆

这种调节方法由于起停电动机频繁，故多用于需长时间停止工作，并由电动机驱动的微型和少数小型空气压缩机。

多机运转的压缩空气站，也用开、停部分空气压缩机的方法进行调节。

三、控制进气调节法

控制进气调节法分为节流进气调节法和切断进气调节法，常用的是切断进气调节法。它是隔断空气压缩机进气通路，使空气压缩机空转而排气量等于零的调节方法。

调节装置由图 5-20 所示的减荷阀和图 5-21所示的负荷调节器两部分组成，负荷调节器安装在减荷阀的侧壁上（图 5-4）。当气罐中的压力高于标定值时，气罐中的压缩空气经管路进入负荷调节器，推动阀芯，打开通向减荷阀的通路，使压缩空气经接管进入减荷阀的活塞缸，推动小气缸 4（图 5-20）的活塞上行，使双层阀芯 3 向上移动与阀体 2 密切贴合，隔断空气进入一级气缸的通路，空气压缩机处于空转状态而不再排气。当气罐中的压力下降到规定值时，负荷调节器中的弹簧 4 把阀芯 2 顶回，切断压缩空气通往减荷阀的通路，减荷阀活塞缸内的压缩空气便返回调节器，从负荷调节器中弹簧腔一侧开通的气路排到大气中，减荷阀上的阀芯 3 在弹簧 1 的作用下重新打开，空压机恢复正常吸、排气。减荷阀的开启压力可分别调整减荷阀上的弹簧 1 的调节螺母和负荷调节器上的调节螺套 6 来实现。另外拉动负荷调节器上的拉环手柄7，通过拉杆 3 可使弹簧压缩，从而打开阀芯 2 接通减荷阀实现手动调节。

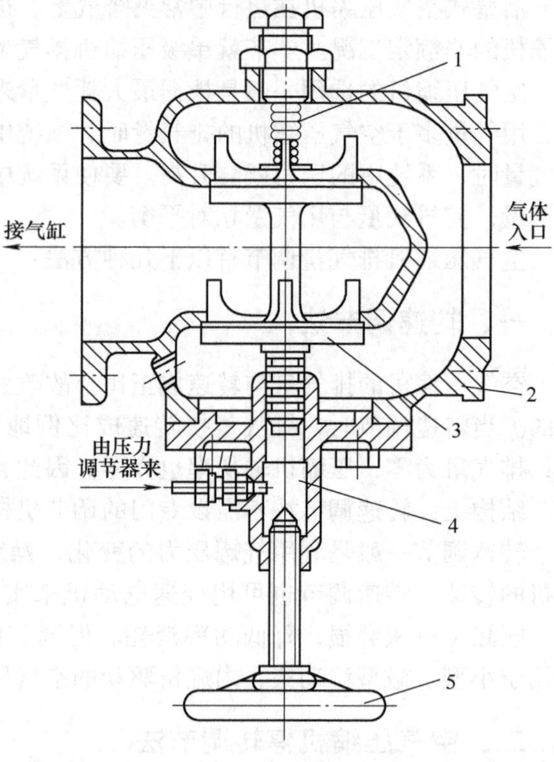

图 5-20　减荷阀
1—弹簧　2—阀体　3—双层阀芯　4—气缸　5—手轮

操作减荷阀上的手轮 5，推动活塞上移，使双层阀芯 3 与阀体 2 贴合，关闭进气口，可人工空载起动空气压缩机。起动完毕，再反转手轮 5 把双层阀芯 3 打开，进入正常运转。

四、气阀调节法

气阀调节法是利用压开装置，将进气阀强行打开，使从进气行程吸入的空气在活塞返回时再由进气阀排出，没有压缩过程，此时压缩机泄漏量最大，排气量为零。若在活塞返回部分行程压开进气阀，排气量则由进气阀被强制压开的时间而定，通过改变压缩机泄漏量来实现调节排气量，可实现连续或分级调节。

1. 完全压开进气阀调节

图 5-22 所示为无压缩调节装置。它由膜片、顶板、顶杆和顶脚等零件组成，安装在进气阀前面，其气室与负荷调节器相通。当气罐中的压力超过标定值时，压缩空气经负荷调节

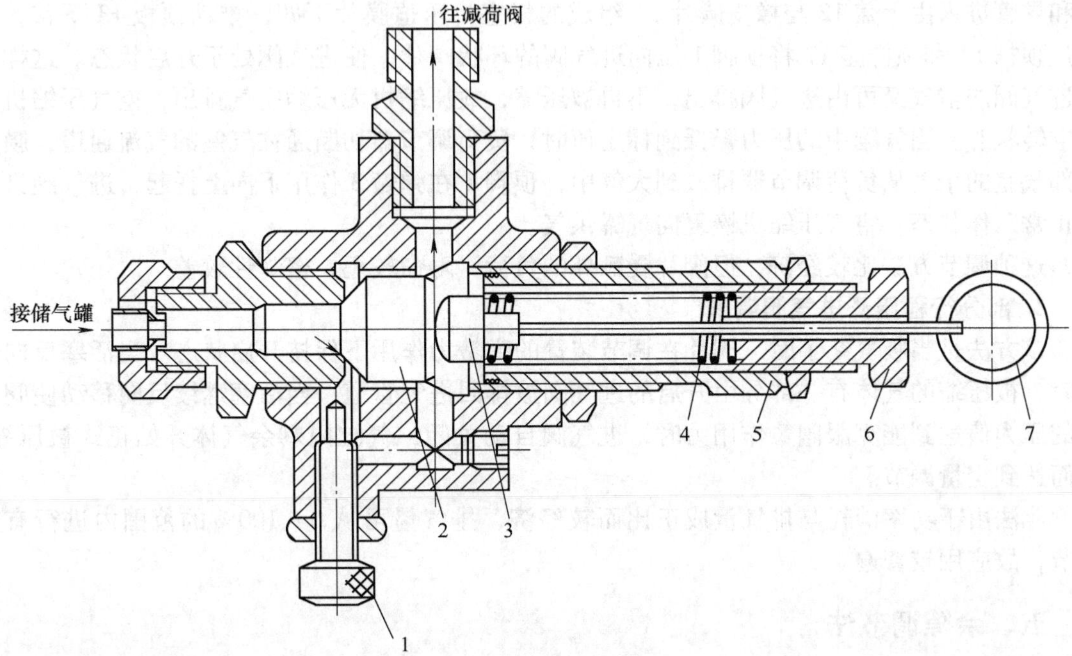

图 5-21　负荷调节器

1—节流螺钉　2—阀芯　3—拉杆　4—弹簧　5—外调节套　6—调节螺套　7—拉环手柄

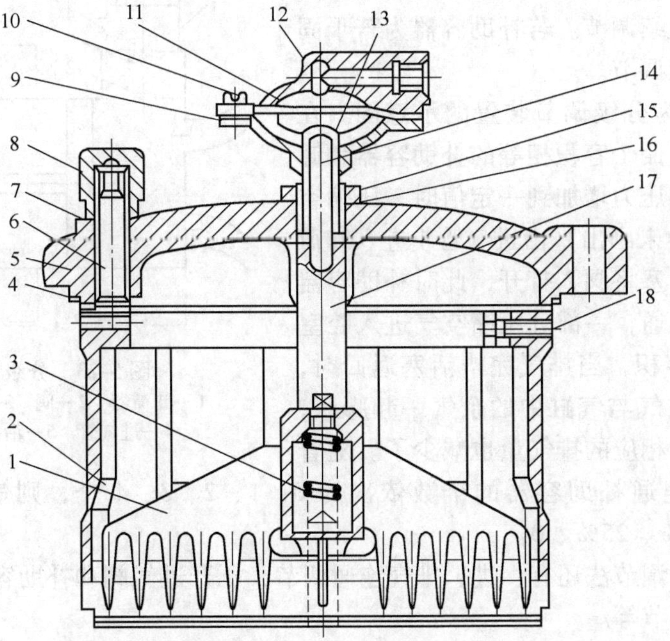

图 5-22　无压缩调节装置

1—顶脚　2—制动圈　3—弹簧　4、7、16—垫片　5—阀盖　6—气阀压紧螺钉
8—气阀压紧螺母　9—接管下座　10—螺钉　11—膜片　12—上盖　13—顶板
14—顶杆　15—锁紧螺母　17—顶杆座　18—紧定螺钉

器和导管进入由上盖12与橡皮膜片11组成的气室，压迫膜片下凹，推动顶板13下移，并通过顶杆14和顶杆座17将顶脚1压向进气阀的环状阀片，使进气阀处于开启状态。这样进入进气阀的空气又可由进气阀排出，不再被压缩，故压缩机无压缩空气排出，空气压缩机处于空转状态。当气罐中的压力降低到标定值时，负荷调节器切断通往气室的气流通道，膜片上部气室的余气从负荷调节器排放到大气中，顶脚1在弹簧3作用下向上托起，进气阀又处于正常工作状态，空气压缩机恢复向气罐供气。

这种调节方法比较经济，但阀片受额外的负荷，寿命较短，密封性较差。

2. 部分行程压开进气阀调节

该方法是当吸气终了时，阀片在调节装置的弹簧力作用下保持开启状态。当活塞反向运动时，被压缩的气体有一部分由开启的进气阀被排回进气管道；当活塞继续反向移动使阀片上的压力值达到能克服阀簧作用力时，进气阀自动关闭，气缸内剩余气体开始正式被压缩，从而达到定量调节。

此法由于功率消耗与排气量成正比而较经济，排气量可从0～100%的范围内进行有效调节，故应用较普遍。

五、余隙调节法

余隙调节法就是使气缸和补助容器（余隙缸或余隙阀）连通，加大余隙容积，气缸吸气时，余隙中的残留气体膨胀，气缸工作容积减小，降低排气量。若补助容积的大小可连续变化，排气量也可连续调节。若补助容器为若干固定容积，则可分级调节。

图5-23所示为分级调节装置的示意图。在双作用气缸上设置四个容积相等的补助容器和卸荷器，当气罐中的压力增加到一定值时，压缩空气经调节器（图中未画出）由进气管4进入卸荷器1内，推动小活塞将阀2打开，此时补助容器的腔室3与气缸连通，一部分压缩空气进入腔室中，加大了余隙容积，当排气完毕活塞返回时，腔室3中的压缩空气与气缸中的余气一起膨胀，因此进气量减少，相应的排气量也减少了。随着压力的变化，若连通补助容器的个数依次为0、1、2、3、4个，则气缸排气量相应为100%、75%、50%、25%、0。

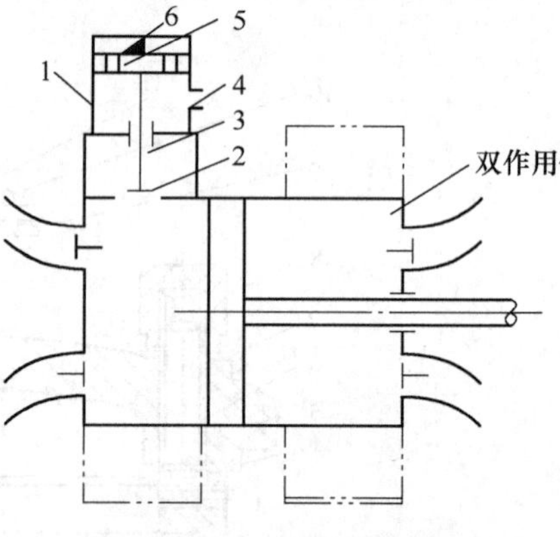

图5-23　分级调节装置

1—卸荷器　2—阀　3—补助容器腔室

4—进气管　5—活塞　6—弹簧

此外，常见的调节法还有：进、排气连通调节，压开进气阀和补助容器的综合调节，调节器调节和射流调节等。

第五节　空气压缩机的常见故障及排除方法

空气压缩机的故障主要由机件的自然磨损、零部件选料不当或加工精度误差、安装误差以及操作失误、维修维护不到位等因素造成。及时排除故障，减少故障的影响，需要有关人员熟悉设备结构、性能，掌握正确的操作和维修方法，积累经验，从而及时、准确判断故障原因和部位，迅速排除，确保设备的正常运行。

空气压缩机常见的故障，大致有润滑系统故障、冷却系统故障、压力异常、排气温度过高、机件破坏、异常声响以及示功图显示的故障。表5-2列举了空气压缩机常见故障及排除方法。

表5-2　空气压缩机常见故障及排除方法

故障类型	故障及其原因	排除方法
润滑系统故障	一、油压突然降低 1. 油池油量不足 2. 油压表失灵 3. 管路堵塞 4. 油泵机械故障	 加油 更换 清洗 检修
	二、油压逐渐降低 1. 压油管漏油 2. 过滤器堵塞 3. 连杆、油泵等机械磨损 4. 油液性能不符	 检修 清洗 检修，更换 更换
	三、润滑油温度过高 1. 润滑油供应不足 2. 润滑油性能差 3. 运动机构磨损或配合过紧 4. 冷却系统故障	 添加润滑油，检查油路 清洗油箱，更换润滑油 检修 检修
	四、润滑油消耗量过大 1. 润滑部位漏油 2. 注油器供油过多 3. 刮油效果差	 更换密封圈，紧固连接件 调节 检修或更换刮油环
冷却系统故障	一、冷却水温正常，排气温度过高 1. 供水不足、漏水 2. 管路积垢 3. 冷却器效率低	 调整供水，检修管路 清洗水路 检修冷却器
	二、出水温度高，冷却效果差 1. 供水不足、漏水 2. 进水温度高	 调整供水，检修管路 控制进水温度
	三、气缸内有水 1. 缸密封垫片破裂 2. 中间（后）冷却器密封不严或管子破裂	 检修 检修
压力异常	一、排气压力过高 1. 负荷调节器失灵或调整不当 2. 减荷阀失灵	 吹洗、检修和调整 吹洗、检修和调整
	二、排气压力过低 1. 安全阀故障 2. 气阀座泄漏或活塞环磨损 3. 空气过滤器严重堵塞	 检修 检修 检修

（续）

故障类型	故障及其原因	排除方法
压力异常	三、进、排气阀漏气 1. 阀片断裂 （1）弹簧折断，阀片受力不均 （2）弹簧不垂直或同一阀片上各弹簧的弹力相差过大，使阀片受力不均 （3）弹簧弹力过小，使阀片受到较大冲击 （4）阀片材料不良或制造质量不良 （5）润滑油过多，影响阀片正常启闭，同时容易积炭结垢，使阀片脏污 2. 阀片与阀座密封不严 （1）阀片与阀座密封结合面不平 （2）进气不清洁，积尘结垢 （3）阀片支承面密封垫损坏	更换检修 研磨结合面 清洗并研磨 更换
	四、压力分配失调 1. 一级吸气阀或排气阀漏气 2. 二级吸气阀或排气阀漏气	检修 检修
异常声响和过热	一、运动部件异常声响 1. 气缸内有异物 2. 气缸进水 3. 活塞或气缸磨损 4. 活塞和活塞杆的紧固螺母松动 5. 活塞杆与十字头的紧固螺母松动 6. 连接销与销孔配合不当 7. 曲轴连杆或活塞组件机械损伤 8. 带轮、飞轮不平衡	判断位置停车检修 判断位置停车检修 修配 紧固 紧固 调整间隙 修配，更换 调整
	二、工作摩擦面过热 1. 供油不足、润滑油太脏、油质不好、油中含水过多、油膜破坏等 2. 摩擦面被拉毛 3. 连杆大头轴瓦抱得太紧	根据检查结果采取相应措施消除 用磨石磨光 用垫片调整达到规定间隙
	三、空气压缩机过热 1. 冷却不良，气阀故障或缸内积炭严重 2. 运动部件之间间隙太小，造成摩擦阻力大 3. 润滑油被吸入气缸而燃烧 4. 润滑油不符合规定或供油不足	改善冷却条件、检修 调整间隙 检修密封，调整供油 换油，调整供油
安全阀故障	一、不能适时开启 1. 阀内有脏物 2. 弹簧压力调整不合适	清洗，吹除脏物 重新调整弹簧
	二、阀芯密封不严 1. 阀内有脏物 2. 阀芯磨损	清洗，吹除脏物 研磨或更换阀芯
	三、安全阀开启后压力继续升高，阀芯内有脏物或开启度不够所致	拆卸清洗、重新调整
主要零、部件损坏	一、活塞环磨损过快 1. 材质松软，硬度不够，金相组织不符合要求 2. 润滑油质量低劣 3. 供油量不足或过多，形成积炭结垢	更换活塞环 换油 清洗积炭、调整供油量

（续）

故障类型	故障及其原因	排除方法
主要零、部件损坏	4. 吸入空气不干净，灰尘进入气缸	清洗空气过滤器
	5. 活塞环或气缸壁表面粗糙度变坏，加剧磨损	检修
	二、连杆与连杆螺栓损坏、断裂	
	1. 拧得过紧而承受过大的预紧力	调整
	2. 松动而导致大、小头瓦的严重松动，损坏	调整更换
	3. 精度差或装配不当而承受不均匀载荷	检修调整
	4. 大头瓦温度过高，引起螺栓膨胀伸长	检修调整
	5. 活塞在缸内“卡死”或超负荷运转，使螺栓承受过大应力	检修
	6. 经长时间运转后疲劳强度下降	更换
	7. 轴瓦间隙过大、磨损过大或损坏	调整，更换
	三、活塞咬死和损坏	
	1. 气缸内断油或油质太差，吸入空气含有杂质，积炭太多	换油，防尘
	2. 因冷却水量不足、气缸过热、润滑油氧化分解	改善冷却
	3. 过热气缸采用强行制冷使气缸急剧收缩，但活塞尚未冷却收缩，致使活塞突然咬死	修配
	4. 安装时运动机构未校正，使活塞卡死	检修
	5. 气缸与活塞的间隙过小	修配
	6. 活塞环磨损过大或断裂	更换
	7. 缸内有异物	检修
	8. 活塞和气缸材料不符合线性膨胀要求及硬度要求	更换

复习思考题

1. 简述空气压缩机应用的特点。
2. 单作用式与双作用式空气压缩机工作原理有什么区别？
3. 说明活塞式空气压缩机的工作循环过程。
4. 空气压缩机理论工作循环与实际工作循环有什么不同？
5. 活塞式空气压缩机由哪些主要部件构成？
6. 活塞环有什么作用？如果活塞环在运行中断裂，会产生什么后果？
7. 简述环状气阀的工作原理。
8. 说明安全阀的作用和空气压缩机中的安全阀通常安装位置。
9. 简要说明空气压缩机如何进行排气量调节。常用的调节方法有哪几种？
10. L 型空气压缩机的润滑系统组成部件有哪些？气缸和运动部件是怎样润滑的？
11. 空气压缩机的冷却系统组成部件有哪些？中间冷却器有什么作用？其构造是怎样的？
12. 润滑系统出现油压过低、供油不足等故障，试分析其原因。
13. 试分析冷却系统水温过高的原因。

参考文献

［1］郑祖斌．通用机械设备［M］．北京：机械工业出版社，2004.
［2］窦金平，周广．通用机械设备［M］．北京：北京理工大学出版社，2011.
［3］吴拓．实用机械设备维修技术［M］．北京：化学工业出版社，2013.
［4］何川．泵与风机［M］．4版．北京：中国电力出版社，2008.